PLÄDOYER FÜR DEN GESUNDEN MENSCHENVERSTAND

Die Originalausgabe erschien unter dem Titel
The ministry of common sense: how to eliminate bureaucratic red tape, bad excuses, and corporate BS
ISBN 978-0-35-827256-4

Copyright der Originalausgabe 2021:
Copyright © 2021 by Lindstrom Company, Ltd. All rights reserved.
Published by Houghton Mifflin Harcourt Publishing Company, 3 Park Avenue, 19th Floor, New York, New York 10016.

Copyright der deutschen Ausgabe 2021:
© Börsenmedien AG, Kulmbach

Übersetzung: Matthias Schulz
Gestaltung Cover: Daniela Freitag
Gestaltung: Sabrina Slopek
Satz: Daniela Dittrich
Lektorat: Diane Kieselbach
Druck: GGP Media GmbH, Pößneck

ISBN 978-3-86470-796-4

Alle Rechte der Verbreitung, auch die des auszugsweisen Nachdrucks, der fotomechanischen Wiedergabe und der Verwertung durch Datenbanken oder ähnliche Einrichtungen vorbehalten.

Bibliografische Information der Deutschen Nationalbibliothek:
Die Deutsche Nationalbibliothek verzeichnet diese Publikation in der Deutschen Nationalbibliografie; detaillierte bibliografische Daten sind im Internet über <http://dnb.d-nb.de> abrufbar.

Postfach 1449 · 95305 Kulmbach
Tel: +49 9221 9051-0 · Fax: +49 9221 9051-4444
E-Mail: buecher@boersenmedien.de
www.plassen.de
www.facebook.com/plassenbuchverlage
www.instagram.com/plassen_buchverlage

*Für Gail Ursell, die die Idee hatte,
und Bill Winters, der den Mut hatte,
die Idee zu realisieren*

Martin Lindstrom

PLÄDOYER
FÜR DEN GESUNDEN
MENSCHEN
VERSTAND

5 Schritte für mehr Lebensqualität und weniger Bürokratie am Arbeitsplatz

PLASSEN
VERLAG

„Gesunder Menschenverstand ist die Fähigkeit,
die Dinge so zu sehen, wie sie sind,
und sie so zu tun, wie sie getan werden sollten."

Josh Billings

INHALT

	VORWORT	9
	EINLEITUNG	13
1	WARUM KRIEGE ICH MEINEN FERNSEHER NICHT AN?	27
2	WO IST DIE EMPATHIE HIN?	39
3	VON AUSSEN NACH INNEN, *NICHT* VON INNEN NACH AUSSEN	61
4	DIE UNSICHTBAREN ZWÄNGE DER POLITIK	87
5	DER ZUGRIFF AUF DIESES KAPITEL WURDE VERWEIGERT	107
6	ZEIGEN SIE MIR IHR DECK!	135
7	WAS LAUERT DENN DA IM SCHATTEN?	157
8	ANGST UND SCHRECKEN IN DER UNTERNEHMENSWELT	175
9	WIE ALSO KÖNNTE DIE ANTWORT LAUTEN?	199
10	SO ENTSTEHT DAS MINISTERIUM FÜR GESUNDEN MENSCHENVERSTAND	225
	EINES NOCH …	253
	DANKSAGUNG	255
	ÜBER DEN AUTOR	263
	QUELLEN	265

VORWORT
VON MARSHALL GOLDSMITH

ALS WIRTSCHAFTSPÄDAGOGE, COACH UND AUTOR arbeite ich für gewöhnlich mit erfolgreichen Menschen, die *besser* werden wollen in dem, was sie tun. Manchmal bedeutet das, Führungskräfte zu beraten, die nicht mehr wissen, wo sie stehen. Die Orientierungshilfe könnte interner Natur sein („Wohin gehe ich?") oder externer Natur („Wie passt das, was ich tue, zu diesem Unternehmen?"). Üblicherweise handelt es sich um eine Mischung aus beidem. Die Menschen, mit denen ich arbeite, erkennen häufig, dass die Fähigkeiten, die sie erfolgreich gemacht haben, nicht immer deckungsgleich mit den Fähigkeiten sind, die sie auf die nächste Ebene führen können.

Warum sollte diese Art Verwirrung nicht auch Unternehmen befallen? Viele Firmen tun das, was sie tun, bereits seit langer Zeit und oftmals auch *so gut*, dass sie sich selbst gar nicht mehr hinterfragen. Menschen *und* Unternehmen geben sich gerne Wahnvorstellungen hin, was ihre Stärken und Schwächen anbelangt. Die Stärken werden in den Vordergrund gerückt, die Schwächen kehrt man unter den Teppich. (Für Außenstehende ist das häufig augenscheinlich, aber weniger klar für Personen innerhalb des Betriebs.) Was sich viele Unternehmen gar nicht bewusst machen: Erfolgreich sind sie nicht *wegen*, sondern *trotz* diverser hartnäckiger Gewohnheiten, Verhaltensweisen, Regeln, Vorgaben und Kulturen.

Martin Lindstrom leistet seit Jahren rund um die Welt bahnbrechende Arbeit als Markenberater. *Thinkers50* führte ihn drei Jahre in Folge unter den 50 wichtigsten Vordenkern der Geschäftswelt. Manchmal ist es schockierend, sich vor Augen zu führen, hinter wie vielen atemberaubenden Innovationen er steckt – und dass sie tatsächlich alle aus ein und demselben Gehirn kommen. In der jüngeren Vergangenheit hat sich Martin darauf verlegt, globale Unternehmen und Kulturen von Grund auf zu transformieren. Wo auch immer er hinkommt, stößt er wieder und wieder auf dasselbe Problem: Es mangelt an gesundem Menschenverstand.

Wir Menschen leiden darunter, dass wir selbst uns anders sehen als der Rest der Welt. Spoiler-Alarm: Meistens liegt die Welt richtig! Ich habe „Mojo" (so heißt übrigens auch eines meiner Bücher) einmal definiert als „positive geistige Haltung gegenüber unserer aktuellen Aktivität, eine Haltung, die im Inneren beginnt und nach außen strahlt" und die zu mehr Bedeutung, mehr Glücklichsein und zu einem besseren Engagement der Angestellten führt. Den dunklen Zwilling des Mojo bezeichne ich als „Nojo" und es handelt sich für mich um eine *„negative* geistige Haltung gegenüber unserer aktuellen Aktivität, eine Haltung, die im Inneren beginnt und nach außen strahlt". In dieser „Nojo"-Kategorie können wir auch eine Ecke für den weltweiten Mangel an gesundem Menschenverstand freiräumen.

In diesem ausgesprochen witzigen, unterhaltsamen und informativen Buch liefert uns Martin zahlreiche Fallbeispiele, bei denen der gesunde Menschenverstand völlig abhandengekommen ist – geht es nun um antiquierte Regeln, endlose Meetings, schlimme Kundenerfahrungen, Rechtsprobleme, Compliance-Ärger oder was auch immer. Aber als Experte für Unternehmens- und Kulturtransformation schlägt Martin nicht einfach nur ein paar tote Äste ab und reitet dann in den Sonnenuntergang. Er taucht tief ein in die Organisation und fahndet nach den Wurzeln der Ineffizienz, der Undurchführbarkeit und der allgemeinen Klotzköpfigkeit. Er zeigt uns die Zusammenhänge zwischen dem Binnenklima eines Unternehmens und dem, womit die Kundschaft zu kämpfen hat. Die Fernbedienung für den Fernseher, von der niemand weiß, wie sie funktioniert? Der komplett sinnentleerte Internetauftritt eines Unternehmens? Alles geht zurück auf firmeninterne Flaschenhälse, die Geschäftsführung und Belegschaft nicht registrieren, weil sie sich zu sehr auf sich selbst konzentrieren. Und wie Martin (überzeugend) argumentiert, mangelt es dort, wo der gesunde Menschenverstand fehlt, oftmals auch an Empathie.

Wenn Angestellte das, was sie tun, freiwillig tun, dann halten wir sie meiner Erfahrung nach für engagiert. Wenn sie dagegen tun, was sie tun *müssen*, dann bezeichnen wir sie als „konform". Die meisten Unternehmen verfügen über bestenfalls begrenzte Systeme, um wertzuschätzen, dass eine schlechte Entscheidung vermieden oder ein schlechtes Verhalten abgewendet wurde. Sie konzentrieren sich auf das, *was* sie tun, nicht auf das, was sie *nicht* tun. In diesem Buch zeigt uns Martin, was die meisten Unternehmen *nicht tun*, aber tun *sollten*. Er gibt uns konkrete Lösungsansätze an die Hand, mit denen der gesunde Menschenverstand und die Empathie in Organisationen wieder Einzug halten können, unabhängig von deren Größe oder Form.

Ich glaube seit Langem, dass 360-Grad-Feedback ein guter Weg ist, erfolgreichen Menschen dabei zu helfen zu erkennen, wie sie besser werden und ihre Beziehungen am Arbeitsplatz verbessern können. In diesem Buch führt Martin seine eigene, sehr gründliche Version der 360-Grad-Bewertung durch. Sie werden überrascht sein. Sie werden unterhalten sein. Sie werden erleichtert sein – es geht auch anderen so! Und schließlich werden Sie daran erinnert, dass Kategorien wie B2B oder B2C nicht sonderlich hilfreich sind, denn letztlich hängt alles von H2H ab, von „human to human", von Mensch zu Mensch. Das sagt der gesunde Menschenverstand.

MARSHALL GOLDSMITH *ist laut Thinkers50, Fast Company und Global Gurus der weltweit führende Managementcoach. Er ist der Autor von Bestsellern wie* Was Sie hierher gebracht hat, wird Sie nicht weiterbringen, Triggers *und* Mojo.

EINLEITUNG

Sind Sie bei der Arbeit auch schon einmal von Ihrem Computer ausgesperrt worden? Nicht weiter schlimm, sagt die IT, Hilfe bekommen Sie über die Webseite. Aber wie sollen Sie auf die Webseite zugreifen, wenn doch Ihr Computer gesperrt ist?!

Wenn Sie in CC stehen, sind Sie Teil der Konversation. Niemand käme auf die Idee, Sie nicht länger ins CC zu setzen, schließlich sind Sie ja auch an der Lösung des Problems interessiert (glaubt zumindest das Team). Aber bei letzter Zählung umfasste diese Konversation 158 E-Mails und inzwischen würden Sie viel Geld dafür bezahlen, nicht länger im CC-Verteiler zu stehen.

Sie haben der Abteilungsleitung Ihre Reisepläne geschickt, aber noch nichts gehört. Leider hat die IT das Formular so eingerichtet, dass nach 24 Stunden alles gelöscht wird. Jetzt dürfen Sie den ganzen Reiseplan erneut eingeben und einreichen.

Eine Fachmarktkette ist in den gesamten USA aktiv und verkauft dort alles von Waschmaschinen und Trocknern bis zu Hängematten. Aber warum besagt eine interne Vorgabe, dass man an den über 100 Standorten in Florida Geräte zum Schneeräumen vorrätig haben muss? Zuletzt geschneit hat es dort 1977.

HEUTE LÄSST SICH MIT GUTEM GEWISSEN BEHAUPTEN, dass wir es ständig mit Beispielen dafür zu tun haben, wie sehr uns der gesunde Menschenverstand abhandengekommen ist. Mir jedenfalls geht das so. Als globaler Berater werde ich vordergründig dafür angeheuert, Marken zu erschaffen oder zu reparieren. Aber in neun von zehn Fällen diene ich letztlich als Vermittler für organisatorische Veränderung. Ich decke die blinden Flecken und die Fehlkommunikation auf, den furchtbaren Kundendienst, die Produkte, die keinen Sinn ergeben oder nicht einmal funktionieren, die Verpackungen, die uns bis zur Weißglut bringen, und den allgemeinen Mangel an Intuition (offline wie online). Dann mache ich mich daran, diese Dinge aus der Welt zu schaffen. Ich kann bestätigen, dass das Verschwinden von gesundem Menschenverstand in Unternehmen wie eine Epidemie um sich gegriffen hat – nicht nur in den Vereinigten Staaten, sondern überall.

Vergangenes Jahr war ich am Flughafen (da bin ich fast immer anzutreffen) und gönnte mir ein neues Paar Kopfhörer. Sie waren schwarz, mit Geräuschabschirmung, bluetoothfähig, übertreuert und ich sah damit nicht wie ein Teletubby aus. Ich bezahlte, griff den Bon und ging zu meinem Gate.

Was ich in diesem Augenblick nicht ahnte: Ich würde die nächsten 45 Minuten mit dem Versuch verbringen, die Kopfhörer aus ihrer Verpackung zu bekommen. Sie waren festgenagelt und lagerten sicher in einer Hartplastikschale, die wie ein halber BH einer Walküre aussah. Das Kabel wiederum steckte in einem eigenen Kunststoffrechteck. Egal, was ich tat, und egal, aus welchem Winkel ich angriff – die Kunststoffverpackung wollte nicht nachgeben. Da bewegte sich nichts und es tat sich keine Öffnung auf, an der ich ansetzen konnte.

Ich versuchte, die Verpackung aufzureißen, gab aber auf, als meine Finger begannen, zu schmerzen. Ich versuchte, die Verpackung aufzubeißen, aber das tat meinen Zähnen mehr weh als dem Kunststoff. Ich schlug die Verpackung immer wieder wie eine Piñata gegen meinen Sitz. Nichts funktionierte.

Langsam wurde es wirklich albern und nervtötend, außerdem ging mein Flieger bald. Ich wühlte in meinem Handgepäck auf der Suche nach etwas Scharfem herum, vielleicht einem Schlüssel oder einem

Nagelknipser, mit dem ich dem Kunststoff zu Leibe rücken könnte. Nichts. Schließlich bat ich um Hilfe: „Sie haben nicht zufällig eine Schere da, oder?", fragte ich die Dame am Schalter. Nein, habe sie nicht. „Oder ein Messer?" Auch nicht. Ich sah ihr an, dass sie am Flugsteig lieber kein Gespräch über Scheren und Messer geführt hätte.

Mir blieb nicht mehr viel Zeit vor dem Abflug, also raste ich zu dem kleinen Kiosk zurück, wo ich die Kopfhörer gekauft hatte. „Können Sie mir bitte helfen?", bat ich den Kassierer. Ganz offensichtlich war es nicht das erste Mal, dass er sich einer derartigen Bitte ausgesetzt sah. Er zog ein Teppichmesser aus einer Schublade, sägte ungefähr eine Minute an dem Kunststoff herum und reichte mir schließlich Kopfhörer und Kabel. „Wollen Sie den Behälter mitnehmen?", fragte er mich. „Nein", erwiderte ich. „Ich will diesen Behälter niemals wiedersehen."

Eine derartige Erfahrung widerspricht dem, was man als „gesunden Menschenverstand" bezeichnen könnte, auf geradezu delirierender Weise. Fassen wir noch einmal zusammen: Ich hatte für ein Paar Kopfhörer nahezu 400 US-Dollar ausgegeben. Aus irgendeinem Grund hatte ich meine Kettensäge und sonstiges schwere Gerät zu Hause gelassen. Da ich mir die Kopfhörer an einem Flughafen gekauft hatte, muss ich offensichtlich vergessen haben, meine eigenen einzupacken. Vielleicht war es aber auch ein Impulskauf (in diesem Fall zutreffend) und ich beabsichtigte, sie während des Fluges zu tragen, um heulende Säuglinge auszublenden oder Musik zu hören. Aber wie sollte ich (oder sonst jemand) die Verpackung *aufbekommen*?

Nun sagen Sie vielleicht, ich habe mir ein ganz spezielles Beispiel herausgepickt, weil es meine These stützt, dass der gesunde Menschenverstand an allen Ecken und Enden abhandengekommen ist. Meine eigenen Erfahrungen mit Unternehmen hätten mich blind gemacht für die Vernunft, die Praxisnähe, das Urteilsvermögen und die Geradlinigkeit, die die meisten globalen Organisationen auszeichnet. Glauben Sie mir, das ist reines Wunschdenken.

Üblicherweise beauftragt mich ein Unternehmen damit, den tieferen Zweck einer Marke zu identifizieren oder die Kundenerfahrung zu verbessern. Vielleicht soll ich ein neues Logo entwickeln, eine Webseite überarbeiten, einen Duft, ein Bier, eine Armbanduhr oder ein Einzelhandelsumfeld branden. Doch in den allermeisten Fällen wird sehr schnell deutlich, dass das *wahre* Problem – das für die lausige Moral verantwortlich ist, für die unterdurchschnittliche Produktivität, für die frustrierte Kundschaft und für das anhaltende Fehlen von Innovation (obwohl mir die Führungskräfte beteuern, wie begierig sie doch seien, neue Ideen in ihrer Organisation zu „entfesseln" oder „nutzbar zu machen", zwei Formulierungen, die ich mittlerweile hasse) – darin besteht, dass die Unternehmen das, was sie einst an gesundem Menschenverstand besessen haben, zugunsten von Systemen und Prozessen aufgaben, die selbst ein zwei Wochen alter Golden Retriever als dumm erkennen würde. Entweder besaßen die Unternehmen vom Start weg wenig gesunden Menschenverstand oder sie haben nicht bemerkt, wie er ihnen abhandengekommen ist.

Dieser weit verbreitete Mangel an gesundem Menschenverstand beeinträchtigt das *wahre* Geschäft der Unternehmen – dass sie ihre Kundschaft besser bedienen als die Konkurrenz und dass sie reaktionsschneller, aufmerksamer und stärker im Einklang zu den Be-

> Dieser weit verbreitete Mangel an gesundem Menschenverstand beeinträchtigt das wahre Geschäft der Unternehmen – dass sie ihre Kundschaft besser bedienen als die Konkurrenz und dass sie reaktionsschneller, aufmerksamer und stärker im Einklang mit den Bedürfnissen der Kundschaft agieren. Die Unternehmen sind dermaßen in ihre hausgemachten Probleme verstrickt und zusätzlich von unsichtbaren Bürokratiebergen in den Köpfen der Belegschaft geplagt, dass sie ihren eigentlichen Zweck aus den Augen verloren haben. Das kommt sie unvermeidlich teuer zu stehen.

dürfnissen der Kundschaft agieren. Die Unternehmen sind dermaßen in ihre hausgemachten Probleme verstrickt und zusätzlich von unsichtbaren Bürokratiebergen in den Köpfen der Belegschaft geplagt, dass sie ihren eigentlichen Zweck aus den Augen verloren haben. Das kommt sie unvermeidlich teuer zu stehen.

Dieses Problem ist größer, als Sie es sich vorstellen können. Na gut, vermutlich *können* Sie es sich vorstellen.

Vor zwei Jahren – Covid war damals noch kein Thema – beauftragte mich Swiss International Air Lines, das Konzept des Reisens in der Economyklasse neu zu erfinden. Ich kam mit Mitgliedern der Geschäftsleitung zusammen und ihnen schwebten ganz offensichtlich bestimmte ästhetische Veränderungen vor: eine andere Begrüßung auf dem Videobildschirm, weniger grelle Leselampen, eine verbesserte Snackauswahl. Ich erklärte ihnen, bevor ich mich um Dinge wie Begrüßung, Beleuchtung und Bewirtung kümmern könne, müsse ich zunächst einmal die *wahren* Gründe dafür herausfinden, dass die Zahl der wiederkehrenden Fluggäste gegenüber früher zurückgegangen sei und dass die Airline nur auf Rang 18 rangierte, was die Pünktlichkeit anbelangte. Während der folgenden Monate besuchte ich gemeinsam mit Kabinenpersonal Fluggäste in deren Zuhause, damit sie sich aus erster Hand anhören konnten, wie es ist, im frühen 21. Jahrhundert eine Fluggesellschaft zu nutzen. Ich brachte Bodenpersonal, Piloten und Besatzung zusammen, damit sie verstanden, *was* die jeweils anderen überhaupt arbeiten. Ein Wort tauchte wieder und wieder bei nahezu allen auf, die ein Flugzeug bestiegen: „Sorge".

Die eigentliche Flugangst ist dabei nur ein Teil des Ganzen, dabei handelt es sich möglicherweise um den arkadischsten Teil der gesamten Erfahrung. Aber es geht auch um die Sorge, rechtzeitig am Flughafen zu sein. Es geht um die Sorge, sich am Flughafen dicht an dicht mit Fremden aufhalten zu müssen, um den Umgang mit den Behörden, um die Mitreisenden, um die Besatzung – was, wenn das nicht nur alles Terroristen sind, sondern sie auch noch mit Covid infiziert sind? Es geht darum, dass man in einer Schlange stehend auf die Bordkarte wartet und sich sorgt, ob der Koffer zu schwer oder das Handgepäck zu groß ist. Da ist die Sicherheitskontrolle, bei der einem der Sicherheitsmensch zum hundertsten Mal sagt, man solle den Laptop (den man in Händen hält) nicht in der Tasche lassen. Man leert seine Taschen, reicht Gürtel und Schuhe herüber und stellt sich mit über dem Kopf gekreuzten Armen hin, während die Hose vom Gürtel befreit Zentimeter um Zentimeter über die Hüften rutscht. Ein Sicherheitsmensch schimpft, weil man in der Hemdtasche ein einzelnes Tic Tac vergessen hat.

Endlich hat man die Sicherheitskontrollen hinter sich gelassen, aber das war noch längst nicht das Ende. Jetzt kommt die Sorge, welche Zone oder welche bevorzugte Kundengruppe als erste an Bord darf (Jubilee Gold, Sapphire Silver, Sterling Platinum, Tequila Sunrise oder wer auch immer). Und wissen Sie was? Sie gehören zu Zone 9, das heißt, Sie dürfen gleichzeitig mit dem Gepäck (darunter einem Sarg), drei wütenden Deutschen Schäferhunden und einer Perserkatze namens Maria Magdalena an Bord. Es kommt Sorge auf, wenn beim Boarding das Ticket gescannt wird und man praktisch sofort in eine lange Warteschlange derer rennt, die darauf warten, endlich das Flugzeug betreten zu dürfen. Sorge, während man sich an den Businessklassepassagieren vorbeischiebt („Was sind das denn für Vögel? Die sind doch auch nichts Besseres als ich. Was habe ich bloß falsch gemacht?"). Sorge, während man in einem Gewühl aus Armen, Ellbogen und maskenlosen Passagieren, die einfach mitten im Gang stehen geblieben sind, nach Platz für sein Handgepäck sucht. Sorge, wer wohl neben einem sitzt. Sorge, was den Start anbelangt. Wird es zu Turbulenzen kommen und natürlich der Klassiker: Wird das Flugzeug in einen Berg krachen? Nicht vergessen wollen wir die Möglichkeit, dass jemand völlig Durchgeknalltes an Bord ist, Leute, von denen man ansonsten nur in der Boulevardpresse unter der Schlagzeile „Unfassbare Szenen an Bord eines Flugzeugs" liest.

Dann kommt die Besorgnis rund um die Landung? Wird Schnee liegen, herrscht eine Hitzewelle? Wie lange es wohl dauern wird, bis man ein Uber oder ein Taxi bekommt? Gerät man mitten in die Rushhour? Was ist mit meinem Gepäck? Hat die Fluggesellschaft es verloren? Und wenn nicht, wird mein Gepäck das letzte auf dem Laufband sein? Und so weiter und so fort.

Für die meisten Fluggäste ist es diese Mischung aus Befürchtungen, einem Gefühl des Ausgeliefertseins, Klaustrophobie und Ängsten, die das auslösen, was ich hier einfach als „Sorge" zusammengefasst habe. Begrüßungsbotschaften, Leselicht oder Snacks rangieren da ganz weit hinten auf der Liste.

Es tut mir leid, aber im Ernst: Ist all das wirklich neu für jemand, der schon einmal in einem Flugzeug geflogen ist? Ist das nicht einfach gesunder Menschenverstand? Einige Monate später nahm eine neue Abteilung in dem Unternehmen die Arbeit auf. Sie konzentrierte sich darauf, Ängste und Sorgen des durchschnittlichen Fluggasts weitestgehend zu minimieren, und hatte auch ein Auge auf andere Stellen innerhalb der Organisation, an denen es offenkundig an gesundem Menschenverstand mangelte. Schon bald begann das Unternehmen, seine Methoden zu ändern.

Wenn Sie heute als Fluggast von Swiss International beispielsweise von Zürich zum New Yorker Flughafen JFK fliegen, meldet sich der Pilot 40 Minuten vor der Landung über die Bordlautsprecher. Er gibt nicht nur die Nummer des Flugsteigs durch, an dem man landen wird, er erklärt auch, wie lange die Wartezeit bei der Einreisekontrolle sein wird, wie das Wetter sein wird, wie lange Sie zu Fuß voraussichtlich vom Gate zur Gepäckausgabe oder zur Passkontrolle gehen müssen und wie lange das Taxi voraussichtlich in die Innenstadt benötigt. Nun ist die Fluggesellschaft natürlich nicht für diese Dinge verantwortlich und sie liegen außerhalb ihrer Kontrolle, aber Sie steigen aus dem Flieger in dem Wissen, dass die Airline Ihre Zeitnöte, Ihre Gefühle und Ihre Besorgnis ernst nimmt.

Es gab noch einen weiteren Aspekt, der mit dem gesunden Menschenverstand zu tun hat und den die Fluggesellschaft unbeachtet gelassen hatte. Normalerweise ist es so, dass man aus dem Flugzeug aussteigt, dort eine Reinigungscrew in orangefarbenen Jacken steht und darauf wartet, das Flugzeug reinigen zu können. Das Team stürmt ins Flugzeug, klappt die Armlehnen hoch, saugt, schrubbt, wischt Oberflächen ab und sammelt an Dosen, Verpackungsmaterial, Zeitschriften, Zeitungen und sonstigen Dingen ein, was die Fluggäste zurückgelassen haben. Dann achten sie alle sorgfältig darauf, dass sämtliche Armlehnen wieder heruntergeklappt sind. Aber warum? Ein Kollege hat einmal gemessen, wie lange der durchschnittliche Fluggast benötigt, um bei heruntergeklappten Armlehnen in den mittleren Sitz oder den am Fenster zu gelangen, und wie lange, wenn die Armlehnen hochgeklappt waren: zwei bis drei Sekunden länger. Nun fing er an zu rechnen. Ein Airbus hat 220 bis 240 Sitze. Die Reinigungscrew hat sämtliche Armlehnen hoch- und dann wieder heruntergeklappt. Insbesondere das Herunterklappen kostete wertvolle Zeit. Warum die Armlehnen nicht oben lassen, damit es für die Passagiere beim Einsteigen leichter ist, zu ihrem Sitz zu gelangen?

In weniger als einem Jahr ist Swiss International Air Lines im Kopf der Kundschaft zu einem Synonym für Pünktlichkeit, Umsicht und Empathie geworden. Die Umsätze sind gestiegen, ebenso die Zahl der Fluggäste, die zum wiederholten Male mit Swiss International fliegen. Abteilungen und Dienste, die nie zuvor die Notwendigkeit, zu kommunizieren, gesehen hatten, arbeiteten nun nahezu nahtlos zusammen. Und *Business Insider* hat das Unternehmen kürzlich zur zweitbesten Airline in Europa gekürt.[1]

Rund 50 Prozent aller Menschen auf der Welt arbeiten für eine Organisation. Ein Unternehmen. Eine Behörde. Eine Schule oder Hochschule. Ein Krankenhaus. Eine Bank oder ein Versicherungsunternehmen. Ein Forschungsunternehmen. Einen Medien- oder Pharmakonzern. Frage ich die Leute, die das Sagen haben, wie viele

Probleme es mit gesundem Menschenverstand in ihrer Organisation gibt, dann kneifen die meisten die Augen zusammen und geben eine Schätzung ab – ein paar Dinge, hier und dort etwas, aber nicht viel. Tatsächlich werden die meisten ausdrücklich betonen, dass gesunder Menschenverstand praktisch *die Kernkompetenz* ihrer Organisation darstellt. „Sehen Sie nur an, wie reibungslos unser Büro läuft." „Das neue IT-System ist viel besser als das alte (ist allerdings auch schon etwas überholt)." „Wir sind im Aufstieg begriffen, ach was, wir gehen ab wie eine Rakete. Sehen Sie sich bloß unseren aktuellen Quartalsbericht an, da können Sie sehen, wie zufrieden die Wall Street mit unseren Fortschritten ist." Die Wahrheit sieht, zumindest meiner Erfahrung nach, anders aus: In großen Organisationen ist die Zahl der Probleme mit dem gesunden Menschenverstand enorm, falls sie denn überhaupt noch messbar ist. Je größer die Organisation, desto mehr mangelt es zumeist an gesundem Menschenverstand. Und wenn man sich die Zeit nimmt und mit den Menschen spricht, dann erklären sie einem, dass die IT-Abteilung aus einem Haufen Nerds besteht, die nie am Arbeitsplatz zu finden sind und die sich zu fein dafür sind, mit anderen Abteilungen zu kommunizieren. Zeit für einen haben sie sowieso nicht. Und lesen Sie ruhig einmal, was die Kundschaft online über das Unternehmen, seine Produkte und seinen Service zu sagen hat. Und was den Quartalsbericht und die Wall Street angeht – wen schert das? Denn dieses Unternehmen ist sowieso der reinste Alptraum.

Diese Stimmen sind nicht allein. Viele der Beispiele in diesem Buch, darunter auch die bereits erwähnten, klingen zu weit her-

> Frage ich die Leute, die das Sagen haben, wie viele Probleme mit dem gesunden Menschenverstand es in ihrer Organisation gibt, dann sagen die meisten: „Nicht viele." Tatsächlich lässt sich die Zahl der Probleme in großen Organisationen gar nicht mehr messen.

geholt, als dass sie echt sein könnten. Aber auch wenn ich hier nicht die Namen bestimmter Personen und Unternehmen nenne, garantiere ich Ihnen, dass sie existieren. Genauso wie diese Beispiele:

Auf dem Höhepunkt der Covid-Pandemie wurde in Italien ein Gesetz erlassen, das die Ansteckungsgefahr reduzieren sollte. Dazu wurde in Mailand die Zahl von Toiletten reduziert, die Restaurants ihrer Kundschaft anbieten durfte. Die Restaurants hielten sich an die Regel und versperrten sämtliche Kabinen bis auf eine. Aber was war mit den Gästen, die darauf warteten, die Toilette benutzen zu können? Ganz genau: Die standen allesamt dicht gedrängt in einer Warteschlange auf dem oftmals engen Flur vor der Toilette.

Da muss ich an einen Flug von Zürich nach Frankfurt denken, den ich etwa zu der Zeit genommen habe. Die Schweizer Behörden verlangten, dass alle 180 Passagiere zum Zweck der Nachverfolgung ein Formular ausfüllten, in das wir eintrugen, aus welcher Stadt wir kamen und wo wir hinwollten. Wir mussten sogar den Namen der Person im Nachbarsitz für den Fall eintragen, dass diese Person (oder wir) später über heftigen Husten, Gliederschmerzen und Fieber klagten. Alle 180 füllten das Formular brav aus, aber der Haken an der Sache: Die Fluggesellschaft hielt nur zwei Stifte bereit, sodass diese die nächsten 20 Minuten die Gänge auf und ab von Fluggast zu Fluggast und von keimverseuchter Hand zu keimverseuchter Hand wanderten.

Die Fluggesellschaft war auch sehr pingelig, was den Ausstieg aus dem Flieger anging. Einer nach dem anderen erhoben sich die Fluggäste in der Reihenfolge ihrer Reihen (1C, 2C, 3C...), rückten ihre Maske zurecht, sammelten ihre Sachen ein und verließen das Flugzeug. Es stand Handdesinfektionsmittel zur Verfügung für alle, die wollten, und jeder achtete auf 1,5 Meter Abstand. Dann wurden wir wie die Kühe in einen Shuttlebus gequetscht und zum Terminal gefahren – dicht gedrängt wie die Sardinen, Ellbogen an Ellbogen, Maske an Maske.

Ein Unternehmen rief ein neues Programm ins Leben, das die diversen Projekte, die es betrieb, „vereinfachen" sollte. Das Problem dabei: Das Unternehmen verwendete buchstäblich Tausende Akronyme. „Hey Drew, ist das GLC inzwischen da und bestätigt es unser SSNR? Ist es RDF-fähig?" Es gab dermaßen viele Akronyme, dass die Mitarbeiter den Überblick verloren. Um das Problem zu lösen, veröffentlichte das Unternehmen sein eigenes „Wörterbuch für interne Akronyme" (Internal Acronym Dictionary, kurz IAD). Nun war das IAD nicht nur ein unfassbar langweiliger Lesestoff, es bedeutete auch, dass Beschäftigte, die einen Ausdruck wie „Verbrauchsgüter" anstelle von CPG (für „consumer packaged goods") verwendeten, getadelt wurden und die Anweisung erhielten, die entsprechende Abkürzung nachzuschlagen. Schon bald wurde es fester Bestandteil der Verhaltensregeln (die dort vermutlich VR hießen), Begriffe und die passenden Akronyme nachzuschlagen.

Ein Unternehmen, das die Baumarktkette Home Depot mit Ausrüstung und Teilen beliefert, bekam bei einem Meeting zu hören, dass auf der Verkaufsfläche zu viel geflucht werde. Ein Mitarbeiter wies darauf hin, dass Flüche durchaus branchenüblich seien und dass auch viele Kunden fluchten. Daraufhin verschickte die Personalabteilung unternehmensweit ein Memo: „Fluchen ist fortan auf Gespräche zwischen Beschäftigten und Kunden zu beschränken."

Wo ist es denn hin? In den ersten Wochen des Covid-19-Lockdowns war Toilettenpapier so schwer zu finden wie ein Parkplatz in Manhattan. Während sich rund um den Globus die Menschen auf einen Lockdown mit unabsehbarem Ende einrichteten, waren in den sozialen Netzwerken praktisch jeden Tag Fotos und Videos von leeren Regalen zu sehen, was das Horten und die Panikkäufe bloß befeuerte. Selbst Amazon musste bei Lieferungen auf einmal mit monatelangen Wartezeiten arbeiten. Ist es nicht einfach gesunder Menschenverstand, dass Geschäfte und deren Lieferketten auch Extremereignisse berücksichtigen und ausreichend Toilettenpapier vorrätig haben? Hersteller anderer Gegenstände, die während der Pandemie beliebt waren (Alkohol, Sexspielzeug, Grußkarten, Waffen, Malbücher, Puzzle und Netflix-Abos), haben es doch auch geschafft.

Und für Amerikaner, die zwar Toilettenpapier ergattern konnten, dafür aber keinen Arbeitsplatz mehr hatten, gestaltete sich der Versuch, Arbeitslosenleistungen in Anspruch zu nehmen, teilweise noch schwieriger als die Suche nach einem neuen Job. Überall in den USA trafen die Zahlungen verspätet ein und manchmal auch gleich gar nicht. Und wer bei der Behörde in der Hoffnung anrief, ein echter Mensch würde einem erklären, warum der Antrag noch nicht bearbeitet worden war oder warum sämtliche Leistungen gesperrt waren, der verbrachte nicht selten mehrere Stunden in der Warteschleife, bevor einen das Telefonsystem abrupt aus der Leitung warf.

Mit Maske oder ohne Maske, bei persönlichen Besprechungen, Zoom-Konferenzen oder Meetings per Microsoft Teams, inmitten einer Pandemie oder in der Zeit danach – wie Sie sehen werden, mangelt es überall dort an gesundem Menschenverstand, wo Menschen zusammenkommen. Mehr als alles andere hoffe ich, dass die folgenden Seiten verdeutlichen, dass es nicht nur Sie sind, die sich am Arbeitsplatz Tag für Tag mit Frustrationen, Einschränkungen, Kopfschmerzen, Wirrwarr und Fußfesseln herumärgern müssen. Glauben Sie mir: Solch dummes Zeug passiert überall auf der Welt.

In den folgenden Kapiteln präsentiere ich Ihnen nicht nur weitere schwer zu glaubende, aber wahre Fallbeispiele aus unterschiedlichen Branchen und kundenorientierten Umgebungen. Ich versuche zudem, Ihnen einen Fahrplan für Ihr eigenes Ministerium für gesunden Menschenverstand an Ihrem Arbeitsplatz an die Hand zu geben.

Für mich klingt das absolut sinnvoll. Es klingt nach *gesundem Menschenverstand*.

1

WARUM KRIEGE ICH MEINEN FERNSEHER NICHT AN?

VIELLEICHT WIRD IHNEN INZWISCHEN KLAR, was mir klar wurde: In Unternehmen aller Größen und Formen ist der gesunde Menschenverstand abhandengekommen. Wir haben es mit einem weit verbreiteten, tief sitzenden und ein wenig deprimierenden Phänomen zu tun. Aber wohin ist er verschwunden? Und hat seine Abwesenheit dazu geführt, dass – um nur ein Beispiel zu nennen – die amerikanische Behörde für Flugsicherheit TSA es verbietet, ein Messer mit an Bord eines Flugzeuges zu nehmen, laut der TSA-Webseite aber Geweihe, künstliche Knochen, Bocciakugeln und Brotbackmaschinen in Ordnung sind?[2] Oder dass die italienische Regierung per Gesetz runde Eiswürfel verbietet, weil man sie als Waffen verwenden kann (das gilt auch für die eckige Variante, aber das scheint niemand zu stören)? Oder dass ich einmal in einer asiatischen Toilette ein Schild gesehen habe, auf dem stand: „Während der Benutzung nicht auf dem Toilettensitz stehen!" Diese tagtäglichen Angriffe auf den gesunden Menschenverstand fressen nicht nur Zeit, saugen Energie ab und machen wütend, sie sind auch kostspielig. Ein Beraterunternehmen hat errechnet, dass alte Bestimmungen und Abläufe, die vor Jahren eingeführt und seitdem nicht aktualisiert wurden, die Unternehmen jährlich 15 Milliarden US-Dollar für Entwicklung und Compliance kosten – zusätzlich zu den 94 Milliarden, die die Durchsetzung eben dieser Regeln die Firmen ohnehin kostet.

Bei fast allen Organisationen in meinem Kundenkreis habe ich deshalb begonnen, ein Ministerium für gesunden Menschenverstand einzurichten, das daran arbeitet, all die internen Frustrationen, Hürden und Hindernisse aus der Welt zu schaffen, von denen die meisten Führungskräfte und Manager nicht einmal wissen, dass sie überhaupt existieren. Bei diesem Ministerium handelt es sich nicht um eine dieser widerlichen, skurrilen „Wir haben uns alle lieb"-Einrichtungen. Es ist kein Pflaster. Es ist *real* und dient als erste Verteidigungslinie gegen unbedachte, gelegentlich unzusammenhängende Systeme, Abläufe, Regeln und Bestimmungen, die Ressourcen, Moral und Produktivität verschlingen.

Heute reise ich um die Welt und verwandle Unternehmenskulturen von innen heraus. Aber das war nicht immer so. Zwei Jahrzehnte lang arbeitete ich ausschließlich als Experte für globales Branding und als Berater. Wenn ich auf meine Arbeit für Microsoft, Pepsi, Burger King, Lego, Google und andere Firmen zurückschaue, ging es dabei in erster Linie um Schönheitsreparaturen. Ich habe meine Arbeit geliebt, aber rückblickend war es auch ein „Rein-raus"-Job. Ich entwickelte eine Idee und da ich wusste, dass es nun am Unternehmen lag, meine Idee anzunehmen oder abzulehnen, ging ich zum nächsten Brandherd über. Hier und da hatte ich den Verdacht, dass unabhängig davon, für wie gut ich meine Idee hielt, es vermutlich fifty-fifty stand, ob sie irgendwann Früchte tragen würde. Aber das war ja nicht mein Problem, sondern das Problem des Unternehmens.

Ein gutes Beispiel trug sich 2005 zu, als McDonald's mich beauftragte, das Happy Meal neu zu gestalten.

Falls Sie es nicht kennen sollten: Das Happy Meal von McDonald's ist die Kinderversion dessen, was das Unternehmen an die Erwachsenen verkauft. Die Kleinen haben die Wahl zwischen einem Hamburger, einem Cheeseburger und Chicken McNuggets. Dazu gibt es eine kleine Portion Pommes frites, ein Erfrischungsgetränk und ein Spielzeug, das mit einer Fernsehshow oder einem Film zu tun hat. Es handelt sich um einen effizienten und preiswerten Weg, Kinder zu ernähren, wobei man nicht unbedingt von gewichtsbewusst oder nahrhaft sprechen kann. Damals waren sich alle globalen Trendforscher einig: „Echtes" Essen war in, Fast Food und stark verarbeitetes Essen waren out. Mehr und mehr Medienberichte stellten eine Verbindung zwischen Fast Food und Fettleibigkeit bei Kindern her – nicht nur in den Vereinigten Staaten, sondern auch in Europa, im Mittleren Osten und in Japan. Kurz zuvor war Morgan Spurlocks Film *Super Size Me* erschienen. Darin zeichnet der Regisseur auf, welch schreckliche Folgen es auf seine körperliche und mentale Gesundheit hatte, sich einen Monat lang ausschließlich bei McDonald's zu ernähren. Aufgrund all dieser Umstände akzeptierte ich den Auftrag von McDonald's unter einer einzigen Bedingung – dass ich eine gesunde Alternative zum Happy Meal entwickeln durfte, die auch die Fantasie der Kinder anregt. Ich entwickelte letztlich ein Konzept, das ich das Fantasy Meal nannte und das einem einzigen Zweck dienen sollte: Es sollte Kleinkinder dazu bringen, Brokkoli zu essen.

Das Fantasy Meal war tatsächlich *gut* für Kinder. In einer Version hielt ein kleiner Drachen ein Hamburgerbrötchen in seinen Klauen und der Hamburger selbst war in der Nähe. Ich baute Treppen aus Gurkenstreifen und Möhrensticks. Eine andere Version war ein Nachbau des Spaceshuttles mit einer Tomate im Pilotensitz und Möhrensticks rund um die Cockpittüren. Ich fand meine Konzepte für das Fantasy Meal ziemlich gut. Wenn McDonald's umweltfreundliche, nahrhafte Gerichte für Kinder anbot, würde es viel Lob dafür einstreichen, sich eines kulturellen und gesellschaftlichen Themas von wachsender Bedeutung anzunehmen. Die Kinder würden sich besser ernähren. Die Eltern wären glücklich. Rundum nur Sieger.

Was ich an Reaktionen auf meinen Vorschlag erhielt, war ausgesprochen positiv. *In-te-res-sant!* Das hörte ich wieder und wieder. Ich freute mich darüber, denn mir war noch nicht klar, dass ich mich, wenn mir ein Geschäftsmann sagt, meine Idee sei *in-te-res-sant*, genauso gut gleich vom Dach stürzen könnte. Ja, *in-te-res-sant* bedeutet bei manchen Gelegenheiten genau das, aber meistens steht es doch für etwas anderes: A) Die Leute im Unternehmen hassen Ihre Idee. B) Die Leute im Unternehmen hassen Ihre Idee, aber vielleicht lassen sich die Kollegen ja doch irgendwie davon überzeugen, dass sie brauchbar ist. C) Irgendwie mögen sie Ihre Idee, aber sie wissen ganz genau, dass das Management sie niemals absegnen wird.

In den nächsten Monaten drehte die Idee vom Fantasy Meal seine Runden durch die über den ganzen Planeten verstreuten Büros von McDonald's. Die Menschen dort gaben Feedback ab und regten kleine Veränderungen an – aber bitte vergessen Sie nicht: Wir finden die Idee noch immer sehr *in-te-res-sant!* Ein Jahr später kam das Konzept vom Fantasy Meal wieder bei mir an.

Ist es Ihnen als Kind einmal passiert, dass Sie in einem belebten Supermarkt Ihre Mutter verloren haben? Sie brechen spontan in Tränen aus. Dann sehen Sie sie von hinten und stürzen auf sie zu, „Mamaaaa" rufend. Aber dann dreht sie sich um und es ist überhaupt nicht Ihre Mutter, sondern einfach irgendeine Frau. Genau so war es, als das Fantasy-Meal-Konzept erneut auf meinem Schreibtisch landete. Verschwunden waren der Drache, die Treppe aus Gurkenstreifen, die Tomatensitzkissen, die Träger aus Möhrensticks. Aber immerhin gab es einen kleinen Apfel!

Es hatte wohl interne Streitigkeiten darüber gegeben, wie viel das Fantasy Meal kosten würde, um es umzusetzen. Streitigkeiten, weil man neue Werke errichten und Arbeitskräfte einstellen müsste, die all das Obst und Gemüse zubereiten, ganz zu schweigen davon, dass sämtliche Restaurants neue Gerätschaften hätten erhalten müssen. Ich weiß nicht mehr, was noch alles, aber die Antwort von McDonald's lautete: Nein.

Das Unternehmen verkaufte (und verkauft bis heute) einige Milliarden Burger pro Jahr. Warum an einer Erfolgsformel etwas ändern? Hier, Kinder, nehmt einen Apfel zu eurem Burger und vergesst nicht, mehr Sport zu treiben.

Aber die Idee war wirklich *in-te-res-sant*!

Je mehr ich mich umhörte, desto deutlicher wurde es, dass verwässerte Kompromisskonzepte, Konzepte, die einst vielversprechend begonnen hatten, aber dann zu Brei verkocht wurden, *total* angesagt waren. Ein *Phänomen*. Nicht nur das, auch die Art und Weise, wie die Menschen Geschäfte machten, hatte sich verändert – und zwar nicht zum Besseren. Immer mehr Unternehmen investierten in hochmoderne Technologiesysteme, um alltägliche Arbeiten zu automatisieren und den Mitarbeiten die Möglichkeit zu bieten, ihr Gehirn einzusetzen. Systeme und Prozesse gaben nun vor, wie Arbeitnehmer ihre Zeit verbrachten und ihre Energie einsetzten. Mithilfe von zahllosen KPIs (Key Performance Indicators, Leistungskennzahlen) quantifizierten Betriebe nun sämtliche Tätigkeiten. Das führte unglücklicherweise dazu, dass die abteilungsübergreifende Arbeit an Problemen untergraben und geschwächt wurde. Schritt für Schritt sank die Kundenzufriedenheit, ebenso die Moral der Angestellten. Überall auf der Welt war das so. Es beeinflusste auch den bis dahin mehr oder weniger geradlinig verlaufenden Bogen meiner eigenen Karriere.

> Wenn ein Unternehmen im Kern aus einer Gruppe von Menschen besteht, die innerhalb eines Netzwerks auf ein gemeinsames Ziel hinarbeiten, dann schien es mir, dass diese Netzwerke, egal, wohin ich auch schaute, zerbrachen. Und das erste und naheliegendste Opfer dieser Entwicklung war der gesunde Menschenverstand.

Vielleicht sind gar nicht die Konzepte das Problem, dachte ich mir, vielleicht liegt es an den *Organisationen* und deren *Kultur*. Wenn ein Unternehmen im Kern aus einer Gruppe von Menschen besteht, die innerhalb eines Netzwerks auf ein gemeinsames Ziel hinarbeiten, dann schien es mir, dass diese Netzwerke, egal, wohin ich auch schaute, zerbrachen. Und das erste und naheliegendste Opfer dieser Entwicklung war der gesunde Menschenverstand.

Während ich von Unternehmen zu Unternehmen wechselte, entwickelte ich mit der Zeit mein eigenes 5-Punkte-Programm, wie man einer Unternehmensorganisation wieder gesunden Menschenverstand einhauchen könnte. So etwas braucht Zeit. Über Nacht geht da überhaupt nichts, ganz im Gegenteil, denn wenn die Menschen beginnen, innerhalb von Organisationen zu arbeiten, *passiert* etwas mit ihnen. Sie vergessen, dass sie Menschen sind. Sie beginnen, sich an Regeln, Prozesse, Abläufe und offizielle wie inoffizielle Verhaltenskodizes zu halten, die für Außenstehende überhaupt keinen Sinn ergeben. Irgendwo auf diesem Weg vergessen sie, wie es sich für sie anfühlen würde, wenn ihre Bank ihnen erklärte, dass der Zugriff auf das Bankkonto leider gerade nicht möglich sei, oder wenn ihr Anruf bei der „Service"-Hotline sie durch vier unterschiedliche Abteilungen führte und 90 Minuten kostbare Lebenszeit verschlingt, während man ihnen wiederholt erklärt, dass ihr Anruf zu Trainingszwecken mitgeschnitten wird. Meistens muss jemand von außen kommen und die Dinge reparieren, für die die Unternehmen betriebsblind geworden sind.

Der ehemalige Ford-Chef Alan Mulally sagte mir einmal, er sei gerade zwei Wochen im Amt gewesen, als ihm klar wurde, dass im Unternehmen etwas gewaltig schiefläuft. Ihm war nämlich aufgefallen, dass die Autos auf den Firmenparkplätzen größtenteils keine Ford-Modelle waren!

Die gute Nachricht: Wenn man Organisationen den gesunden Menschenverstand zurückgibt, dann beginnt die Belegschaft, die

Welt wieder durch menschlichere Augen zu betrachten und im Verlauf dieses Prozesses auch die Marke ihres Unternehmens neu aufzubauen.

Angenommen, Sie bestellen online ein Paar flache Schuhe. Sie kommen in der falschen Größe. Weil Sie kein Rücksendeetikett mit Rückporto finden können (das liegt daran, dass es das schlicht nicht gibt), stopfen Sie die Schuhe in einen alten Weinkarton und bezahlen 17 US-Dollar bei der Post dafür, die Schuhe zurückzusenden. Zwei Wochen gehen ins Land, aber von dem Unternehmen kein Pieps. Als Sie anrufen wollen, um nach einer Rückerstattung oder einem Umtausch zu fragen, stellen Sie fest, dass die Nummer des Kundendienstes nicht auf der Webseite steht (Gott bewahre, nachher ruft tatsächlich noch jemand an!). Als Sie schließlich doch eine Nummer zum Anrufen finden, landen Sie dreimal in der Warteschleife, während man Sie von Abteilung zu Abteilung weiterreicht. Sie stellen Ihr Telefon auf stumm, fangen an zu brüllen und schwören sich, bei diesem Unternehmen nie wieder Schuhe zu kaufen. Warum *überhaupt* Schuhe tragen, wenn das jedes Mal so ein Ärgernis ist?!

Ist das die Art von Service, den Sie als Mitarbeiter sich in ähnlicher Lage wünschen würden oder den Sie erwarten würden? Würden Sie aufgrund dieser Erfahrung Freunden und Angehörigen dieses Schuhunternehmen empfehlen? Ich glaube nicht. (Kleines Gedankenspiel: Wenn jeder Mitarbeiter mindestens 20 Leute kennt und ein Unternehmen Zehntausende Beschäftigte hat, dann könnten bei vielen Unternehmen allein schon die Empfehlungen ausreichen, eine Wende zum Besseren hinzulegen.) Der ehemalige Ford-Chef Alan Mulally sagte mir einmal, er sei gerade zwei Wochen im Amt gewesen, als ihm klar wurde, dass im Unternehmen etwas gewaltig schiefläuft. Ihm war nämlich aufgefallen, dass die Autos auf den Firmenparkplätzen größtenteils keine Ford-Modelle waren!

Letzten Endes kommt es für eine Steigerung von Effizienz, Produktivität, Moral und Zufriedenheit immer darauf an, wie viel gesunden Menschenverstand man innerhalb einer Organisation vorfindet. Dieses Fehlen von gesundem Menschenverstand wiederum macht sich deutlich bei Gegenständen bemerkbar, wo man es nie für möglich gehalten hätte – etwa bei einer Fernbedienung für den Fernseher.

Vor einigen Jahren war ich für eine Konferenz in Miami und übernachtete dort im Hotel. Weil mich die Nachrichten interessierten, griff ich zur Fernbedienung. Sie war erstaunlich komplex und möglicherweise hätte man damit sogar ein Raumschiff steuern können. Unzählige kleine Ziffern. Eine Batterie von Knöpfen. Drei separate numerische Tastenfelder. Mit welchem Knopf schaltete ich den Fernseher ein? Der rote, auf dem „On" stand?

Aber Moment einmal ... warum gab es *zwei* rote „On"-Knöpfe? Was würde geschehen, wenn ich beide drückte? Wäre mein Fernseher dann *doppelt* an und ich hätte Zugriff auf übernatürliche Programminhalte, die Zuschauer mit nur einem „On"-Knopf niemals zu sehen bekommen? Was bedeutete „Quelle"? Was bedeutete „A – B – C – D"? Wofür standen all die Pfeile? Wahllos drückte ich auf einigen Knöpfen herum und nach einigen Minuten ging der Fernseher tatsächlich an. Ich sah mir eine Weile die Nachrichten an, dann schaltete ich das Gerät wieder aus. Das heißt, ich versuchte es. Es gab zwei „Off"-Knöpfe. Als ich den ersten drückte, wurde das Licht im Zimmer auf eine stimmungsvolle, sexy Weise gedimmt. Als ich den zweiten „Off"-Knopf drückte, schaltete sich die Klimaanlage ab. Der Fernseher jedoch lief weiter. Am Ende kletterte ich auf den Schreibtisch und zog die Stecker für den Fernseher, die Minibar und die Stehlampe aus der Steckdose.

Einige Monate später saß ich im Flieger nach New York und der Passagier im Sitz neben mir stellte sich vor. Wie es der Zufall wollte, war er als Ingenieur bei exakt jenem Unternehmen angestellt, das für diese Fernbedienung verantwortlich war. „Der Name der Firma wird Ihnen vermutlich nichts sagen", meinte er, woraufhin ich erwiderte: „Wollen Sie wetten?"

Ich schaltete meinen Laptop ein und zeigte ihm die PowerPoint-Folie, die ich von der Fernbedienung gemacht hatte. „Was ist da bei euch schiefgelaufen?", fragte ich. Mein Nachbar versteifte sich in seinem Sitz und erklärte mir, dass das Unternehmen von internen Problemen geplagt werde und dass mehrere Abteilungen sich um den Platz auf der Fernbedienung balgten. Niemand konnte sich darauf verständigen, welcher Abteilung was „gehörte". Letztlich wurde die Fernbedienung also in Zonen unterteilt, die den Abteilungen im Unternehmen des Mannes entsprachen: eine Zone für den Fernseher, eine zweite für Kabelfernsehen, eine dritte für die TiVo-Set-Top-Box, eine vierte für Satellitenempfang, eine fünfte für die Leute, die rund um die Uhr Big-Band-Musik oder Hip-Hop senden oder im Winter das Bild eines prasselnden Kaminfeuers ausstrahlen. Der Ingenieur schien stolz zu sein auf das, was seine Firma erreicht hatte und wie gerecht die Dinge gelöst worden waren. Alle internen Streitigkeiten waren beigelegt und jede Abteilung war nun gerecht auf der Fernbedienung vertreten. „Bis auf den Umstand, dass ich keine Ahnung habe, wie ich den Fernseher einschalte", sagte ich. Er sah mich an und verstand es noch immer nicht.

Wie gelangen wir von einer überkomplizierten Fernbedienung zurück zu einem Mangel an gesundem Menschenverstand innerhalb einer Organisation? Ganz einfach:

> Die Fernbedienung in meinem Hotelzimmer verfügte über unzählige kleine Ziffern, eine Batterie von Knöpfen und drei separate numerische Tastenfelder. Warum gab es zwei Knöpfe zum Einschalten? Wofür stand „A – B – C – D"? Warum konnte ich, ein 49 Jahre alter Mann, nicht dahinterkommen, wie man den Fernseher einschaltet?

Wie mir der Ingenieur erklärte, spiegelt die durchschnittliche Fernbedienung für den Fernseher mit ihrer logografischen Schrift aus Pfeilen, Tasten, Knöpfen, Zahlen und Buchstaben wider, welche internen Kommunikationsfehler beim örtlichen Telekommunikationsunternehmen begangen wurden. Wenn an einer Fußgängerbrücke am Rand Risse verlaufen, kann das auf ernsthafte statische Probleme hinweisen. Genauso kann eine Fernbedienung, die sich nicht intuitiv bedienen lässt, Indikator für eine Reihe zentraler Probleme bei der Herstellerfirma sein. Während sich beim Kabelbetreiber ein halbes Dutzend Silos darum stritten, wer wie repräsentiert wird, betrachtete niemand die Fernbedienung als Ganzes – also aus der Sicht des Verbrauchers.

Möglicherweise sprechen diese internen Abteilungen nicht einmal miteinander. Und so kommt es, dass wir als Verbraucher zu diesem schlanken, schizophrenen Plastikmonster greifen, das uns verwirrt, ärgert und wütend macht. Auf der Suche nach der Grundursache für fehlenden gesunden Menschenverstand stellt man nämlich häufig fest, dass Organisationen, Belegschaft und Verbraucher voneinander abgekoppelt sind. Und das Schlimmste daran: Jedes Mal geben wir *uns selbst* die Schuld, als sei es unser Fehler, dass wir die Fernbedienung nicht begreifen.

Das ist nur ein Beispiel dafür, wie sich Alltagsdinge unvermeidlich auf größere, mit dem gesunden Menschenverstand zusammenhängende Probleme innerhalb von Organisationen zurückführen lassen. Weitere Beispiele werden im Verlauf des Buchs folgen. Eines ist die Navigations-App Waze, die mir mitteilt, dass die Highways in meiner Nähe verstopft sind, und mich auf eine kleine Nebenstraße schickt – wo ich dann mit Hunderten anderen Waze-Usern in einem zwölf Kilometer langen Stau stehe. Ein anderes ist die Fluggesellschaft, die mich anweist, die Jalousie an meinem Fenster hochzuziehen (eine Sicherheitsbestimmung?) oder sie herunterzuziehen (irgendwas mit der Umwelt?). Oder dass dieselben Fluggesellschaften ihren Passagieren untersagen, Flüssigkeiten in Behältern von mehr als 100 Millilitern mit an Bord zu nehmen. Aber wer hindert mich eigentlich daran, mehrere 100-Milliliter-Flaschen mitzunehmen und dann deren Inhalt zusammenzumischen und auf diese Weise ... Sie wissen schon. Oder dass im Onlineformular, das ich vor der Einreise in die USA für die Heimatschutzbehörde auszufüllen habe, die Frage auftaucht, ob ich ein Terrorist bin, und ich mit einem Häkchen zum Ausdruck bringen kann: „Klar bin ich einer, was dachten Sie denn?" Oder dass man bei einigen Kreditkartengeräten wischen muss, bei anderen schiebt man die Karte hinein, bei einigen muss man unterschreiben, bei anderen nicht. Oder dass man sich für ein Konzert oder eine Veranstaltung extra online eine Karte kauft, damit man nicht in einer langen Schlange warten muss. Und dann stellt man fest, dass man diese Karten am Schalter abholen muss, wo man in einer langen Schlange steht und wartet. Oder dass ein Unternehmen, das ich kenne, von seinen Mitarbeitern verlangt, dass sie einen Krankheitstag 24 Stunden, bevor sie sich krankmelden, beantragen müssen (wie das physiologisch gehen soll, ist mir ein Rätsel). Ich könnte die Liste noch fortsetzen und das werde ich auch. Fast jede Blödheit und jede Unbequemlichkeit, denen wir als Verbraucherinnen und Verbraucher ausgesetzt sind, lässt sich direkt auf ein fehlerbehaftetes oder kaputtes Ökosystem in einem Unternehmen zurückführen – auf ein Ökosystem, das, aus welchen Gründen auch immer, fundamentale Grundsätze des gesunden Menschenverstands aus den Augen verloren hat.

2

WO IST DIE EMPATHIE HIN?

In der Absicht, das Planen von Meetings zu vereinfachen, führte ein großer Konzern einen Onlinekalender ein. Auf diese Weise konnten Mitarbeiter problemlos feststellen, wann ihre Kollegen verfügbar waren. Eifrig begann jeder, mit jedem etwas zu vereinbaren, was dazu führte, dass die Kalender aller anderen verstopften. Als Nächstes begannen die Leute, fiktive Meetings einzutragen, weil sie verhindern wollten, dass Wildfremde ihnen Termine in den Kalender packten. Das Ergebnis: Es gab keine freien Zeiten mehr. Als Behelfslösung legten sich Tausende Mitarbeiter einen Geheimkalender auf Papier an, in dem sie dann die *echten* Termine eintrugen.

Man installiert also einen kostspieligen Onlinekalender, der zu einem Rückgang der Produktivität führt und die Menschen zwingt, sich gegenseitig anzurufen, um herauszufinden, ob und wann der andere irgendwann Zeit hat. Wo bleibt da der gesunde Menschenverstand?

SIND SIE JEMALS IN BEGLEITUNG mitten am Nachmittag in ein leeres Restaurant gegangen und haben um einen Tisch gebeten? Ich möchte, dass Sie sich einen sehr großen, wunderbaren Raum vorstellen, ganz besonders wunderbar, weil er so leer ist. Alle Tische sind eingedeckt, Besteck, Servietten, Wassergläser, alles da. Der Oberkellner begrüßt Sie. Als Sie ihm sagen, dass Sie etwas essen möchten, sagt er: „Selbstverständlich. Geben Sie mir nur eine *klitzekleine* Sekunde ..." Er tippt einige Zahlen in seinen Computer. Plink-plink-plink. Jeder Tisch im Restaurant ist leer, keine Menschenseele weit und breit, also was zur Hölle tut er da? Warum sagt er nicht einfach „Suchen Sie sich etwas aus" oder „Sie haben die freie Wahl"? Stattdessen starrt er mit zusammengekniffenen Augen auf den Bildschirm und gibt einige weitere Sachen ein. Stellt er rasch seine Dissertation fertig? Arbeitet er an einem Drehbuch? Er dreht sich um und lässt seinen Blick durch den Raum wandern. Vielleicht sehen seine Augen etwas, was Ihre Augen nicht sehen können – einen Raum gefüllt mit eleganten Dinnergästen, die sich köstlich amüsieren. Er blickt Sie vielsagend an. „Folgen Sie mir." Er greift sich zwei Speisekarten, führt Sie quer durch den Raum und weist Ihnen einen Tisch zu, der ungefähr einen Meter von den Toiletten entfernt ist. Naja, ist der Weg wenigstens nicht so weit. „Viel Spaß", sagt er. „Haben Sie vielen Dank für Ihre Hilfe", erwidern Sie.

Wenn etwas fehlt, fällt uns das eher auf, als wenn es direkt vor unserer Nase ist. Das gilt umso mehr, wenn es um den gesunden Menschenverstand geht. Aber lassen Sie uns, bevor wir das Thema weiter vertiefen, erst einmal definieren, was gesunder Menschenverstand ist und was nicht. Das ist gar nicht so einfach, denn gesunder Menschenverstand ist eine unbewusste Angelegenheit und so zentral für die Entscheidungen, die wir tagtäglich treffen, dass wir nur selten innehalten und uns fragen, wie wir eigentlich gelernt haben, vor dem Überqueren der Straße in beide Richtungen zu schauen, vor dem Schlafengehen die Heizung herunterzudrehen oder eine der hundert anderen Sachen zu tun, die für gewöhnlich in die Kategorie des gesunden Menschenverstands fallen.

Urteilsvermögen und Instinkt machen gesunden Menschenverstand aus und Erfahrungen, Beobachtungen, Intelligenz und Intuition formen und verändern ihn. Er ist das Produkt von Jahrhunderten der menschlichen Erfahrungen – das Resultat dessen, was ich, was Sie und was unsere Vorfahren an Verhaltensmustern beobachtet haben, wie wir Gefahren für unsere Gesundheit aus dem Weg gegangen sind, wie wir Ängste abgewehrt haben und unsere Sicherheit, unsere geistige Gesundheit und unser Wohlergehen bewahrt haben. Der gesunde Menschenverstand ist die *Summe* unserer Fähigkeit, richtig von falsch zu trennen, wirksam von unwirksam, nützlich von nutzlos, wertvoll von wertlos, geordnet von ungeordnet, sauber von schmutzig, trocken von feucht, sicher von gefahrvoll, erwachsen von kindisch, vorteilhaft von nachteilig und klug von unklug. Gesunder Menschenverstand ist praktisch. Er ist vernünftig. Er ist iterativ. Er ist dynamisch. Er ist offensichtlich (oder *sollte* es zumindest sein). Ein funktionierender gesunder Menschenverstand führt häufig zu einem Gefühl von Glücklichsein, Produktivität und einer verbesserten Lebensqualität. Funktioniert er *nicht*, will man sich die Haare einzeln ausreißen.

Grundsätzlich lernen wir im Elternhaus und der Schule die Grundlagen des gesunden Menschenverstands. Es ist ein schrittweiser, laufender Prozess, der beginnt, wenn wir noch klein sind. „Iss dein Gemüse." „Du darfst deine Schwester nicht schlagen." „Zieh dir Socken an." „Wechsle deine Unterwäsche." „Putz dir die Zähne." „Wenn es regnet, benutze einen Regenschirm." Im Laufe der Zeit kommen wir durch unseren Freundeskreis und unsere Geschwister, durch Film und Fernsehen, durch Bücher und durch unsere eigenen Erfahrungen in der Schule des Lebens in Kontakt mit weiteren Grundsätzen des gesunden Menschenverstands. Sehr schnell wird der gesunde Menschenverstand zu etwas Unbewusstem. Dasselbe gilt für die „Tu es, anderenfalls …"-Klausel, die beim gesunden Menschenverstand unterschwellig mitschwingt.

Ein Beispiel: Es ist gesunder Menschenverstand, dass man badet und ein Deodorant benutzt (anderenfalls möchte sich niemand in unserer Nähe aufhalten), dass man drei Mahlzeiten am Tag isst (anderenfalls werden wir Hunger haben) und sich den Nachtisch bis zum Schluss aufspart (weil … weil man das halt so macht), dass man fremde Hunde nicht streichelt (weil sie uns anderenfalls beißen), dass man sein Geld zusammenhält (ansonsten ist man pleite), dass man Sport treibt (ansonsten wird man fett), dass man Wasser anstelle von Limonade trinkt (siehe oben, plus Löcher in den Zähnen), dass man jeden Tag acht Stunden Schlaf bekommt (ansonsten werden wir am nächsten Tag nicht viel schaffen), dass wir im Winter warme Kleidung tragen (ansonsten erkälten wir uns), dass wir den Herd ausschalten, bevor wir das Haus verlassen (ansonsten könnte das Haus abbrennen). Und so weiter und so fort.

Beim Erlernen des gesunden Menschenverstands spielt Ausprobieren eine wichtige Rolle (Muss ich wirklich das Öl im Auto wechseln? Muss ich wirklich mit dem Hund Gassi gehen? Muss ich wirklich zum Hochzeitstag Blumen kaufen?), genauso technologische Gerüchte: Beim ersten Tinder-Date trifft man sich an einem öffentlichen Ort (ansonsten bringt deine Verabredung dich womöglich um). Beim Autofahren keine SMS schreiben (ansonsten fährt man gegen einen Baum). Als Passwort für das Handy nicht „1234" (noch immer das beliebteste Passwort) verwenden (ansonsten könnte ein Fremder alle Informationen auf dem Handy stibitzen). Keine Fotos der eigenen Kinder auf sozialen Medien posten (ansonsten passiert ich weiß nicht was, aber bestimmt nichts Gutes).

Wenn man bedenkt, mit wie viel gesundem Menschenverstand wir es im Verlauf unseres Lebens zu tun haben, fragt man sich, warum er in den meisten Organisationen so rar ist? Die Autorin Harriet Beecher Stowe definierte gesunden Menschenverstand so: „Gesunder Menschenverstand bedeutet, die Dinge so zu sehen, wie sie sind, und sie so zu tun, wie sie getan werden sollten."[3] Daraus könnte man doch ableiten, dass Unternehmen ihre Kundschaft und ihre

Belegschaft so behandeln würden, wie sie gerne behandelt werden würden. Dass ihr Verhalten und ihre Produkte und Dienstleistungen vernünftig sind, verlässlich, bodenständig und praktisch – und den gesunden Menschenverstand in den Mittelpunkt stellen. Das könnte man doch meinen, oder?

> Eine bekannte globale Investmentgesellschaft (der Name würde Ihnen etwas sagen) hat bis zu einem Dutzend Hierarchieebenen. Auf Ebene 1 sind das Schalterpersonal und die Kundenberater, dann steigt es an bis zur allerhöchsten Ebene, dem CEO. Bargeldzahlungen müssen von jemand aus Ebene 4 abgezeichnet werden. Das bedeutet, der Antrag muss zunächst die Ebenen 1 bis 3 durchlaufen (eine weitere Regel besagt, dass man für eine Unterschrift nicht einfach ein paar Ebenen „überspringen" darf, sondern dass der Antrag auf jeder Ebene abgezeichnet werden muss).
> Jede Ebene braucht ihre Zeit, was dazu führt, dass die Zahlung in neun von zehn Fällen verzögert erfolgt. Diese Verzögerungen wiederum ziehen für den Kunden Strafzahlungen nach sich und die können – hätten Sie es gedacht? – ausschließlich von einem Mitarbeiter der Ebene 4 abgezeichnet werden. All das erfolgt, um Kosten zu senken und Strafzahlungen zu minimieren, und es führt zu noch mehr Verzögerungen und noch mehr Strafen.

Wenn Sie mich fragen, hat das Verschwinden des gesunden Menschenverstands in der Geschäftswelt mit mehreren Faktoren zu tun. Ich werde ausführlicher auf jeden einzelnen Punkt eingehen, deshalb hier zunächst nur eine Zusammenfassung.

(SCHLECHTE) KUNDENERFAHRUNG

Laut meiner Definition ist Kundenerfahrung jeder einzelne Berührungspunkt, der dafür sorgt, dass Sie und ich ein Produkt oder eine Dienstleistung erhalten, sei es online, im Geschäft oder am Telefon.

Jeder einzelne Mitarbeiter trägt zu einer großartigen Kundenerfahrung bei. Die erfolgreichsten Organisationen und Marken der Welt denken und handeln im Interesse ihrer Kundschaft, indem sie sich stets in deren Lage versetzen.

Sie wären überrascht, wie selten das tatsächlich der Fall ist. (Nehmen Sie nur meine Fernbedienung oder meine Kopfhörer ... ja, bitte, nehmen Sie sie.) Die meisten Unternehmen müssen nur gegenüber der Wall Street und ihren Aktionären Rechenschaft ablegen, Punkt. Sie übersehen die Menschen, die tatsächlich ihre Produkte und Dienstleistungen kaufen und benutzen, sie vergessen, dass kundenorientierte Organisationen nicht nur einen Wert generieren, sondern auch nachhaltiges Wachstum vorantreiben. Wenn die Prioritäten kollidieren, bleibt der gesunde Menschenverstand auf der Strecke.

POLITIK

Ich denke, in diesem Punkt sind wir uns einig: Wenn Ego, Hierarchien, Macht, Geld und Menschen ins Spiel kommen, ist die Firmenpolitik nicht weit. Dass Politik in einem Unternehmen ein Problem ist, erkenne ich stets daran, dass a) das Unternehmen über mehrere „Ebenen" verfügt, b) eine größere geografische Distanz zwischen Firmensitz und Belegschaft liegt, c) Bosse regelmäßig Einstellung und Meinung ändern, d) Silos die Firmenkultur dominieren, e) die regelmäßige interne Kommunikation mangelhaft ist und f) nur wenige Leute wissen, was der Rest der Organisation überhaupt treibt, und man stattdessen darauf fokussiert ist, seinen eigenen Machtbereich zu verteidigen und zu bewahren. Zu den ersten Opfern dieses Wirrwarrs zählt oftmals der gesunde Menschenverstand.

TECHNOLOGIE

Es hat keinen Sinn, sich über Technologie zu beschweren, aber das bedeutet nicht, dass ich es nicht trotzdem versuchen kann. Technologie hat in jedem einzelnen Bereich unseres Lebens Einzug gehalten oder wird es innerhalb der nächsten paar Jahre oder Jahrzehnte tun. Was Technologie an Nutzen und Bequemlichkeit mit sich bringt, ist offensichtlich und wird in den meisten Fällen auch mit enthusiastischer Begeisterung aufgenommen. Vielleicht sind wir mittlerweile inzwischen aber auch dermaßen ernüchtert, dass wir meinen, es sei egal, was wir denken: Der technologische Fortschritt wird sich so oder so fortsetzen, entweder mit uns oder halt ohne uns.

Ich bin keineswegs ein Technologiegegner, aber in mehr als einer Hinsicht ist Technologie der Feind des gesunden Menschenverstands. Sie zerstört die Empathie, beschneidet unsere Autonomie, verwandelt Erwachsene in Kinder, behindert die Innovation und was das Schlimmste von allem ist: Sie weckt Zweifel an unserem eigenen Menschenverstand. Die amerikanische Behörde Bureau of Labor Statistics meldete 2016, dass die Amerikaner härter denn je arbeiten würden, die Gesamtproduktivität aber erneut gesunken sei, ein Trend, der 2006 einsetzte.[4] Ich kann es nicht beweisen, aber der Technologie kommt auf jeden Fall eine *Teilschuld* zu.

MEETINGS UND POWERPOINT-PRÄSENTATIONEN

Würde es nach dem Willen der Unternehmen gehen, fänden von morgens bis spät in die Nacht Meetings statt – Frühstücks-Meetings, Snack-Meetings, Lunch-Meetings, Nachmittags-Meetings, Dämmerungs-Meetings, Dinner-Meetings und Gute-Nacht-Meetings. Die meisten Meetings beginnen verspätet, enden verspätet und erreicht wird auch nur wenig. Wenn die Anwesenden nicht gerade mit dem Versuch beschäftigt sind, ihre Vorgesetzten mit aller Macht zu beeindrucken und den Kollegen zu zeigen, wie clever, „committed" und engagiert sie sind, dann bereiten sie sich auf das nächste Meeting vor und auf das im Anschluss und auf die PowerPoint-Präsentation, die sie halten müssen ...

„Schicken Sie mir ein Deck." Gibt es etwas Furchtbareres als diese fünf Worte? Inzwischen ist Ihnen vermutlich genauso klar wie mir, dass jemand, dem Sie ein PowerPoint-Deck schicken sollen, Ihre Idee nur so mittelmäßig findet – und dass es aller Wahrscheinlichkeit nach niemand lesen wird. PowerPoints sind in allererster Linie vergeudete Zeit und Produktivität. Da spult nur jemand automatisierte Reflexe ab und tut, was man von ihm erwartet.

REGELN, BESTIMMUNGEN UND RICHTLINIEN

Es geht los, wenn man noch ein Kind ist: „Schwimmen verboten." „Den Rasen nicht betreten." „Nicht laut spielen." „Vorsicht an der Bahnsteigkante." „Alle Fahrgäste müssen einen gültigen Ausweis mitführen." Und wenn wir in den Arbeitsmarkt eintreten, vervielfachen sich die Regeln, Bestimmungen und Richtlinien: „Nach 20 Uhr nur noch den Lastenaufzug benutzen." „Alle Mitarbeiter müssen ein TG7 vorweisen." „Bitte füllen Sie Formular 76Z aus." „Ihre Anfrage wurde abgelehnt." Und online ist es genauso schlimm: „Nach drei falschen Eingaben wird Ihr Konto gesperrt." „Der Zugriff auf diese Seite wurde verweigert." „Ihr Passwort muss mindestens sechs Zeichen lang sein, einen Großbuchstaben enthalten, zwei Zahlen, 1,5 kleingehackte Zwiebeln, zwei Esslöffel Haushaltsmehl und 150 Gramm Hühnerfleisch ohne Haut und Knochen."

Die meisten Unternehmen ertrinken in Regeln und Vorschriften. Einige davon sind offiziell, andere weniger. Die meisten werden als eigenständige Dokumente formuliert und niemand hat sie je als Ganzes geprüft (dafür sind es auch viel zu viele), genauso wie wir die Datenschutzerklärung und anderen Formulare nicht lesen, die nach einem Software-Update oder einem Download erscheinen. Wir klicken einfach auf „Zustimmen" und hoffen, dass wir nicht gerade unsere Seele übertragen haben. Was noch schlimmer ist: Diese Regeln sind Teil der Unternehmensfolklore geworden und weil niemand den Überblick über sie alle behalten hat (was ohnehin unmöglich wäre), haben die Mitarbeiter Angst. Wenn ich den Anspitzer für meinen privaten Bleistift verwende oder mit Lipgloss im Büro erscheine, ist das dann schon gegen die Unternehmensrichtlinien? Hätte das vorher die Geschäftsführung abnicken müssen, denn jede neue Richtlinie muss doch vom Management grünes Licht bekommen, oder?

COMPLIANCE UND DIE RECHTSABTEILUNG

Sie denken, nur Ihr Unternehmen ist so übervorsichtig und regelfixiert? Nein, das sind sie *alle*. Gibt es hier irgendjemand, der *nicht* in einer Organisation beschäftigt ist, wo die Compliance-Abteilung und die Rechtsabteilung durch Regeln, Handbücher und Restriktionen alles diktieren, von unserem Bekleidungsstil bis zur besten Art und Weise, wie wir mit den Kunden plaudern?

Aber bläut man den Mitarbeitern ständig ein, dass sie sich an die Statuten und Edikte des Unternehmens zu halten haben und ignorieren sollen, was ihnen ihr „Bauchgefühl" sagt, dann geht jedwede Autonomie verloren – und die Mitarbeiter verlieren ihre eigene Menschlichkeit. Das Ergebnis: Anordnungen gewinnen, der gesunde Menschenverstand verliert.

> Eine der größten Städte Amerikas fragte sich: „Wie wäre es denn, wenn jeder Bewohner dieser Metropole Zugang zu WLAN hätte?" Eine gute – und überfällige – Idee, bei der man davon ausgehen konnte, dass sie Unternehmer und Neukunden in die vielen Wolkenkratzer und Bürogebäude der Stadt anlocken würde. Schon bald wurden über die Stadt verteilt Hunderte Router installiert, auf Bäumen, Strommasten und andernorts, die meisten, wenn nicht alle, etwa 15 Meter über dem Bürgersteig. Das entspricht etwa dem dritten Stockwerk. Leider war der Stadt nicht bewusst – oder sie hatte es vergessen –, dass Router nach unten senden, nicht nach oben. Das Ergebnis: Alle Menschen, die im dritten Stock oder

darunter lebten und arbeiteten, hatten ein kristallklares Signal. Alle darüber konnten sich freuen, wenn sie überhaupt mal in den Genuss des WLAN-Netzes kamen.

Bevor wir uns weiter mit dem gesunden Menschenverstand befassen, möchte ich noch etwas Wichtiges klarstellen: Bislang habe ich den gesunden Menschenverstand als etwas Vernünftiges, Angemessenes, Praktisches und Bodenständiges definiert. Gesunder Menschenverstand bedeutet, dass man sein Urteilsvermögen einsetzt, bevor man eine Entscheidung trifft. Ob privat oder im Beruf, man lebt auf eine Weise, die vernünftig und umsichtig ist. Sie wissen, was zu tun ist und wie Sie intuitiv und automatisch reagieren – nicht, weil Sie es gelernt oder einem uralten Wissensschatz entnommen haben, sondern als Ergebnis grundlegender menschlicher Erfahrung. Sie können eine Situation einschätzen oder eine Faktenlage überblicken und dann zu einem soliden und vernünftigen Urteil gelangen. Aber wem erzähle ich das, Sie wissen das alles längst. Richtig?

Gesunder Menschenverstand ist natürlich all das, aber die Gründe dafür, warum wir in unserer Welt den gesunden Menschenverstand immer seltener wirken sehen, sind nicht so naheliegend, wie man vermuten könnte. Meiner Erfahrung nach besteht zwischen dem Mangel an gesundem Menschenverstand in Unternehmen (und im Leben) eine klare, wenn auch indirekte Verbindung zum abnehmenden Maß an Empathie in der Welt.

Sie finden, das klingt verrückt? Dann denken Sie bitte an die Grundsätze des gesunden Menschenverstands zurück, über die ich vorhin gesprochen habe, die Dinge, die uns von unseren Eltern und Lehrern beigebracht wurden: „Wenn es regnet, benutze einen Regenschirm." „Putz dir die Zähne." „Sag ‚bitte' und ‚danke'." „Biete deinen Sitz im Bus oder in der Bahn einer Schwangeren oder einem älteren Mitmenschen an." Geht es beim gesunden Menschenverstand nicht in allererste Linie darum, sich in eine andere Person zu versetzen und zu fühlen, was *sie* fühlt?

Schließlich wissen Sie, wie das ist, ohne Regenschirm im Regen zu stehen. Sie wissen, wie es ist, wenn Sie auf dem Fußgängerüberweg um ein Haar von einem Auto erfasst werden, wenn Sie vergessen haben, die Haustür abzuschließen oder den Herd auszumachen. Sie wissen, was geschehen kann, wenn Sie nicht „Bitte" oder „Danke" sagen. Ist Ihnen nicht daran gelegen, dass andere Menschen – insbesondere Kinder – nicht dieselben Fehler machen? Auf den ersten Blick klingt das alles sehr rational, aber tief im Inneren gehört es zum gesunden Menschenverstand, sich um andere zu sorgen, eine Verbindung zu ihnen aufzubauen und sich emotional mit ihnen zu identifizieren. Beim gesunden Menschenverstand geht es vor allem um Empathie.

> Meiner Erfahrung nach besteht zwischen dem Mangel an gesundem Menschenverstand in Unternehmen (und im Leben) eine klare, wenn auch indirekte Verbindung zum abnehmenden Maß an Empathie in der Welt.

Es wird Sie wohl nicht überraschen zu hören, dass ich innerhalb von Organisationen das Thema Empathie nur selten anreiße. In der Unternehmenswelt wird dieser Begriff oftmals mit Sentimentalität, Rumgeheule und Plätzchenbacken gleichgesetzt. In formellen Kreisen scheint der Begriff nirgendwo so recht hineinzupassen. Deshalb habe ich mir ein Konzept von einem Hollywoodregisseur abgeschaut und setze es ein, wenn ich in Unternehmen über Dinge sprechen möchte, die mit dem gesunden Menschenverstand zu tun haben.

Alfred Hitchcock ist nicht nur wegen seiner Filme in Erinnerung geblieben, sondern auch weil er beim Schreiben von Drehbüchern einen ungewöhnlichen Ansatz verfolgte. Für jeden Film, bei dem er für das Buch und die Regie verantwortlich war, entwickelte er zwei eigenständige Drehbücher – ein blaues und ein grünes. Das blaue Drehbuch ähnelte einem traditionellen Bühnenstück in drei Akten mit Dialog, Regieanweisungen und Kameraeinstellungen. Ist das der Augenblick, an dem James Stewart aus dem Fenster schaut und sieht, wie sein Nachbar ein Messer reinigt? *Blaues Drehbuch.* Wo soll Tippi Hedren stehen, wenn diese Vögel sie attackieren? *Blaues Drehbuch.* Im grünen Drehbuch dagegen konzentrierte sich Hitchcock darauf, was das Publikum fühlen sollte – Minute um Minute und teilweise sogar Sekunde um Sekunde. Verständnis. Angst. Furcht. Schock. Erleichterung.

Auf ein Unternehmen übertragen beschreibt das blaue Drehbuch die Ursachen (beispielsweise operative Defizite), während das grüne Drehbuch die Gesamtwirkung erfasst (beispielsweise einen Mangel an gesundem Menschenverstand). Hebt ein blaues Drehbuch diejenigen Abteilungen hervor, die nicht zusammenarbeiten, oder diejenigen Systeme und Prozesse, die der Produktivität im Weg stehen, dann zeigt ein grünes Drehbuch auf, wo der gesunde Menschenverstand (und oftmals auch die Empathie) Mangelware sind. Vielleicht ist es der Kundendienst, der Anrufer durch elf verschiedene Abteilungen jagt, vielleicht ist es auch das einstündige Meeting, das jede Woche stattfindet, weil ... nun ja, weil es halt stattfindet.

Noch einmal: Während sich das blaue Drehbuch – faktenbasiert, unzweideutig, messbar – auf alltägliche Probleme, Bremsklötze oder Kommunikationsfehler fokussiert, fokussiert sich das grüne Drehbuch auf die Auswirkungen dieser Probleme, häufig ein Fehlen von gesundem Menschenverstand und Empathie: Empathie zwischen unterschiedlichen Abteilungen; Empathie zwischen oberem und mittlerem Management; Empathie zwischen Belegschaft und Kundschaft.

Was *ist* Empathie? Empathie ist die Fähigkeit, zu fühlen, was andere Menschen fühlen, und zu erleben, was sie erleben. Die Menschen verwenden die Begriffe „Mitgefühl" und „Empathie" synonym, aber in Workshops verdeutliche ich den Unterschied normalerweise auf diese Weise:

Stellen Sie sich vor, Sie und ich reisen gemeinsam auf dem Ozean. Draußen stürmt es, die See ist rau. Ich sehe, wie Sie draußen auf dem Deck stehen. Sie beugen sich vornüber, Ihr Gesicht ist weiß und Sie umklammern die Reling mit beiden Händen. Einen Augenblick später sehe ich, wie Sie sich übergeben. Wäre ich bei Ihnen an Deck, würde ich Ihnen mit den Worten „Ach, Sie Ärmster" ein Taschentuch reichen. Das wäre Mitgefühl. Würde ich mich neben Sie stellen und mich ebenfalls übergeben, dann wäre das Empathie.

Mitgefühl bedeutet dementsprechend, dass wir uns mit dem identifizieren können, was eine andere Person durchmacht. Wir haben Mitgefühl mit einer Freundin, deren Mutter gerade gestorben ist, mit einem Freund, der gerade entlassen wurde, oder mit der Familie, von der wir in der Zeitung lesen, dass sie ihr Hab und Gut in einem Wirbelsturm verloren hat. Sehr viel tiefer reicht Mitgefühl nicht. Häufig tritt es als der Anschein höflichen Interesses auf, das wir anderen – Freunden, Nachbarn, Ladenbesitzern – im alltäglichen Umgang entgegenbringen. In Amerika und Großbritannien etwa ist Mitgefühl im Grunde ein gesellschaftliches Gebot.

> Der Unterschied zwischen Mitgefühl und Empathie: Beim einen sehe ich, wie Sie sich übergeben, und reiche Ihnen ein Taschentuch. Beim anderen fühle ich so sehr mit Ihnen, dass ich mich auch übergebe.

Bei meinem ersten oder zweiten Besuch in den Vereinigten Staaten versuchte ich noch immer, die inoffiziellen Umgangsregeln des Landes zu begreifen, und beging dabei natürlich einen Fehler nach dem anderen. Ich weiß noch, wie ich einmal in einem Hotel eincheckte und der Portier mich höflich fragte, wie es mir geht. Ich werde nie vergessen, was für eine offenherzige, von Herzen kommende, gequälte und viel zu weitschweifige Antwort ich ihm gab. Ich schilderte ihm, wie es mir wirklich ging. („Viel zu weitschweifig" allein schon deshalb, weil die einzig richtige Antwort auf die Frage „Gut, danke" gewesen wäre.) Der Portier wirkte auf mich ein wenig verängstigt – vermutlich dachte er, ich bräuchte dringend medizinische Betreuung – und wurde recht wortkarg.

Vor einem Jahr geschah mir in London etwas Ähnliches, dieses Mal aber umgekehrt. Jemand fragte mich: „Wie läuft es denn?" und als Experiment erwiderte ich, dass es *gar nicht* so gut läuft und mein Vater gerade gestorben sei (was stimmte). „Freut mich zu hören", erwiderte mein Gegenüber unbeirrt. „Wie ich sehe, haben Sie prächtiges Wetter mitgebracht." Das bestätigte meine Einschätzung, dass Mitgefühl häufig als dünnste Dekoration auf unseren tagtäglichen Begegnungen fungiert und nicht viel dahintersteckt.

(Beim Fliegen ist mir aufgefallen, dass die Flugbegleiter, wann immer ich um ein Mineralwasser mit Eis und Zitrone bitte, meine Bestellung sehr oft durcheinanderbringen. Vermutlich liegt es daran, dass sie derartige Bestellungen schon so häufig gehört haben. Entweder vergessen sie das Eis oder die Zitrone oder sie geben mir ein Glas stilles Wasser. Um das zu verhindern, sage ich inzwischen, ich hätte gern ein Glas Eis mit Zitrone und Mineralwasser. Diese Bestellung ist so ungewöhnlich, dass sie mir tatsächlich das Gewünschte bringen.)

Empathie geht tiefer, ist intimer und weniger limitiert als Mitgefühl, weniger ein automatischer Reflex als vielmehr ein Akt des Identifizierens. Bringen wir einem Freund, der gerade etwas Schlimmes bei der Arbeit erlebte oder eine Trennung hinter sich hat, Empathie entgegen, dann stellen wir uns wirklich vor, dass wir dieser Freund *sind*. Empathie macht es möglich, dass wir uns vorstellen, wie es uns in seiner Lage gehen würde.

Als Kleinkinder werden wir darauf programmiert, einander zu imitieren. Auf diese Weise lernen wir Dinge. Strecken Sie einem Baby die Zunge raus, wird das Baby auch sofort seine Zunge herausstrecken. Lächelt unsere Mutter uns an, lächeln wir zurück. Schrammt sich einer unserer kleinen Freunde das Knie auf oder verdreht sich den Knöchel, dann „fühlen" wir, was er fühlt. Andere Leute gähnen und wir gähnen mit, das geht praktisch automatisch. Es reicht schon, das Wort „gähnen" zu lesen, schon steigt die Wahrscheinlichkeit, dass wir gähnen. Was geht Ihnen durch den Kopf, wenn Sie lesen

„Lange Nägel, die über eine Tafel kratzen"? Wir zucken instinktiv zusammen.[5] Im Spanischen verwendet man den Begriff *grima* für Geräusche, die wir als sehr unangenehm wahrnehmen. Das Geräusch der Nägel auf einer Wandtafel und andere störende Geräusche (ein Messer beispielsweise, das über einen Teller schrammt) liegen in der Mitte des menschlichen Hörvermögens. In einer Studie heißt es, auf dieser Frequenz hätten möglicherweise unsere Schimpansen-Vorfahren ihre schrillen Warnrufe ausgestoßen. Das Ganze geht also sehr weit zurück. (Ich habe einmal in einer Fokusgruppe bei GlaxoSmithKline über ein neues Shampoo gesprochen und alle im Raum begannen gleichzeitig, sich am Kopf zu kratzen.) Kurzum: Unser Überleben als Menschen hängt davon ab, ob wir empathisch sind – dass wir verstehen, was andere Menschen empfinden und tun.

Als ich vor einigen Jahren mit Nestlé arbeitete, musste ich daran zurückdenken. Das Unternehmen wollte in Frankreich Babynahrung in Bioqualität auf den Markt bringen und ich half ihm dabei. NaturNes war die reinste und gesündeste Biobabynahrung auf dem Markt – kein Salz, kein Zucker, keine Chemikalien, keine Stabilisatoren. Dennoch verkaufte sich das Produkt aus irgendeinem Grund nicht. Nestlé hatte viel Geld in das Produkt investiert und jetzt spuckten die französischen Babys es wieder aus, ohne dass jemand wusste, warum. Ich reiste in Frankreich herum und befragte Verbraucher. Schon bald wurde klar, wo das Problem lag. Junge Mütter probieren meist erst einmal, was sie ihren Babys geben, und lächeln dann, um zu zeigen, wie gut es schmeckt. Auf diesen Gesichtsausdruck als Signal hin essen die Babys brav, was ihnen serviert wird. Dieses Mal achtete ich ganz besonders auf die Mütter und stellte fest, dass sie konsterniert aussahen, wenn sie NaturNes probierten. Ganz offensichtlich hassten sie das Zeug, es war zu geschmacksarm, es fehlte die Würze. Die Babys reagierten, indem sie das Zeug ausspuckten. Nestlé musste seinen kompletten Ansatz noch einmal überdenken.

Die Fähigkeit, Empathie zu verspüren, ist angeboren (von einigen wenigen Ausnahmen abgesehen). Babys weinen, wenn sie andere

Babys weinen hören. Ein Kleinkind bietet einem Kind ohne Schnuller seinen eigenen an. Aber Empathie ist auch erlernt. Wenn Ihre Eltern empathisch auf Sie reagiert haben, als Sie klein waren, dann nimmt Ihre Fähigkeit, Empathie zu empfinden, zu. Haben Sie sie ignoriert oder links liegen lassen, dann dürften Ihre Empathiewerte vermutlich stagniert haben. Aber unabhängig von unserem Alter gilt: Je mehr wir mit anderen Menschen interagieren, desto empathischer werden wir. Und das ist das Problem.

Empathie ist auf dem Rückzug, zumindest unter Studierenden. Wie die *New York Times* berichtete, hat sich ein Forschungsteam der Universität Michigan die vier Grundpfeiler der „zwischenmenschlichen Sensibilität" am Beispiel von 14.000 Studierenden aus den Jahren 1980 bis 2010 angesehen.[6] Die Forscher ließen die Probanden die Perspektive anderer Personen einnehmen, darunter auch fiktive Charaktere aus Büchern und Filmen, und maßen, wie viel Anteilnahme sie bis hin zu Qualen die Studenten angesichts der Schicksalsschläge anderer verspürten. Ihre Erkenntnis, so die *Times*: „Die Studenten punkteten deutlich niedriger, was Einfühlsamkeit (48 Prozent weniger) und Perspektivwechsel (34 Prozent) anbelangte." Die Wissenschaftler von der Universität Michigan hätten festgestellt, dass die „Millennial-Mischung aus Videospielen, Social Media, Reality-TV und Hyperwettbewerb dazu geführt hat, dass die jungen Menschen selbstbezogen, oberflächlich und uneingeschränkt in ihrem Individualismus und ihren Ambitionen sind."

2010 hat die Universität diese Studie durchgeführt und ich vermute, dass in den zehn Jahren seit damals die Empathie weiter nachgelassen hat. Unsere Telefone dienen als Barriere zwischen uns und der Welt und sorgen dafür, dass uns vieles nicht mehr auffällt. Handys sind Schilde, Lichtschwerter, Übergangsobjekte und Phantomglieder. Sie schützen uns vor unserer Furcht, unseren Ängsten, unserer Einsamkeit, unserer Befangenheit, unserer Traurigkeit und unserer Bedeutungslosigkeit. Wir sind in einer Bar und unsere Verabredung ist noch nicht aufgetaucht? Wir greifen zum Handy und tun etwas, *irgendetwas*, nur um nicht so jämmerlich auszusehen, wie wir uns fühlen.

26 Prozent aller Eltern nutzen in den fünf Minuten vor dem Schlafengehen noch ihr Smartphone oder Tablet, ergab eine Studie, die Common Sense Media 2019 durchführte.[7] Der Anteil derer, die mindestens einmal pro Nacht aufwachen und ihr Handy kontrollieren, war ähnlich hoch, und 23 Prozent griffen innerhalb von fünf Minuten nach dem Aufstehen zum Handy oder Tablet. Bei den Heranwachsenden sind es sogar mehr. 40 Prozent der Heranwachsenden checken ihr Handy oder Tablet vor dem Schlafengehen, 36 Prozent kontrollieren das Gerät nachts auf Anrufe oder Benachrichtigungen und 32 Prozent greifen sich das Handy spätestens fünf Minuten nach dem Aufstehen.

Bei einer anderen Studie vor einigen Jahren setzte man zwei Personen an einen Tisch und ließ sie ein zehnminütiges Gespräch führen.[8] Allein dadurch, dass ein Handy auf dem Tisch lag, sank nachweisbar das Empathie-Niveau. Die Forscher formulierten es so: „Unterhaltungen, die in der Abwesenheit von Mobilfunk-Kommunikationstechnologie geführt wurden, wurden als deutlich besser bewertet als Gespräche in Anwesenheit eines Mobilfunkgeräts, und zwar unabhängig von Alter, Geschlecht, ethnischer Zugehörigkeit und Stimmung."[9] Und weiter hieß es: „Menschen, die in Abwesenheit von Mobilfunkgeräten Gespräche führten, berichteten von einem höheren Maß an emotionaler Empathie."

Einfallsreiche KI-Firmen versuchen sich mittlerweile daran, Empathie digital zu importieren. Das Unternehmen Cogito aus Boston beispielsweise lässt in der Ecke eines Bildschirms ein Herz aufleuchten, wenn ein Kundenberater nicht genügend „Herz zeigt". In mehr und mehr Callcentern (etwa beim amerikanischen Versicherer MetLife) tauchen diese und andere visuelle Hinweise auf – ein Tacho, wenn ein Gespräch zu lange dauert, ein Kaffeebecher, wenn der Kundendienstmitarbeiter träge klingt. Und wenn ein Mitarbeiter diese Hinweise verkleinert oder ignoriert, informiert Cogito den Vorgesetzten.[10]

Sie können in fast jedem Land die Zeitung aufschlagen oder auf eine Nachrichtenwebseite gehen und dort lesen, wie groß die Risse geworden sind, die durch die Bevölkerung verlaufen. Warum jetzt? Weil wir weniger Empathie – und null Mitgefühl – für Menschen haben, die anderer Meinung sind, wenn es um Politik, Verbrechen, Rasse, Abtreibung oder sexuelle Präferenzen geht. Der Aufstieg der sozialen Medien hat dazu geführt, dass es immer weniger akzeptiert wird, menschliche Schwäche an den Tag zu legen. Perfektion – oder die Wahrnehmung von Perfektion – zerstört Empathie. Online sind alle ideal, glücklich und vermögend. Ihre Freunde sind lustig und glamourös und sie finden es fantastisch, in Ihrer Nähe zu sein! Wenn Ihre Freunde aus den sozialen Medien nicht gerade Cocktailpartys haben, dann reisen sie. Italien, die Turks- und Caicosinseln, das Baskenland ... Oder sie schießen ein Selfie auf einem niederländischen Tulpenfeld, wobei ihnen egal ist (oder sie es überhaupt nicht merken), dass sie gerade einige Tulpen zertrampeln. Schwächen, Fehler oder Menschlichkeit bekommen wir im Leben unserer Onlinefreunde nur selten zu sehen und stellen diese Dinge selten zur Schau.

Deshalb ist es auch immer schockierend, diesen Menschen, denen wir auf sozialen Medien folgen, im wahren Leben zu begegnen. Beim Mittagessen erzählen sie uns, dass sie gerade Entwarnung bekommen haben, es sei doch kein Krebs; dass sie dieses Jahr bereits das fünfte Antidepressivum ausprobieren; dass ihre Tochter einen Entzug durchmacht; dass ihr Schwiegersohn noch immer ohne Arbeit ist. Die einzig mögliche Antwort darauf lautet: „Das hätte ich niemals gedacht." Eine gute Freundin hat mir erzählt, dass sie wegen der sozialen Medien sogar Freunde verloren habe – sie war es so sehr gewohnt, deren Leben in ihren Feeds zu verfolgen, dass es ihr gar nicht mehr in den Sinn kam, diese Personen auch einmal anzurufen oder ihnen wenigstens eine E-Mail zu schreiben.

Wenn nun Empathie und gesunder Menschenverstand so eng zusammenhängen, wie wirkt sich dann ihr Verschwinden auf die

Unternehmen aus? Die Antwort darauf lautet, dass Unternehmen heutzutage nahezu alles, was sich als „menschlich" bezeichnen ließe, herausgequetscht haben. Was sich nicht messen oder quantifizieren lässt, existiert nicht. Wenn es existiert, entscheiden Daten darüber, ob es gut oder schlecht ist. Wenn eine E-Mail zurückkommt oder unser Laptop sich nicht mit einem Server verbindet, ist es *unsere* Schuld. Wenn Google Maps uns erklärt, dass diese Adresse nicht existiert, gehen wir davon aus, dass wir uns um eine Zahl vertippt haben oder dass es auf andere Weise *unsere* Schuld war.

Was ist richtig, was ist falsch? „Lesen Sie das Handbuch oder die Anleitung." „Fragen Sie HR." „Kontaktieren Sie die Rechtsabteilung." Anfang der 2000er-Jahre leitete ich Fokusgruppen für Lego. Ich hockte mit einer Gruppe kleiner Kinder auf dem Boden und baute Lego-Schlösser mit ihnen. Waren die Schlösser fertig, steckten die Kinder oben eine kleine Flagge hinein. Fertig. Aber wenn ich heute dasselbe Experiment durchführe und die Flagge nicht mittig, sondern ein paar Zentimeter nach links oder nach rechts versetzt hineinstecke, dann erklären mir die Kinder, ich würde das falsch machen. „*Da* kommt die Flagge hin! So steht das in der Anleitung! Es ist *alles verkehrt*, wenn du die Flagge falsch hineinsteckst!"

Die Empathie schwindet und den Firmen kommt das teuer zu stehen, denn Empathie macht schließlich den Unterschied zwischen einer Verbraucherin aus, die Ihrem Unternehmen ein Leben lang treu ist, und einer, die schwört, sie wird ihr Geschäft nie wieder betreten. In einem Interview schilderte mir einmal ein Manager, was er erlebte, während er bei einer großen europäischen Elektronikkette in der Schlange stand. Um zu zeigen, wie wichtig man fortan das Thema Umwelt und Nachhaltigkeit nehme, hatte das Geschäft eine neue Regel erlassen: Wollte die Kundschaft eine Plastiktüte für ihren Einkauf haben, musste sie dafür bezahlen. Während er in der Schlange stand und wartete, fiel dem Manager die Frau vor ihm auf. Sie kaufte für Tausende US-Dollar ein – einen Laptop, einen Drucker, Kopfhörer und so weiter.

Während ihre Kreditkarte im Gerät steckte, bemerkte die Frau, dass sie für ihren Einkauf eine Plastiktüte benötigen würde. „Das macht einen US-Dollar", sagte der Mann an der Kasse. Aber die Frau hatte kein Bargeld und kein Kleingeld dabei. „Das zahle ich mit der Kreditkarte", sagte sie, um dann vom Kassierer belehrt zu werden, dass erst ab einer Transaktion von fünf Dollar per Kreditkarte bezahlt werden könne – ohne Ausnahme. Diese Frau hatte gerade für Tausende Dollar Elektronik gekauft! Sie regte sich so sehr auf, dass sie sämtliche Artikel in ihrem Einkaufswagen zurückgab und dem Verkäufer erklärte, sie werde in diesem Geschäft niemals wieder einkaufen. Und wer würde es ihr verdenken? Vergangenes Jahr moderierte ich eine Firmenfeier im Park Hyatt, einem Fünfsternehotel auf Mallorca. Als sich die Partygäste versammelt hatten, fand ich heraus, dass das Hotel „vergessen" hatte, mir zu sagen, dass die Bar um Mitternacht schließt – was verrückt ist, denn die meisten Spanier beginnen vor 21, 22 Uhr gar nicht erst mit dem Abendessen. Weiter erklärte man mir, dass aufgrund komplexer internationaler Auflagen nach Mitternacht kein Alkohol ausgeschenkt werde und es nach 22 Uhr 30 keinen Zimmerservice gebe. Das waren alles Neuigkeiten für mich – und keine guten. Am nächsten Tag checkte die gesamte Truppe aus, mehrere Tage früher als geplant. Wir hatten Zimmer die Straße herunter gefunden, wo die Bar erst um 2 Uhr in der Früh schloss und der gesunde Menschenverstand noch nicht vollkommen abhandengekommen war. Unter dem Strich entgingen Park Hyatt durch eine dämliche, willkürliche, globale Regel (die keinerlei Rücksicht auf örtliche Befindlichkeiten nahm) Einnahmen in Höhe von mehreren Zehntausend US-Dollar.

Andererseits gibt es aber auch Beispiele für großartige Kundenerfahrungen. Eine hatte ich vor einigen Jahren in Tokio, als ich in einer Bar Sake bestellte. In Japan wird Sake üblicherweise in einem winzigen Glas serviert, das in einem Holzbecher steht. Aus dem Nichts erschien eine ältere Frau an meinem Platz und begann, den Sake einzuschenken. Und einzuschenken. Sie schenkte Sake ein, bis das Glas überlief und der Sake in die Schachtel hineinzulaufen begann. Als ich sie fragte, warum sie das tue, erklärte sie mir, dass es bei den Japanern Tradition sei, mehr zu geben als erwartet – man verspreche zu wenig und liefere zu viel und erschaffe auf diese Weise ein Gefühl der Überraschung. Das ist eines der Geheimnisse hinter jeder großen oder erinnerungswürdigen Kundenerfahrung. Aber warum ist es überhaupt ein Geheimnis?

Unternehmen, die Empathie ignorieren, töten nicht nur den gesunden Menschenverstand ab, sie gefährden auch künftige Innovationen.

3

VON AUSSEN NACH INNEN, *NICHT* VON INNEN NACH AUSSEN

VERGANGENES JAHR musste ich aus geschäftlichen Gründen von Dubai nach Rumänien fliegen. 1,5 Stunden vor dem Abflug checkten ein Kollege und ich am Dubai International Airport bei Emirates ein. Wir versuchten es zumindest. „Da müssten Sie schon in Olympiaform sein", erklärte uns der einen Mundschutz tragende Herr am Schalter. Unser Flug würde von einem anderen Terminal abfliegen. In den meisten Flughäfen steigt man in so einem Fall einfach in einen Bus oder eine Bahn und kommt zehn Minuten später an seinem Flugsteig an. Aber der zweite Emirates-Terminal sei so weit entfernt, so der Mann, dass wir frühestens am Gate wären, wenn das Flugzeug auf die Startbahn rollt – immer vorausgesetzt, wir würden sofort ein Taxi erwischen.

Mein Kollege und ich hatten uns damit abgefunden, dass wir den Flug verpassen würden, als der Mann vom Bodenpersonal eine andere Idee ins Rennen warf: Wenn wir rennen würden – und zwar *wirklich* rennen –, könnten wir es über einige Schleichwege und durch einige Sicherheitskontrollen in 45 Minuten zum Flugsteig schaffen. Der Mann muss unseren Gesichtsausdruck gesehen haben, denn er erklärte: „Ich habe jetzt Pause. Ich laufe mit Ihnen, die Bewegung tut mir ganz gut."

Bewaffnet mit unserem Gepäckwagen jagten wir drei Treppen hinauf und hinab, huschten durch menschenleere Korridore und ein halbes Dutzend Sicherheitskontrollen. Wann immer es stockte oder sich vor uns eine lange Schlange gebildet hatte, zückte der Mann seinen Ausweis (und ging hier und da etwas freizügig mit der Wahrheit um) und man winkte uns durch. 45 Minuten später erreichten wir, völlig außer Atem, das Emirates-Gate.

Warum sollte ein Angestellter etwas Derartiges tun? Empathie. Er behandelte mich, wie er in meiner Lage gerne behandelt werden würde. Vom Standpunkt des gesunden Menschenverstands aus sorgte er dafür, dass ich dieser Airline bis zum Rest meines Lebens treu bleiben würde. Das ist nicht mehr und nicht weniger als die „Goldene Regel", die in der einen oder anderen Form vermutlich bis ins Jahr 500 vor unserer Zeitrechnung zurückgeht: „Behandele andere so, wie du behandelt werden möchtest." Oder in der negativen Form: „Behandele andere nicht so, wie du auch nicht behandelt werden möchtest."

Wann immer ich Workshops leite, bitte ich Angestellte, ihre schönste Erfahrung aus dem Kundendienst zu beschreiben. Es ist egal, ob ich mich in der Schweiz, in Russland, in Thailand oder in North Carolina befinde, dieselben drei Qualitäten tauchen wieder und wieder auf. Erstens trug sich die Erfahrung zu, als die Person in echter Not steckte. Sie war krank; ihr Kind war krank; ihr Gepäck war verschwunden; ihre Brille war kaputtgegangen und sie hatte keinen Ersatz eingepackt; sie hatte ihr Telefon im Hotelzimmer vergessen oder im Flieger liegen gelassen. Zweitens traf diese notleidende Person auf ein Gegenüber, das ein hohes Maß an Empathie zeigte und volles Verständnis für das hatte, was die Person gerade durchmachte. Drittens tat dieses Gegenüber, um das Problem zu lösen, mehr, als es seine Stellenbeschreibung erfordert hätte.

Meistens geschieht das nicht. Warum? Die Antwort ist einfach: Die Unternehmen setzen sich nicht hin und sprechen mit ihrer Kundschaft. Menschen, die in Organisationen arbeiten, vergessen gerne, dass *sie* ebenfalls Verbraucher sind. Wieder und wieder wird der gesunde Menschenverstand durch diese Diskrepanz in die Knie gezwungen.

Ich erlebe das in meiner Arbeit ständig. Erst vergangenes Jahr beispielsweise fing ich an, mit Cath Kidston zu arbeiten, einer beliebten Mode- und Lifestylemarke aus London, und traf mich mit dem Managementteam für einen frühmorgendlichen Workshop. Das Unternehmen hatte Stifte und Notizblöcke bereitgestellt, alles luftdicht in Plastik eingeschweißt. In der Nähe stand eine Auswahl von Kisten mit Cath-Kidston-Produkten, ebenfalls alles eingeschweißt. Um Zeit zu sparen, bat ich einige Personen, die früher gekommen waren, alle Stifte, Notizblöcke und Kisten auszupacken. Fünf von ihnen benötigten dafür länger als eine halbe Stunde.

„Wie verbraucherorientiert sind Sie?", fragte ich zu Beginn des Workshops die Cath-Kidston-Mitarbeiter. Sie beteuerten, dass der Verbraucher bei dem Unternehmen an allererster Stelle stehe. „Ist den Kunden von Cath Kidston die Umwelt wichtig?", fragte ich. „Ja doch, unbedingt", lautete die Antwort. Ich fragte: „Wenn Sie nicht bei der Arbeit sind, sind Sie ihrerseits *Verbraucher und Verbraucherinnen*, die möglicherweise viele Dinge online bestellen. Was würden Sie sagen: Was ist Ihr größer Nervfaktor, wenn so ein Paket bei Ihnen eintrifft?"

Die Antwort war nahezu einstimmig: Zu viel Plastik. Zu viel Verpackungsmüll. Eine Frau erklärte mir, sie habe einmal fast eine Stunde dafür benötigt, drei Hemden aus ihrem Pappbehältnis zu befreien. „Hat jemand hier ähnliche Erfahrungen gemacht?", fragte ich und alle Hände gingen hoch. Ich bat die Teilnehmenden, ihre Kollegen und Kolleginnen zu würdigen, die die Aufgabe gehabt hatten, Kisten auszupacken, wie sie in exakt derselben Aufmachung in den Geschäften von Cath Kidston eintrafen, wo Mitarbeiter dann stundenlang damit beschäftigt waren, alles auszupacken.

Und wir redeten hier nicht nur von Stiften und Notizblöcken, sondern auch von Tellern, Hemden, Kleidern und Dutzenden von anderen Produkte. Vom Thema Nachhaltigkeit ganz abgesehen: Das Unternehmen verschwendete Zeit und Produktivität seiner eigenen Belegschaft.

Kurzum: Ein wenig gesunder Menschenverstand hätte hier schon viel bewirken können. Das ist ein wesentlicher Grund dafür, dass ich, wann immer ich anfange, mit einem Unternehmen zu arbeiten, gemeinsam mit Angestellten Kunden in deren Zuhause besuche. Auf diese Weise bekommen die Angestellten zum ersten Mal Gelegenheit, von außen nach innen auf die Welt zu blicken, sie so zu sehen, wie ihre *Kunden* sie sehen, und nicht länger ausschließlich von innen nach außen zu schauen. Wenn Ihr Unternehmen Produkte oder Dienstleistungen verkauft, ist es dann nicht sinnvoll, herauszufinden, wer Ihre Kunden sind und was sie möchten?

Vor einigen Jahren führte ich bei einem Telekommunikationsunternehmen aus dem kolumbianischen Medellín ein Experiment mit leitenden Angestellten durch. Keiner von ihnen hatte zuvor erlebt, wie es ist, als Kunde in einem ihrer Geschäfte einzukaufen. Der Regel zufolge sollte kein Kunde verpflichtet sein, länger als 59 Minuten in der Schlange warten zu müssen. (Warum das Unternehmen nicht einfach auf 60 Minuten aufrundete? Weil die Regierung Bußgelder ausspracht, wenn Kundschaft eine Stunde oder länger warten musste.) 59 Minuten klingt ermüdend genug, aber in diesem Fall war es auch noch ein Psychospielchen, das darauf abzielte, die Kunden halb verrückt zu machen.

Stellen Sie sich vor, dass Sie einer der Kunden sind. 48 Minuten von Ihren 59 Minuten sind vergangen, dann ruft man Sie an einen der Schalter. Man händigt Ihnen ein Ticket aus und erklärt Ihnen, Sie hätten sich nun in einer anderen Warteschlange anzustellen.

Und schon beginnt die 59-Minuten-Uhr wieder von vorn. Wenn Sie den Schalter schließlich erreichen und der Kundendienstmitarbeiter Ihnen nicht weiterhelfen kann, verweist er Sie an eine dritte Schlange. Die nächsten 59 Minuten brechen an. Der gesamte Vorgang kann bis zu drei Stunden andauern. Als mir klar wurde, dass die Mitglieder der Führungsriege überhaupt keinen Eindruck davon hatten, was ihre eigenen Kunden durchmachen, lud ich ein halbes Dutzend von ihnen ein, mich in meinem detailgetreuen Nachbau eines Geschäfts in einem großen örtlichen Kongresszentrum aufzusuchen.

Ich wollte die durchschnittliche Kundenerfahrung so exakt wie möglich abbilden, also sorgte ich dafür, dass im Geschäft wie jeden Tag angenehm milde 35 Grad Celsius herrschten. Draußen auf dem Bürgersteig postierte ich Männer mit Maschinenpistolen (in diesem Viertel kein seltener Anblick), während drinnen um die 40 Kunden auf alten Stühlen in einer Reihe hockte und halbtot auf einen Fernseher starrten, auf dem eine Dauerwerbesendung des Unternehmens lief. Alle 30 Sekunden piepte eine Uhr, um Kunden an der Spitze der Warteschlange darauf hinzuweisen, dass es für sie nun an der Zeit war, an den Schalter zu treten.

Nach zwei Stunden in dieser Hölle verkündete ein Manager – rotes Gesicht, schweißüberströmt, genervt und nicht bereit, noch länger auf den Beginn des Workshops zu warten –, er gehe jetzt zurück ins Büro. Ich erklärte ihm, *dies* sei der Workshop und er *könne* nicht zurück ins Büro. Unzufrieden setzte er sich wieder hin, aber zum ersten Mal dämmerte ihm etwas. In den nächsten zwei Stunden verfassten das Managementteam und ich eine Grafik, in der jede Ausrede erfasst wurde, die die Mitarbeiter den Kunden gaben, die es bis an ihren Schalter geschafft hatten. „Tut mir leid, ich kann Ihnen nicht helfen." „Ich fürchte, das fällt nicht in meine Verantwortung." „Kommen Sie nächsten Dienstag wieder und bringen Sie dieses Ticket mit." „Hier ist die Nummer unserer gebührenfreien Hotline." „Entschuldigung, aber das akzeptieren wir nicht als gültigen Ausweis."

Der Manager, der hatte gehen wollen, war empört, aber dieses Mal aus gutem Grund. Er und die anderen Mitglieder seines Teams begriffen endlich, wie es sich anfühlte, Kunde zu sein und worum es bei Empathie im Geschäftsumfeld geht.

Es ist seltsam, aber die meisten Unternehmen haben so etwas noch nie zuvor getan. Natürlich führen sie Kundenbefragungen durch. Es gibt Fokusgruppen. Aber sich mit denjenigen Menschen hinsetzen und unterhalten, die tatsächlich ihre Produkte oder Dienstleistungen kaufen und verwenden? Zu versuchen, die Welt aus ihrer Sichtweise zu begreifen? Wozu sollte das gut sein? Die Antwort lautet natürlich: Es ist das *einzige*, was zählt. Durch das Zusammenbringen von Mitarbeitern und Verbrauchern wird das Muskelgedächtnis eines Unternehmens geschwächt – und auf eine echte kundenorientierte Denkweise umgestellt.

Nehmen wir noch einmal das Beispiel Swiss International Air Lines. Bis ich mit Mitarbeitern Kunden zu Hause besuchte, hatte sich dort niemand, auch keine Piloten und kein Kabinenpersonal, groß Gedanken gemacht, wie das Fliegen für die Passagiere sein mochte. Zu fliegen war ihr Job, das war das, wofür sie ausgebildet worden waren. Es war für sie die sicherste, am wenigsten stressige und bequemste Methode, von A nach B zu reisen. Dank der Vorteile, Vergünstigungen und Privilegien für Mitarbeiter mussten wohl die wenigsten Mitarbeiter von Swiss International Air Lines je in langen Schlangen warten, bevor sie das Flugzeug besteigen durften. Sie mussten sich auch keine Sorgen machen, ob es Platz für ihr Handgepäck geben würde und wie sie nach der Landung den Flughafen verlassen würden. Wegen was also sollte man sich groß Sorgen machen?

Nun, da müssen Sie bloß Ihre Kundschaft fragen, die wird Ihnen alles erzählen, was Sie wissen müssen. Vergangenes Jahr beispielsweise habe ich einen großen Mall-Betreiber aus dem Mittleren Westen der USA beraten. Rund um den Globus stellen Frauen in Einkaufszentren das mit Abstand größte Publikum, warum nicht auch hier? „Warum fragen wir die Frauen nicht?", sagte ich. „Oh. Ach so. Na schön."

Wir führten Interviews mit einem guten Dutzend Shopperinnen. Sie alle äußerten dieselben Sorgen. Sie fühlten sich in den Fahrstühlen der Mall nicht sicher, vor allem nachts nicht. Ihnen gefiel die Aufteilung der Parkplätze nicht. Die Parkbuchten waren für ihren Geschmack zu eng geschnitten, was das Einparken erschwerte. Drei Monate später hatte das Mall-Management in sämtlichen Fahrstühlen Kameras installiert und die Parkplätze waren großzügiger angelegt. Die Zahl der weiblichen Kunden nahm deutlich zu.

Mitarbeiter und Verbraucher an einen Tisch zu bringen, ist aus Sicht des gesunden Menschenverstands nicht nur für die Geschäftsführung von Vorteil. Es ist zugleich ein Signal an jeden Einzelnen innerhalb der Organisation: Wenn die Geschäftsführung willens ist, sich mit den Kunden hinzusetzen, dann ist es dem Unternehmen ernst, was den Wandel angeht. Und das ist das Allererste, was man wissen muss, bevor man damit beginnt, ein Unternehmen zu transformieren.

Ich bin müde, Sie sind müde. Warum gehen wir nicht ins Hotel?

Zur Dorchester Collection gehören neun Luxushotels, die über die ganze Welt verteilt sind. In Los Angeles sind es das Beverly Hills Hotel und das Hotel Bel-Air, in London das Dorchester Hotel und keine 100 Meter weiter das 45 Park Lane. Knapp außerhalb von London gehört das Coworth Park in Ascot dazu, ein georgianisches Herrenhaus, in dem die Prinzen William und Harry abstiegen, bevor Harry Meghan Markle heiratete. In Paris betreibt die Dorchester Collection das Le Meurice und das Hôtel Plaza Athénée, in Rom das Hotel Eden und in Mailand das Hotel Principe di Savoia.

Kurz vor der Pandemie beauftragte die Hotelkette mich damit, ihre Suiten so einzigartig zu gestalten, dass sie sich von der Konkurrenz abhoben – in einer Welt, in der „Hotelsuite" als Konzept seine Bedeutung mehr oder weniger vollständig eingebüßt hatte. Etwas inoffizieller bestand meine Aufgabe zudem darin, dem Personal der neun Hotels zu helfen, die Welt künftig stärker durch die Augen ihrer Gäste zu sehen.

Einfach und unproblematisch würde das nicht werden. Es herrscht eine große wirtschaftliche Kluft zwischen der Belegschaft eines Hotels und den Menschen, die über die nötigen Mittel verfügen, sich einen Aufenthalt in einem Hotel der Dorchester Collection leisten zu können. Es gab auch keinen Grund zu erwarten, dass jemand vom Housekeeping oder Empfang die Bedürfnisse eines ausländischen Amtsträgers, eines global aktiven Geschäftsmanns, eines Internetmilliardärs oder eines Filmstars versteht, geschweige denn Empathie für sein Gegenüber aufbringt.

„Behandele andere so, wie du gerne behandelt werden würdest." Ein simples Konzept, aber warum ist es in derart vielen Unternehmen eine Anomalie? Mich überrascht das jedes Mal aufs Neue, obwohl es das wohl eigentlich gar nicht sollte, wenn man bedenkt, dass wir unsere besten Erfahrungen als Verbraucher (solche, an die wir uns tatsächlich erinnern) dann machen, wenn ein fürsorglicher und besonnener Mitarbeiter mehr leistet, als wir es vermutet oder erwartet hätten.

Einen ähnlich fantastischen Service, wie ich ihn am Flughafen Dubai genießen durfte, erlebte ich einmal im Beverly Hills Hotel. Als ich eincheckte, stand ich am Beginn einer Erkältung: Meine Augen tränten, die Stimme war heiser. (Nein, es war kein Covid-19!) Fünf Minuten später öffnete ich das Zimmer zu meinem Raum und stellte fest, dass der Zimmerservice bereits dagewesen und wieder gegangen war. Neben meinem Bett stand eine Kanne mit heißem Tee, daneben Honig und Zitrone und eine handschriftliche Notiz des Geschäftsführers, darauf Name und Telefonnummer eines örtlichen Arztes und einer Apotheke, die mir alle eventuell benötigten Medikamente liefern könne.

(Und diese Sonderbehandlung wurde nicht nur mir zuteil. Die Dorchester Collection macht sich regelmäßig für *all ihre Gäste* derartige Mühe.) Warum? Weil die Mitarbeiter, würden sie in meiner Haut stecken, gerne ganz genauso behandelt werden würden.

Dass wir uns an derartige Erlebnisse so lebhaft erinnern, liegt daran, dass sie so selten sind – oder vielleicht auch, weil wir nur selten öffentlich Unterstützung benötigen. Die meisten Unternehmen (und das gilt auch für Hotels) sind durch dermaßen viele Systeme, Prozesse und Abläufe in Zwangsjacken gefangen, dass der gesunde Menschenverstand letztlich nicht die Regel darstellt, sondern die Ausnahme bleibt. Im Luxussegment der Hotelbranche läuft alles minutengenau getaktet ab, manchmal sogar sekundengenau. Das Problem dabei liegt auf der Hand: Systeme, Prozesse und Abläufe machen die Belegschaft zumeist blind dafür, wer ihre Kunden sind und was sie wünschen. Es wird wohl nirgendwo ein Handbuch mit dem Titel „Was mache ich, wenn dänische Gäste mit dem Anflug einer Erkältung eintreffen?" geben und genauso wenig würde ich von einem Mitarbeiter erwarten, dass ihm meine wässrigen Augen und die heisere Stimme auffallen. (Umso erstaunlicher, dass es trotzdem jemand registriert hat.)

Aber nehmen wir einmal an, es *gäbe* tatsächlich jemand, der für meine Erkältung verantwortlich wäre. Wessen Aufgabe wäre das? Die des Portiers? Des Empfangsleiters? Des Concierge? Des Pagen? Des Housekeepings? Des Betriebsteams? Des Geschäftsführers?

Systeme und Abläufe versuchen nicht nur immer wieder, den Kunden auf Abstand zu halten, sie haben noch einen weiteren Nachteil: Sie richten die Aufmerksamkeit eines Unternehmens nach innen. So geht die Kontinuität verloren. Im Filmgeschäft spricht man von „Continuity", wenn sorgfältig darauf geachtet wird, dass noch die allerletzten Details von Aufnahme zu Aufnahme gleich bleiben – auch dann, wenn zwischen den Aufnahmen sechs Wochen oder sechs Monate liegen. Trägt Cary Grant wieder den Anzug, den er beim Betreten des Raums anhatte, oder fehlt jetzt sein Schlips? Liegt der Hund noch schlafend am Kamin. Wenn nicht, wo ist er hin? Kontinuität erschafft einen ungebrochenen Traum von großartigem Service.

In einem Hotel (oder einem Unternehmen) besteht die Rolle der Belegschaft nicht nur darin, ihre Funktion zu erfüllen, sondern auch darin, Kontinuität zu schaffen, indem sie eng mit allen anderen Abteilungen zusammenarbeitet. Ich weiß, einfacher gesagt als getan, und ich würde behaupten, dass heutzutage um die 95 Prozent aller Unternehmen diese einfache, aber wesentliche Erkenntnis vergessen haben. Aber Beständigkeit und Kontinuität bauen Vertrauen auf – und wenn uns in einer Welt, in der wir in Falschinformationen geradezu ertrinken, eines fehlt, dann ist es Vertrauen. Und Vertrauen wiederum geht normalerweise Hand in Hand mit gesundem Menschenverstand.

In einem gewöhnlichen Hotel gibt es jede Menge an unterschiedlichen Abteilungen und nur selten läuft die Kommunikation zwischen ihnen so ab, wie es der Fall sein sollte. Die Personalfluktuation ist hoch, die Zeitpläne greifen nicht immer reibungslos ineinander. Ein Team arbeitet vielleicht abends und wird von einem anderen abgelöst, das morgens um 7 Uhr beginnt. Wenn jemand von der Nachtschicht einen Gast mit Migräne betreut hat, wird er daran denken, das dem Morgenteam mitzuteilen, damit von denen jemand nachfassen kann? Dann ist da noch der simple Fakt, dass im Hotelbereich die Jobs so dramatisch variieren. Bei einigen Berufen – Portiers, Kofferträgern, Pagen – hängt das finanzielle Auskommen massiv von Trinkgeldern ab, während Trinkgelder in der Verwaltung und bei Managern überhaupt kein Thema sind. Hotels müssen zudem berücksichtigen, dass es unvorhersehbar dazu kommt, dass alles gleichzeitig geschieht. Ein halbes Dutzend Gäste trifft zeitgleich ein oder möchte gleichzeitig abreisen, während 13 andere Gäste etwas zu essen auf das Zimmer bestellen wollen, aber die Küche gerade nur mit zwei Personen besetzt ist. Ein durchschnittlicher Hotelgast interagiert indirekt mit 75 bis 125 Mitarbeitern – von den Leuten, die für Reservierungen und Buchungen verantwortlich sind, über den Zimmerservice bis zum Housekeeping und so weiter. Ein derart anfälliges und stark verästeltes Ökosystem erfordert eine enge Wechselbeziehung zwischen den Abteilungen, eine nahtlose Kontinuität, die nicht so oft gegeben ist, wie es der Fall sein sollte.

Noch einmal: Zu den ersten Schritten bei der Wiederherstellung des gesunden Menschenverstands gehört es, die Belegschaft dazu zu bringen, die Welt nicht von innen nach außen zu betrachten, sondern von außen nach innen. Eine gute Methode, diesen Prozess in Gang zu bringen, besteht darin, die Mitarbeiter zu bitten, ihr persönliches schlimmstes Hotelerlebnis zu schildern. *Wir alle* haben eines parat.

Stellen Sie sich vor, Sie seien gerade von Europa nach Los Angeles geflogen. Nonstop, zehn, zwölf Stunden. Zwei Toiletten, die nicht funktionieren, ein Baby, das schreit wie ein Ara. Der Bildschirm vor Ihrem Sitz friert ein, wann immer der Pilot über die Lautsprecheranlage beschreibt, was auf der linken Seite an Sehenswürdigkeiten zu bewundern ist (Sie sitzen selbstverständlich rechts, so wie Sie links sitzen, sollte der beste Blick auf Paris, London, den Eriesee oder die Rocky Mountains dann doch einmal von rechts zu erhaschen sein). Als Sie endlich im Hotel eintreffen, sind Sie ein Wrack.

Gäbe es eine Weltmeisterschaft in Jetlag, Sie gehörten zum engeren Kreis der Titelanwärter. Sie fühlen sich wie ein Vogel, der gerade gegen eine Scheibe geknallt ist – betäubt, schal, infantil und unerklärlich schlecht gelaunt, ganz abgesehen davon wäre jetzt eine Toilette *wirklich* ganz nett. In den vergangenen Stunden haben Sie über eine einzige Sache nachgedacht – den Augenblick, wenn Sie die Tür Ihres Hotelzimmers hinter sich schließen, alle Kleidungsstücke von sich werfen, unter die Bettdecke schlüpfen und einschlafen.

Sie tauschen nette Belanglosigkeiten mit der Dame am Empfang aus. Endlich händigt sie Ihnen die Schlüsselkarte für Ihr Zimmer aus und ein Page mit Mundschutz bringt Sie zu Ihrem Zimmer. Noch mehr Smalltalk. „Wie war der Flug?" „Bei dem Wetter kann man nicht klagen, was?" „Sind Sie das erste Mal bei uns?" Page ist kein einfacher Job und wie bereits erwähnt, braucht er Trinkgeld, um über die Runden zu kommen, aber wenn er jetzt einfach die Klappe halten und verschwinden würde, würden Sie ihn testamentarisch bedenken. Macht er natürlich nicht.

Stattdessen dauert sein Monolog – kein Quatsch – 15 Minuten. Zunächst führt er Ihnen vor, wie Sie Ihre Tür öffnen und schließen, dann erläutert er die Feinheiten von Schlüsselkarte und Schlitz für die Karte und wie lange die Karte im Schlitz bleiben sollte, bevor Sie sie bedenkenlos entfernen können. Er erklärt Ihnen die Minibar und den kompletten Inhalt. Er macht den Fernseher an und aus und zeigt Ihnen, wie Sie über die Fernbedienung Netflix starten können. Inzwischen haben sich Ihre Augen zu Schlitzen verengt. Sie wissen nicht, ob Sie in Tränen oder hysterisches Gelächter ausbrechen sollen. Der Besuch einer Toilette wird inzwischen *wirklich* dringend, aber Ihr Hirn ist dermaßen neben der Spur, dass Sie diesen Wunsch nicht in Worte fassen können.

Mittlerweile ist der Page beim dreifachen Reinigungsprozess angelangt, den das Housekeeping in jedem Zimmer durchführt. „Das klingt wirklich sehr gesund", sagen Sie in der Hoffnung, es klinge abschließend, aber der Page ist noch lange nicht fertig. Er führt Sie nun durch das preisgekrönte „Kissenmenü" des Hotels und referiert über den jeweiligen Federanteil der sechs unterschiedlichen Modelle. „Bitte greifen Sie sich ein beliebiges und ersticken mich damit", möchten Sie sagen. Moment einmal – haben Sie das jetzt nur gedacht oder tatsächlich laut gesagt? Sie sind dermaßen kaputt, dass Sie es nicht wissen. Sie schrecken aus Ihrem Sekundenschlaf hoch und stellen fest, dass der Page inzwischen drüben am Safe ist und Ihnen die Kombination erklärt.

Sie geben ihm ein großzügiges Trinkgeld, damit er endlich verschwindet, aber offenbar haben Sie zu viel gegeben, denn Ihre Großzügigkeit facht die Unterhaltung noch einmal ganz neu an. „Kennen Sie bereits unser preisgekröntes Farm-to-table-Restaurant? Tomaten und rote Zwiebeln sind von einer Biofarm bei Napa, das Rindfleisch wird aus Japan eingeflogen und das Speiseeis stammt aus eigener

Herstellung." „Nun möchte ich Sie aber auch nicht länger aufhalten", hauchen Sie mit letzter Kraft.

Als er verschwunden ist, verriegeln Sie die Tür doppelt und torkeln ins Bad. Anschließend fühlen Sie sich besser – nicht sehr, aber doch so sehr, dass Sie erstmals den herrlich bunten Garten vier Stockwerke unter Ihnen bemerken. Nach dem langen Flug fehlt Ihnen Sauerstoff, also beschließen Sie, ein Fenster zu öffnen. Aber sie lassen sich nicht öffnen. Wie auch? Es gibt keine Riegel. Es gibt noch nicht einmal ein Fensterbrett. Was soll das? Sie merken, dass diese seltsame Wut wieder in Ihnen aufsteigt, und beschließen, dass eine schöne kalte Dusche jetzt genau das richtige ist, um die Lebensgeister zu wecken. Leider hat das Housekeeping vergessen, den Strahl wieder auf senkrecht zu stellen. Wie aus einem Feuerwehrschlauch spritzt Ihnen Wasser so kalt, dass es offenbar direkt aus dem Polarmeer gepumpt wird, ins Gesicht und durchnässt Sie und Ihre Kleidung. Sie können sich kaum auf den Beinen halten.

Es klingelt an der Tür: Ihr Gepäck ist da! Der Gepäckträger mit Mundschutz hat keine Ahnung, dass der Portier mit Ihnen bereits die große Hafenrundfahrt durch das Zimmer veranstaltet hat, und beginnt zu erklären, wie Sie die Premiumkanäle des Fernsehers nutzen können. Bevor er zu Minibar, Safe und den Federanteil im preisgekrönten Kissenmenü kommen kann, geben Sie ihm sein Trinkgeld und er verschwindet. Das Zimmer ist jetzt genauso leer wie Ihr Portemonnaie und endlich können Sie sich ausziehen, unter die Decke schlüpfen und einschlafen.

Sie träumen gerade schön, als auf der anderen Seite des Bettes der Funkwecker mit iPhone-Ladestation anfängt, den Raum mit „Sussudio" von Phil Collins zu beschallen. Der Vormieter hatte offenbar den Wecker auf 16 Uhr 40 eingestellt und das Housekeeping hatte vergessen, den Alarm abzustellen. Su-su-su-dio-oh-oh. Welcher Knopf schaltet das verflixte Gerät denn aus? „Oh, give me a chance, give me a sign-n-n." Schließlich reißen Sie den Stecker aus der Steckdose, dabei fliegt noch ein wenig Gips mit.

Sie schlafen erneut ein, da klopft es schon wieder an der Tür. „Alles in Ordnung mit der Minibar?" Sie schlafen wieder ein, erneutes Klopfen. „Alles in Ordnung mit dem Zimmer?" (Was soll denn sein? Verschwinden hier spontan Zimmer?) Sie schlafen wieder ein, dann kommt das nächste Klopfen. „Housekeeping!" Sie stürmen nach draußen, hängen das „Bitte nicht stören"-Schild über die Türklinke und knallen die Tür hinter sich zu. Ah, endlich Ruhe. Da klingelt das Telefon – Housekeeping. Sie haben gesehen, dass Sie das „Bitte nicht stören"-Schild an die Tür gehängt haben, deshalb rufen sie an, weil sie Sie nicht stören wollen, aber wünschen Sie für heute Abend einen Turndown-Service?

Und im weiteren Verlauf der Woche wird die Liste der Beschwerdepunkte bloß länger. Ein Beispiel: Da steht seit zwei Tagen ein Glas Rotwein, das Sie nicht ausgetrunken haben. Anstatt es mitzunehmen, hat das Housekeeping oben auf das Glas so ein verschnörkeltes, weißes Ding gelegt, so ein „Papierchen". Damit signalisiert man Ihnen: „Ja, wir haben das Glas gesehen, aber wir gehen davon aus, dass Sie, obwohl der Wein inzwischen wie ein alter Blutfleck aussieht und sich dazu eine Familie Schnaken am Rand des Glases häuslich niedergelassen hat, den Rest noch trinken werden. Vielleicht arbeiten Sie aber auch an einer wichtigen neuen Theorie, bei der es um Fruchtfliegen und Genetik geht?" Um Himmels Willen, Leute, nehmt doch das verflixte Ding einfach mit. Aber nein, vermutlich hat sich vor 50 Jahren ein Gast einmal furchtbar aufgeregt, als das Personal sein längst schal gewordenes halbvolles Glas Gingerale abgeräumt hat. Aus Sicht des Hotels ist es also besser, lieber übervorsichtig zu sein. Etwas Ähnliches erklärt vermutlich,

---

Sie kennen bestimmt diese daumengroßen Shampoo- und Conditioner-Flaschen, die in der Dusche stehen? Warum ist die Schrift darauf so winzig? Wie soll man ohne Brille wissen, was was ist – und wer trägt in der Dusche schon Brille?

warum sich keines der Fenster im Hotel öffnen lässt. Wahrscheinlich hat 1947 ein Gast einmal versucht, auf das Dach zu klettern, und damit bloß niemand einen Grund für einen Rechtsstreit hat, beschloss das Hotel, alle Fenster versiegeln zu lassen. Sie kennen bestimmt diese daumengroßen Shampoo- und Conditioner-Flaschen, die in der Dusche stehen? Warum ist die Schrift darauf so winzig? Wie soll man ohne Brille wissen, was was ist – und wer trägt in der Dusche schon Brille?

Erinnern Sie sich noch an Ihre erste Nacht? Sie sind nicht durch den Raum gelaufen und haben jedes Licht einzeln gelöscht, Sie haben stattdessen den „Hauptschalter" betätigt. Wie konnten Sie wissen, dass damit in sämtlichen Steckdosen der Strom weg sein würde?! Ihr Telefon, Ihr Tablet und Ihr Laptop luden deshalb nicht wie geplant über Nacht und ließen sich am nächsten Morgen nicht einschalten.

Und wessen Idee war es, die Halterung für das Toilettenpapier über einen halben Meter rechts hinter der Toilette zu platzieren? Ein Schlangenmensch? Ein Oktopus? Um auch nur an ein einziges Blatt zu kommen, haben Sie sich die Schulter ausgekugelt und gleichzeitig das Handgelenk auf eine Weise verdreht, wie man es sonst nur in diesen Internetvideos („Die zehn schlimmsten Sportverletzungen") zu sehen bekommt, wo es vorher immer heißt: „Die nachfolgenden Bilder sind möglicherweise nichts für Menschen mit schwachem Magen."

Und dieses Bett hat doch garantiert das U. S. Army Corps of Engineers gemacht, oder? Wie soll man „mal eben so" gut gelaunt unter die Decken schlüpfen? Laken und Decken sind so straff gezogen, so fest, dass man meinen könnte, jemand habe sie mit der Matratze verklebt. Man fühlt sich wie ein Serienbrief, der sich in einen Umschlag zu quetschen versucht. Hat man es dann endlich unter die Decken geschafft, kommt man sich vor wie ein toter Schmetterling im Album eines durchgeknallten Insektensammlers. Als sie in der ersten Nacht ein Bein unter der Decke hervorschieben, gibt es ein furchtbares reißendes Geräusch. Haben Sie jetzt das Bett ruiniert?

Diese und andere Servicethemen, mit denen sich viele Reisende auseinandersetzen müssen, unterstreichen einen wichtigen Aspekt, der mit dem gesunden Menschenverstand zu tun hat, über den bei der Dorchester Collection aber nur wenige bislang wirklich nachgedacht hatten: In welcher geistigen Verfassung treffen die Gäste im Hotel ein?

Die Antwort darauf fällt selbstverständlich unterschiedlich aus, aber grundsätzlich kann man wohl sagen, dass Gäste, die einchecken, ziemlich erschöpft und vom Jetlag geplagt sind. Sie haben keine Lust auf Plaudereien an der Rezeption, mit dem Portier, dem Pagen oder sonst wem. Sie wollen ins Bett und das möglichst schnell. Als eine meiner ersten Übungen lasse ich deshalb Hotelpersonal aus aller Welt simulieren, wie sich die Gäste *fühlen*. Im Fall des Dorchester stellt sich die Frage, wie die Mitarbeiter die „Verbraucherreise" optimieren können, die mit dem Einchecken beginnt und mit dem Auschecken endet. Mitarbeiter finden zum gesunden Menschenverstand zurück, wenn sie sich vorstellen, was die Kundschaft erlebt, aber vor allem, wenn sie diese Erfahrungen *selbst* durchleben. Ich habe vor einigen Jahren ein Experiment mit einem der fünf großen Kreditkartenanbieter durchgeführt, das diesen Punkt sehr gut verdeutlicht.

Eines der (zahlreichen) Probleme, die das Unternehmen im Kundendienstbereich hatte, bestand darin, dass alle den Kundendienst *hassten*. Die Kunden teilten ihre Hassgefühle auf Facebook und Twitter und sie verfassten furchtbare Onlinerezensionen. Das Urteil war einstimmig: Der Kundendienst dieses Kreditkartenanbieters war die reinste Katastrophe. Die Wartezeiten waren endlos und wenn man schließlich doch einmal jemand an den Apparat bekam, wurde man von einer Abteilung zur nächsten abgeschoben. Rasch war eine Stunde Lebenszeit dahin.

Die Manager des Unternehmens brachten den Kunden keinerlei Mitgefühl entgegen, für sie waren das reine Zahlen in einer Excel-Tabelle, mehr nicht. Um sie zu beschwichtigen, waren sie höchstens bereit ein neues Treueprogramm einzuführen.

Ich sah mir diese Dynamik an und entwickelte ein kleines Programm. Es würde Geheimhaltung und einiges Gerenne erfordern, aber wenn es funktionierte, bekämen die Manager des Kreditkartenunternehmens Gelegenheit, die Welt einmal aus Sicht ihrer Kunden zu betrachten. Zunächst reservierte ich für mich und das Team einen Tisch in einem Restaurant. Zuvor allerdings bat ich Mitarbeiter der Betrugsabteilung, dafür zu sorgen, dass die Kreditkarten ihrer Bosse die nächsten 24 Stunden nicht funktionieren würden. Abends quetschten wir uns alle in ein Taxi und machten uns auf den Weg.

Als wir beim Restaurant eintrafen, wollte ein Manager den Taxifahrer per Kreditkarte bezahlen. Natürlich wurde die abgelehnt. Er musste nun das Unternehmen – also seinen Arbeitgeber – anrufen und herausfinden, was da geschehen war. Es dauerte ganz schön lange, durchzukommen. „Leider ist die Zahl der Anrufer derzeit ungewöhnlich hoch und all unsere Kundendienstmitarbeiter sind derzeit im Gespräch", sagte die weibliche Roboterstimme. „Bitte legen Sie nicht auf. Wir versuchen, Sie schnellstmöglich zu verbinden. Vielen Dank für Ihre Geduld. Zu Trainingszwecken wird dieses Gespräch möglicherweise mitgeschnitten." Und dann, als ob man mit einem geistig etwas zurückgebliebenen Kind spräche: „Wussten Sie schon, dass Sie auch online auf Ihr Konto zugreifen können. Gehen Sie einfach auf www. ..." Der Manager wartete. Und wartete. Die Musik vom Band, sehr streicherlastig, half ihm, die Zeit zu überbrücken. „Ihr Anruf ist uns wichtig", beteuerte die Roboterfrau immer wieder. „Bitte bleiben Sie in der Leitung!" Und dann wieder die schmalzige Musik. Irgendwann wurde der arme Kerl gebeten, die „9" zu drücken. Dann die „5". Jetzt noch die „7". Weitere 15 Minuten seines Lebens verstrichen. Nach Abschluss des Gesprächs

> Mein geheimes Experiment – all ihre Kreditkarten zu sperren, ohne dass sie es merkten – gab den Managern Gelegenheit, die Welt einmal aus Sicht ihrer Kunden zu betrachten.

war der Manager richtig stinksauer. Wieder und wieder verkündete er, wie sehr er das Kreditkartenunternehmen hasste – *hasste!* „Und würde ein Treueprogramm Ihre Stimmung verbessern?", fragte ich. „Sie sind ja wohl *verrückt!*", sagte er. Daraufhin gestand ich, dass ich die ganze Sache arrangiert hatte.

Sein Gesichtsausdruck in diesem Moment sprach Bände. Was seine eigenen Kunden durchleiden mussten, konnte ihm nur dadurch begreiflich werden, dass er diese Erfahrung selbst machte. Zehn Jahre Feldberichte, seitenweise endlose Statistiken sowie Fokusgruppen hatten nichts bei ihm bewirkt, aber nun konnte er endlich Empathie für die Menschen aufbringen, die sein Produkt und seine Dienstleistungen in Anspruch nahmen. Das Team und ich verbrachten den restlichen Abend damit, Kundendaten zu analysieren. Jedes Jahr machten 23 Prozent aller Kreditkartenbesitzer eine ähnliche Erfahrung durch: Ihre Karte ging verloren, wurde gestohlen oder gehackt. Betrügerische Anklagen. Identitätsdiebstahl. Eine Karte, die die Bank ohne ersichtlichen Grund nicht mehr akzeptierte. Wenige Monate später hatte das Kreditkartenunternehmen seinen Kundendienst komplett umgekrempelt und darauf ausgerichtet, was *die Kunden* wollten.

Es gibt aber natürlich auch Situationen, in denen es nicht möglich ist, das Leid eines Kunden nachzuvollziehen, jedenfalls nicht aus erster Hand. Man kann sie sich bloß vorstellen. Stellen Sie sich einen Augenblick lang vor, Sie würden in der Haut meines Freundes Lee stecken. Seit seiner Kindheit schlafwandelt Lee – daheim, bei Freunden, in Hotels, egal wo. Angesichts dieses Umstands täte Lee vielleicht gut daran, nicht nackt zu schlafen, aber das muss jeder selbst wissen. Vor einigen Jahren buchte Lee ein Zimmer in einem schicken neuen Hotel an der Westküste, einem Haus mit gläsernem Fahrstuhl, gläserner Brüstung, gläsernem Dies, gläsernem Das. Irgendwann nachts stieg er aus dem Bett und schlafwandelte. Er öffnete die Tür zu seinem Zimmer und spazierte hinaus auf den Flur.

Hinter ihm fiel die Tür ins Schloss und sperrte ihn aus. Dadurch wachte Lee auf. Es war 3 Uhr 10 in der Früh. Auf dem Flur gab es kein Telefon und sein Handy lag in seinem Zimmer in der Ladestation. Er stand völlig nackt da. Ihm blieb keine andere Möglichkeit, als in den gläsernen Fahrstuhl zu steigen und „L" für Lobby zu drücken. Als sich die Fahrstuhltür unten öffnete, steckte Lee den Kopf heraus und zischte: „Pst!" Keine Antwort. „Pst!", zischte Lee noch einmal. Schließlich hob der Typ am Empfang den Kopf und sah einen körperlosen Männerkopf aus dem Fahrstuhl lugen.

Der Mann ging nachschauen und fand Lee in einer Ecke zusammengekauert vor, wo er sich mit beiden Händen wie in einem dieser Renaissancegemälde von Adam und Eva schützend bedeckte. Lee erklärte, was geschehen war und dass er sich ausgesperrt habe. Ob er bitte einen Ersatzschlüssel bekommen könne? „Tut mir leid", sagte der Rezeptionist. „Aber einen Ersatzschlüssel darf ich Ihnen erst aushändigen, wenn Sie sich ausweisen können – mit einem Führerschein oder einem Reisepass. „Ich habe im Augenblick keinerlei Papiere bei mir", sagte Lee, woraufhin ihm beschieden wurde: „Tut mir leid, aber wir haben Anweisung, diese Vorschrift strikt zu befolgen."

Nach einem hitzigen Hin und Her und der leihweisen Aushändigung eines Handtuchs begleitete der Rezeptionist, unterstützt von einem Wachmann, Lee nach oben. Der Wachmann schloss auf und in Begleitung von beiden Männern öffnete Lee den Zimmersafe, zog seinen Reisepass heraus und konnte dann endlich nachweisen, dass er tatsächlich der war, der er zu sein vorgab, und dass er inzwischen überhaupt keine Geheimnisse mehr vor ihnen hatte. Oder vor sonst jemand.

„Höhere Gewalt" ist ein Ausdruck, den man heutzutage nicht mehr allzu oft hört. Gemeint ist eine völlig unvorhersehbare Situation oder ein absolut überraschendes Ereignis, das verhindert, das etwas Geplantes stattfinden kann. Die Covid-19-Pandemie, die Reifenpanne, wegen der Sie zu spät zur Party erscheinen, der Schneesturm, der es

Ihnen unmöglich macht, am Arbeitsplatz zu erscheinen – das sind „Höhere Gewalt"-Entschuldigungen aus dem echten Leben. Wie vertraut mir das Konzept geworden war, war mir nicht klar, als ich begann, für das große internationale Schifffahrtsunternehmen Maersk zu arbeiten.

Neben Lego ist Maersk möglicherweise das bekannteste, am meisten bewunderte und erfolgreichste Unternehmen der dänischen Geschichte. Das 1904 gegründete und in Kopenhagen ansässige Unternehmen ist sowohl nach Flottengröße als auch nach Frachtkapazitäten die weltweite Nummer 1 in der Containerschifffahrt und steuert 343 Häfen in 121 Ländern an. Maersk hat die moderne Schifffahrt praktisch *erfunden* und befördert heutzutage ein Fünftel aller Waren auf diesem Planeten. Auf dem durchschnittlichen Maersk-Schiff finden 18.000 20-Fuß-Container Platz, die insgesamt über 150.000 Tonnen Material enthalten können, vielleicht 8.000 BMW oder Millionen Paar Nike-Sneaker, Shorts, Tanktops, den kompletten Vorrat an Blumen, der nächsten Monat in Nigeria verkauft wird, oder Tausende Tonnen Arzneimittel, Getreide, Sojabohnenmehl oder Pestizide.

Maersk gehört seit über einem Jahrhundert zu den größten Akteuren der internationalen Schifffahrt und ist, wie ich rasch feststellte, ein außerordentlich rationales, von der linken Gehirnhälfte gesteuertes Unternehmen. Wenig überraschend war auch das IT-System des Konzerns auf dem allerneuesten Stand.

Warum also hat mich das Unternehmen zurate gezogen und wie konnte ich helfen, Unternehmenskultur und Geschäft weiterzuentwickeln?

Zunächst einmal müssen Sie sich verdeutlichen, dass Schifffahrt und das Transportwesen insgesamt die älteste kommerzielle Branche ist. Ihre Systeme, Gepflogenheiten und Abläufe funktionieren seit Beginn des 20. Jahrhunderts ziemlich gut. Diese gewaltigen Container, die man innerhalb der Schiffe sieht? Hat Maersk erfunden. Aber während die Jahrzehnte vergingen und Maersk ein börsennotiertes Unternehmen wurde, führte der Druck der Aktionäre dazu, dass jeder Aspekt des Geschäfts immer weiter optimiert wurde. Wenig überraschend begann Maersk, sich ausschließlich auf den nächsten Quartalsbericht zu konzentrieren. Daran war auch nichts auszusetzen ... bis die Aktienkurse in den Keller stürzten. Nun fingen die Abteilungen an, mit dem Finger auf andere Abteilungen zu zeigen. Bei den Mitarbeitern machte sich Angst breit, was wohl geschehen werde, sollten sie ihre KPI-Ziele nicht erreichen. Maersk *wusste*, dass es sich irgendwie ändern musste, aber gleichzeitig hatte das Unternehmen Angst davor, was alles geschehen könnte, wenn es sich *tatsächlich* ändert.

Bei einem kundenorientierten Geschäft sollte es weniger darum gehen, was ein *Unternehmen* möchte, als vielmehr darum, was *die Kunden* möchten. Wie ließ sich dieser zentrale Aspekt einem Unternehmen beibringen, für das 88.000 Menschen arbeiten? Bei einer Organisation dieser Größe fängt man am besten klein an, deshalb konzentrierte ich mich zunächst darauf, den Kundendienst in drei von Maersks wichtigsten Märkten zu verbessern, nämlich in China, Indien und Deutschland. Wenn es uns gemeinsam gelingen sollte, auf diesen drei Märkten eine Wende herbeizuführen, dann würde die Führungsetage erkennen, dass wir auf dem richtigen Weg waren.

Meine Kollegen und ich flogen nach Schanghai und begannen, Mitarbeiter im Maersk-Callcenter zu befragen. Niemand konnte wirklich den Finger darauf legen, warum bei Maersk die Kundenzufriedenheit niedriger war, als sie sein sollte. Die Mitarbeiter erklärten mir, sie würden einfach nur ihre Arbeit erledigen und so gut es ging ihre Kunden bedienen und das Unternehmen zufriedenstellen. Ich schnappte mir einen Stuhl, setzte Kopfhörer auf und begann mit der Hilfe eines Dolmetschers, Gespräch um Gespräch mitzuhören.

Zunächst wirkte alles ganz normal. Ein Kunde rief an und reichte eine Beschwerde ein oder beschrieb sein Problem. Die Mitarbeiter vom Callcenter machten sich Notizen und versuchten, dem Anrufer zu helfen. Konnten sie das nicht, leiteten sie den Anrufer an eine andere Abteilung weiter, wo man ihm helfen konnte. Auch hier so weit nichts Ungewöhnliches, aber als wir später die Daten des Callcenters analysierten, fielen mir nicht nur die blanke Zahl an Anrufen und das Tempo auf, sondern auch, dass viele Anrufe unter „höhere Gewalt" verbucht wurden. Ich fragte mich: Wie konnte göttliche Intervention dermaßen viele transatlantische Schifffahrtsprobleme verursachen? War da Poseidon am Werk? Einige Tage später entdeckte ich, dass „höhere Gewalt" weniger mit übellaunigen Gottheiten zu tun hatte als mit unrealistischen Leistungskennzahlen.

Klicken die Mitarbeiter im Maersk-Callcenter nämlich „höhere Gewalt" an, mussten Sie nur eine Seite Notizen ausfüllen – im Gegensatz zu den vier bis fünf Seiten für alle anderen Probleme oder Beschwerden. Setzt man ungefähr eine Minute für eine Seite an, dann bedeutete dies, dass ihre Arbeitstage durch einen 5-Minuten-Schritt nach dem nächsten aufgefressen wurden. Oder anders formuliert: „Höhere Gewalt" anzuklicken sparte Zeit.

Wie hatte es so weit kommen können? Die kurze Antwort: Silos und KPI. Leistung und Produktivität in den Callcentern von Maersk wurden nicht danach gemessen, ob der Kundendienst den allermodernsten Ansprüchen entsprach, sondern ausschließlich nach einer einzigen Kennzahl: *Zeit*. Das erklärte auch, warum die Callcenterbelegschaft diese geradezu hektische Produktivität an den Tag legte. Wie schnell ließ sich die Frage eines Kunden beantworten, bevor man sich um den nächsten Kunden und dann den danach kümmern konnte? Das war der Schlüssel.

Das Kreuz bei „Höhere Gewalt" zu setzen, war für die Angestellten also ein Weg, mit den Vorgaben der Abteilung Schritt zu halten, aber es gab auch noch andere Methoden, wie ich bei einem der größten Wettbewerber von Maersk feststellte – den „Blind forward"-Knopf zum Beispiel. Diese Methode fällt in die Kategorie „Anti-Kundenservice" und ist im Grunde ein Musterbeispiel für passiv-aggressives Verhalten: Sie haben einen Kunden am Telefon, für dessen Problem Sie auch keine Lösung wissen oder der nervt oder nicht zum Punkt kommt? Dann drücken Sie den „Blind forward"-Knopf und der Anrufer wird nach dem Zufallsprinzip an eine andere Person oder Abteilung im Unternehmen verwiesen – Vertrieb, Marketing, Operations oder IT, ganz egal. Der Kunde hat es nun mit einem völlig verwirrten und überhaupt nicht darauf vorbereiteten Mitarbeiter zu tun, der keine Idee hat, warum sein Telefon klingelte und wie er nun reagieren soll. Ich frage mich, ob dieser Knopf einzig dafür existiert, Kunden zu quälen, und in wie vielen anderen Branchen er wohl zum Einsatz gelangt.

Einige Monate später herrschte wieder gesunder Menschenverstand. Die Maersk-Geschäftsführung veränderte die Leistungskennzahlen für die Callcenter und erfasste nun die zentralen Qualitäten, die zu tatsächlicher Kundenzufriedenheit führen – Verlässlichkeit, Lösung von Problemen, Rechnungsqualität. Kleine Veränderungen, wenig sexy, stimmt schon, aber die Kundenzufriedenheit verdoppelte sich nahezu und ich bin überzeugt, dass die Wahrscheinlichkeit deutlich gesunken ist, dass ein Kunde zu einem von Maersks immer zahlreicher werdenden Wettbewerbern abwandert.

Aber was den gesunden Menschenverstand anbelangt, wer gewinnt da mit einem „Blind forward"-Knopf? Das Unternehmen? Die Verbraucher? Irgendwer?

Die meisten Veränderungen, die zu mehr gesundem Menschenverstand und einem besseren Kundenerlebnis führen, sind wie gesagt vergleichsweise einfach auszumachen. Die Unternehmen müssen dabei nichts weiter tun, als sich die Zeit zu nehmen, mit ihren eigenen Kunden zu sprechen.

Ein Beispiel: Warum verkauften sich die Geldbörsen von Cath Kidston gut in Großbritannien, aber überhaupt nicht in Asien, immerhin der zweitgrößte Markt des Unternehmens? Ich stellte einem knappen halben Dutzend japanischer Verbraucher diese Frage und stieß sehr rasch auf die Antwort.

Im Westen haben Geldbörsen eine verlässliche, einheitliche Größe und enthalten zahlreiche Fächer für Führerschein, Personalausweis, Kredit- und Geldkarten, Mitgliedsausweise, Visitenkarten und so weiter. Auch diese Karten haben alle mehr oder weniger dieselbe Größe und die Hersteller von Geldbörsen entwerfen ihre Produkte entsprechend. Aber warum funktionierte das für Cath Kidston nicht auch in Asien?

Nun, allgemein gesprochen tragen Japaner in ihren Geldbörsen deutlich mehr Karten mit sich herum als die Menschen im Westen. In Japan sind die Karten zudem zumeist kleiner als im Westen und weisen viele unterschiedliche Größen auf. Kurz gesagt: Es passte buchstäblich nicht. Nicht nur, dass die Japaner einfach deutlich mehr Karten dabeihaben, die Hälfte davon war auch noch zu groß oder zu klein für das Modell von Cath Kidston.

Rückblickend lässt sich mit Fug und Recht fragen: Hätte sich das Unternehmen dessen nicht bewusst sein müssen, bevor es in Asien Geldbörsen auf den Markt bringt? Und warum achtete das Unternehmen nicht genauer darauf, was in seinen eigenen Geschäften passiert? Lassen Sie mich das so erklären: Angenommen, Mütter und ihre Töchter zählen zu den wichtigsten Kunden von Cath. Warum entsprechen dann alle Schaufensterpuppen im Geschäft einer Frau im Alter von 30 oder 40 Jahren? Wäre es nicht sinnvoller, einer „Mutter" eine kleinere weibliche Schaufensterpuppe zur Seite zu stellen und sie jugendlicher anzuziehen? Für viele Frauen ist die Mutter-Tochter-Matrix das Sinnbild einer idealen Familie – beide ziehen sich gleich an, streiten niemals und können über alles miteinander reden. Eine Mutter kann ihre eigenen Traditionen und ihre geschmacklichen Vorlieben an die nächste Generation weiterreichen. Die Realität mag anders aussehen, aber wir wissen ja, dass in der Mode ein Ideal vermarktet wird. Als man bei Cath Kidston begann, in den Geschäften Schaufensterpuppen, die wie Mädchen aussahen, neben die Schaufensterpuppen von Frauen zu stellen, stieg der Absatz der jugendlicheren Kollektionen sofort an.

Und schließlich wollten Frauen in Cath-Kidston-Geschäften oft dermaßen viel einkaufen, dass sie nichts mehr tragen konnten und deshalb einige Artikel wieder zurück in die Regale legten. Ich schlug vor, dass Cath Kidston in seinen Geschäften Einkaufskörbe zur Verfügung stellen solle. Der Gewinn in den Geschäften zog nahezu unmittelbar an. Aber was ist mit den Männern, die häufig ihre Frauen oder Freundinnen begleiten beziehungsweise in den meisten Fällen begleiten *müssen*? Es fällt schwer, einen Partner warten zu lassen, insbesondere in einem Geschäft, das ausschließlich auf den weiblichen Geschmack abzielt. Also entwickelten und installierten wir „Männer-Parkflächen". Ein schöner Sitz kann viel dazu beitragen, dass Männer – erwachsene Männer, jüngere Männer, Männer jeden Alters – deutlich entspannter sind. Vielleicht keine große Sache, aber für die Kunden wurde auf diese Weise der Besuch im Geschäft eine deutlich angenehmere Angelegenheit. Und wieder war dafür nur ein klein wenig gesunder Menschenverstand erforderlich.

DIE UNSICHTBAREN ZWÄNGE DER POLITIK

MEIN ERSTER ECHTER JOB war bei einer Werbeagentur in der dänischen Kleinstadt Skive. Ich war jung, voller Energie und platzte geradezu vor Einfällen und Überzeugungen. Ich war aber auch naiv. Naive Menschen halten sich selbst meist nicht für naiv, was ihre Naivität einfach nur um eine weitere Ebene erweitert. Ich erinnere mich vor allem daran, wie unglaublich getrieben und ehrgeizig ich war. Zudem hatte der CEO der Agentur ein offenes Ohr für mich, der in mir, wenn ich mich richtig erinnere, eine Turbolader-Version seines jungen Selbst sah.

Nach einigen Monaten hatte ich das Gefühl, mich gut eingelebt zu haben. Ich war einer von ihnen. Was in Wahrheit hinter den Kulissen abging, davon hatte ich aber nicht die geringste Ahnung.

Da war diese ältere Senior Art-Direktorin. Sie hatte das Büro neben mir und war eng befreundet mit einem Senior Consultant, einem Typen Ende 50, dessen Büro den Flur hinab lag. Ich sah die beiden häufig miteinander reden oder vom Essen zurückkommen. Nichts Romantisches, nur zwei Kollegen, die bereits seit Jahren bei der Agentur waren und aufeinander achteten – und zwar, wie sich herausstellen sollte, mehr, als ich es vermutet hätte. Ich war etwa neun Monate bei der Agentur, als ich eines Morgens wie üblich sehr früh im Büro eintraf. Die Tür der Senior Art-Direktorin war verschlossen. Das erschien mir merkwürdig, aber es wurde im Verlauf des Morgens noch seltsamer. Ein steter Strom an Leuten – in erster Linie Kollegen von mir – ging bei ihr ein und aus. Schließlich fragte ich eine Kollegin, was denn da los sei. „Ich war gerade drin und man hat mir Fragen *über dich* gestellt", erwiderte sie. „Sie hat mir *sehr viele* Fragen gestellt."

Über *mich*? Wieso denn über *mich*? Hatte ich etwas falsch gemacht? Und wenn ja, was? Warum sollte sich jemand die Mühe machen, meine Kollegen über *mich* zu befragen? Die Kollegin druckste erst herum, dann rückte sie mit der Sprache heraus: Sie hatte den starken Eindruck, dass die Senior Art-Direktorin mich nicht leiden konnte. Okay, sagen wir, wie es ist: Sie *hasste* mich. Sie schien auf der Suche nach Verbündeten zu sein, die ihre Forderung nach meiner Entlassung unterstützen würden.

„Aber das können die doch nicht machen", rief ich verletzt, verwirrt und vor allem empört. Konnten „die" das wirklich tun? Und wer waren „die" überhaupt? Bis dahin hatte ich meinem Gefühl nach alles richtig gemacht. Ich ging zur Schule. Hatte gute Noten. Lernte fleißig. Hausaufgaben und Tests waren stets tipptopp. Hatte mit zwölf Jahren meine eigene Werbeagentur gegründet. Hatte einen Job bekommen. Arbeitete wie verrückt. Befolgte alles an Regeln, was sich zu befolgen lohnte, und stellte diejenigen in Frage, die sich schal oder dumm anfühlten. Nichts von dem, was meine Kollegin mir nun erzählte, passte zu diesem Narrativ.

Aber es stimmte alles. Später bestätigte sich, dass die Senior Art-Direktorin in der Tat eine kleine, aber wilde Flüsterkampagne gegen mich ins Leben gerufen hatte. Um den Arbeitsplatz ihres guten

Freundes, des Senior Consultants, zu schützen, arbeitete sie daran, möglichst viele Kollegen davon zu überzeugen, dass ich gefeuert werden müsse.

Und dabei hatte ich ganz ehrlich *nicht ein einziges Mal* darüber nachgedacht, eines Tages seinen Job zu übernehmen! War ich dermaßen blind und irrational getrieben, dass ich nicht erkannte, dass ich potenziell sein Nachfolger werden könnte, wenn ich meine Arbeit so weitermachte? Das war meine erste, aber keineswegs letzte Erfahrung mit Firmenpolitik. Einige Jahre später war die Situation merkwürdigerweise genau andersherum. Ich arbeitete für den globalen Werbekonzern BBDO und hatte eine ältere Assistentin. Eines Nachmittags ging ich an ihrem Schreibtisch vorbei und mir fiel ihr Bildschirmschoner auf: Ein kleiner, glücklicher, sorgloser Pandabär hüpfte vor einem sternenlosen Himmel auf und ab. Wie niedlich! Dann bemerkte ich, dass der kleine Pandabär eine Kette mit Kugel um den Fuß trug. „Was ist denn das?", fragte ich und zeigte auf den Bildschirm. „Ach", sagte meine Assistentin lapidar. „Das bin *ich* bei der Arbeit für *Sie*."

> Ein politisches Unternehmen ist ein Unternehmen, bei dem Management und Belegschaft so sehr mit ihren eigenen Sparten, Hierarchien und Kennzahlen beschäftigt sind, dass sie den Blick für alles Äußere verlieren – auch für ihre Kunden.

Ein dezenter Hinweis, gelinde gesagt. Ich hatte mich nie für einen Vorgesetzten gehalten, für den zu arbeiten eine Strafe oder eine starke Belastung darstellt, jemand, der Pandabären den Spaß raubt. War ich als Chef tatsächlich so eine Niete? Ohne dass ich es gemerkt hatte, hatte ich meinen eigenen kleinen politischen Zirkel erschaffen.

Wenn ich Firmenpolitik die Schuld daran gebe, dass man am Arbeitsplatz immer weniger gesunden Menschenverstand antrifft, dann spreche ich über etwas, das subtil ist, unbestimmt und schwierig zu entziffern. Meine eigenen Erfahrungen zeigen, dass sich Firmenpolitik schleichend ausbreiten und, ohne dass man sich dessen bewusst wird, Beziehungen und Produktivität zerstören kann.

Wann immer Status, Macht, Ehrgeiz und Leistungsdenken zusammenkommen, ist die Politik nicht weit. Das liegt im Wesen des Menschen, in der Natur der Sache. In der Geschäftswelt sind diese Zustände genauso verbreitet wie damals in der Schule. Ein politisches Unternehmen ist ein Unternehmen, bei dem Management und Belegschaft so sehr mit ihren eigenen Sparten, Hierarchien und Kennzahlen beschäftigt sind, dass sie den Blick für alles Äußere verlieren. Am besten begreift man die Binnenpolitik in Organisationen, indem man sich eine unkonventionelle Partie Schach vorstellt.

Stellen Sie sich bitte Folgendes vor: Zwei Spieler sitzen sich gegenüber, zwischen ihnen ein Schachbrett. Auf den ersten Blick ist alles normal: 32 Schachfiguren, 16 weiße, 16 schwarze. Wenn Sie Schach spielen, wissen Sie, das Ziel besteht darin, den gegnerischen König in die Enge zu treiben, zu frustrieren, aus dem Spiel zu nehmen und schließlich schachmatt zu setzen. Dazu nutzen Sie Ihre eigenen Bauern, Läufer, Springer, Türme und die Dame. Gemäß den Regeln dürfen manche Figuren über ein Feld ziehen, andere über zwei, wieder andere nur entlang der Diagonalen. Sich in der Firmenpolitik zu bewegen, hat sehr viel von einem Schachspiel, aber mit einem Unterschied: Ihr Gegenüber hat beschlossen, sich nicht an die Regeln zu halten. Er hat sämtliche seiner Figuren *getarnt*, sodass nichts so ist, wie es scheint. Die Dame sieht aus wie ein Läufer, der Turm wie ein König. Bauern und Springer haben die Plätze getauscht. Die alten Regeln gelten nicht mehr. Ziehen Sie ein Feld, zwei oder diagonal? Ist der König an der Macht, hat in Wirklichkeit ein Läufer das Sagen. Und welche Rolle spielt die Königin?

Der Versuch, herauszufinden, wer in einer Organisation *in Wirklichkeit* das Sagen hat, ist in etwa so. Aus diesem Grund setze ich mich, wenn ich das allererste Mal mit einem Unternehmen arbeite, zunächst einmal hin und führe Interviews.

Unternehmen haben ein offizielles Organigramm, aber es gibt auch eine Art inoffizielles Organigramm und das zeigt, was tatsächlich im Unternehmen vor sich geht. Es gibt Studien, die das belegen. In einer Untersuchung erhielt eine Munitionsfabrik einen Auftrag, für dessen Erfüllung die Belegschaft die Produktion auf 50 Einheiten täglich hätte steigern müssen.[11] Wirtschaftsingenieure wurden geholt, man stellte neue Mitarbeiter ein, der Werksleiter wurde ausgetauscht, die Produktionslinie erweitert – es machte alles keinen Unterschied, die Fabrik steckte bei 35 Einheiten pro Tag fest. Um herauszufinden, woran es hakte, holte man einen externen Ingenieur dazu.

Der jedoch lief nicht durch das Unternehmen und stellte Messungen an, sondern hing herum, beobachtete, machte sich Notizen und ging sogar mit einigen Mitarbeitern einen trinken. Schon bald kam er dahinter, dass, anders als es das „offizielle" Organigramm vermuten ließ, die *wahre* Macht im Unternehmen bei einer angesehenen, kraftvollen und irgendwie auch furchteinflößenden Mitarbeiterin lag, die seit Jahren dabei war. Sie hatte sich einmal schlecht von der Geschäftsführung behandelt gefühlt und tat seitdem alles zum Schutz ihrer Arbeiter, was bedeutete: Sie kontrollierte das Produktionstempo. Und in diesem Fall wollte sie nicht zulassen, dass das Unternehmen die Produktion auf 50 Einheiten täglich steigerte. Der Ingenieur setzte sich mit ihr hin, hörte sich ihre Beschwerdepunkte an, erklärte, inwiefern der neue Auftrag gut für ihre Mitarbeiter sei – und schon bald erreichte das Unternehmen die Produktionsziele und die neuen Vorgaben wurden eingehalten, gelegentlich sogar übertroffen.

Dann ist da das Beispiel von Nortel. Der gewaltige Telekommunikationskonzern wuchs rasch, weshalb das Unternehmen auf sämtlichen Ebenen zahlreiche Neueinstellungen vornahm. Sie alle konnten das offizielle Organigramm aus dem Effeff herunterbeten. Aber was nützte das? Das Problem war, dass niemand fähig oder ermächtigt war, Entscheidungen zu treffen. Das führte dazu, dass sich Nortel bei allem Wachstum in einen einzigen großen Flaschenhals verwandelte. Man verlor gegenüber Konkurrenten, die flinker unterwegs waren, an Boden und musste letztlich Bankrott anmelden. Niemand dort hatte eine Ahnung vom „inoffiziellen Organigramm" oder dass man gut daran getan hätte, sich *darauf* zu konzentrieren.[12]

Denken Sie an Ihr eigenes Unternehmen: Gibt es dort diverse unausgesprochene und mit unsichtbarer Tinte festgehaltene Regeln? *Erwartet* man von Ihnen stillschweigend, dass Sie auch am Wochenende arbeiten oder bei dem Wochenmeeting am Freitag erscheinen? Niemand fordert das explizit von Ihnen, aber tun Sie es nicht, wird dann nicht Ihr Status als Teamplayer leiden? Erwartet man von Ihnen, eine bestimmte Automarke zu fahren oder diese spezielle Armbanduhr nicht zu tragen, weil Ihr Boss ein günstigeres Modell trägt? Bestimmt die Personalabteilung, wo es langgeht, auch wenn niemand darüber spricht oder bereit wäre, das zuzugeben?

Mit diesem Wissen im Hinterkopf interviewe ich üblicherweise eine repräsentative Stichprobe aus der Belegschaft – leitende Angestellte, mittleres Management, Nachwuchskräfte, Praktikanten, Empfangspersonal und manchmal sogar Raumpfleger. Ich erstelle Karten, auf denen eingetragen wird, wie E-Mails und Telefonate fließen. Mit Zustimmung der Mitarbeiter studiere ich sogar Konversationen auf dem privaten Kurznachrichtendienst WhatsApp. Dort stelle ich vielleicht fest, dass eine Gruppe aus einer Abteilung intensive Gespräche mit einer anderen Gruppe führt, obwohl es keine naheliegende Verbindung zwischen den beiden Gruppen gibt (zumindest nicht, wenn man dem Organigramm glaubt). Ich frage die Mitarbeiter: „Wenn Sie ein Problem haben, an wen wenden Sie sich dann? Wo werden in diesem Unternehmen Ideen abgewürgt? Und wer sind die fünf Leute hier, die Ihnen das Leben so richtig schwer machen?"

Dabei stelle ich möglicherweise fest, dass der CEO alle Entscheidungen vom Personalvorstand fällen lässt. Oder dass eine Spartenleiterin eine im Hintergrund wirkende Querulantin ist, der es nur darum geht, die eigene Macht zu erhalten, die alle Zusammenarbeit ablehnt und Kolleginnen untergräbt. Oder dass der Miesepeter aus der Rechtsabteilung im vierten Stock berühmt dafür ist, jedes Beraterprojekt abzuwürgen. Aber ich höre auch positive Dinge – etwa die Namen der drei Kollegen, die dafür sorgen können, dass etwas passiert, oder die bei Problemen stets eine frische Idee parat haben. (Wann immer ich mit CEOs über solche Erkenntnisse spreche, sagen sie meist: „Meine Güte, ich habe *ein Jahr* gebraucht, um das herauszufinden.")

Nach der Rezession von 2008 sagte Warren Buffett angeblich: „Erst wenn die Ebbe kommt, sieht man, wer nackt schwimmt."[13] Etwas Ähnliches geschieht, wenn man das inoffizielle Organigramm eines Unternehmens enthüllt.

> Sich in der Firmenpolitik zu bewegen, hat sehr viel von einem Schachspiel, aber mit einem zentralen Unterschied: Ihr Gegenüber hat beschlossen, sich nicht an die Regeln zu halten, sodass nichts so ist, wie es scheint. Ist der König an der Macht, hat in Wirklichkeit ein Läufer das Sagen. Und welche Rolle spielt die Königin?

Aus der friedlichen Postkartenidylle eines Meeres wird auf einen Schlag eine Ansammlung von Gezeitentümpeln, Sandbänken, Algen und merkwürdigem Unterwasserleben. Man erkennt den Rost an den Bojen, das Gerippe einer gekenterten Ketsch und die Rissströmungen, in denen ein Mitarbeiter rasch auf das Meer hinaus abtreiben kann.

Wer sind die hinterhältigsten politischen Akteure in Organisationen? Glaubt man Hollywoodfilmen, handelt es sich häufig um junge, ehrgeizige Mitarbeiter mit verdorbenen Seelen, die vor nichts haltmachen, um es nach ganz oben zu schaffen. Am Ende des Films stehen sie allein in ihrem riesigen, eindrucksvollen gläsernen Büro und schauen hinaus auf die unter ihnen liegende Landschaft. „War es das alles wert? Ich bin ein lügender Soziopath, ein Narzisst ohne Freunde." (Im Publikum sitzen viele und denken im Stillen: „Klar, war es voll und ganz wert." Aber auf dem Weg aus dem Kino flüstern sie ihrer Begleitung zu: „Was für ein trauriges Ende. Wie allein diese Person doch war.") Im echten Leben habe ich so eine Person glücklicherweise noch nie kennengelernt. Es gibt in den Unternehmen zahllose gute, kluge, mitfühlende und wohlmeinende Menschen. Tatsächlich würde ich sagen, dass diese Beschreibung auf die meisten zutrifft. Aber steckt man alle zusammen, wird sich das Unternehmen mit ziemlicher Wahrscheinlichkeit früher oder später wie der amerikanische Kongress anfühlen. Hier sind einige Warnsignale:

MEHRERE EBENEN

Die erfolgreichsten Unternehmen der Welt weisen nur wenige Hierarchieebenen auf. Drei, bestenfalls vier. Hat ein Unternehmen ein Dutzend Berichtsebenen (und ich kenne eines, das hat 18!), nimmt die Politik entsprechend zu und damit einhergehend zwingend auch die Arbeitslast. Kalkulieren Sie für jede Berichtsebene zehn Prozent mehr Arbeit ein. Weist Ihr Unternehmen fünf Ebenen auf, macht das zehn Prozent *plus* zehn Prozent und so weiter. In einigen Unternehmen gehen grob geschätzt 60 Prozent der Arbeitszeit der Mitarbeiter für Berichte drauf. Echte Produktivität findet an dieser Stelle kaum, wenn überhaupt, Platz.

WEIT VERSTREUTE STANDORTE

Angenommen, Ihr Unternehmen betreibt Büros in New York, Los Angeles, Amsterdam, London, Singapur, Mumbai und auf dem versunkenen Kontinent Atlantis. Das heißt, Sie werden sich vermutlich nicht nur mit den üblichen Problemen herumschlagen müssen, die das Geschäftemachen mit sich bringt, sondern aller Wahrscheinlichkeit nach auch noch mit Sprachbarrieren und unterschiedlichen Ausbildungsniveaus. Es wird Probleme aufgrund der kulturellen Unterschiede und unterschiedlicher Bezugspunkte geben. Aufgrund der Zeitverschiebung. Aufgrund der unterschiedlichen Formen von

Seniorität. Und wenn Sie mit einem Standort kommunizieren, der 8.000 Kilometer entfernt ist, dann geschieht das meistens per Skype. Sie können sich vorstellen, was das alles für ein Chaos nach sich zieht und der Großteil davon lässt sich nicht überbrücken.

Unter all diesen Aspekten ist die Sprache möglicherweise der wichtigste und der am stärksten spaltende. Die Belegschaft eines Unternehmens ist ein Stamm mit eigener Sprache und eigenem Vokabular, das aus Abkürzungen und Akronymen besteht und das auf die meisten Außenstehenden verwirrend und wie eine Barriere wirken dürfte. Entweder sind Sie einer von „uns" oder einer von „denen", gehören zum inneren Kreis oder sind ein Ausgestoßener. Wie kann ein Unternehmen, das Büros rund um den Globus betreibt, eine gemeinsame Sprache entwickeln, die über lokale Zugehörigkeit hinausgeht? Eine gemeinsame Sprache ist für ein Unternehmen ein echtes Unterscheidungsmerkmal – und an diesem Punkt scheitern viele.

HEUTE HÜ, MORGEN HOTT

Ich hatte vorhin geschrieben, dass einem die meisten Führungskräfte erzählen, es gäbe in ihrem Unternehmen so gut wie überhaupt keine Probleme mit dem gesunden Menschenverstand. Genauso werden sie Ihnen erklären, dass sie, wenn sie sich einmal entschieden haben, an ihrem Kurs unbeirrt festhalten. Fragt man allerdings die Mitarbeiter, ergibt sich normalerweise doch ein anderes Bild, denn sie behaupten steif und fest, dass auf ihre Chefs überhaupt kein Verlass sei. Häufig liegt das daran, dass Vorgesetzte ihren Mitarbeitern Freiraum für eigene Entscheidungen lassen und die Mitarbeiter dann letztlich etwas tun, von dem sie wussten, dass die Chefs das hören wollten.

EINE HOMOGENE MITARBEITERBASIS

Hey, ich kann das ja verstehen. Wenn Sie ein Unternehmen wie Maersk sind, haben Sie herzlich wenig Interesse daran, einen Haufen Keramiker und Slam-Poeten einzustellen. Stattdessen konzentrieren Sie sich darauf, Personal einzustellen, das sehr stark dazu neigt, mit der linken Gehirnhälfte zu denken. Google mit seinem Ruf, in Bewerbungsgesprächen extrem knifflige Fragen zu stellen, ist ganz genauso. Bis vor Kurzem mussten sich Bewerber mit Aufgaben wie diese auseinandersetzen: „Modellieren Sie Regentropfen, die auf einen Bürgersteig fallen (der Bürgersteig ist einen Meter breit, die Regentropfen einen Zentimeter). Woher können wir wissen, wann der Bürgersteig völlig nass ist?"[14] Oder natürlich die leicht zu beantwortende Frage: „Was schätzen Sie, wie oft werden in Amerika jedes Jahr Haare geschnitten?"

Aber ich kann Ihnen fast garantieren, dass es in einem Unternehmen mit homogenem Mitarbeiterstamm in neun von zehn Fällen kaum Firmenpolitik gibt. Alle kommen ziemlich gut miteinander aus, auch wenn gesunder Menschenverstand und Empathie kaum vorhanden sind. Aber lassen Sie es zu einer wie auch immer gearteten Störung kommen und die internen Abwehrkräfte des Unternehmens – ich spreche in diesem Zusammenhang gerne vom Immunsystem – laufen heiß und stürzen sich auf den fremden Eindringling. Wie feine Asche breitet sich dann die Politik innerhalb der Organisation aus. Das Negative daran: In der heutigen Welt gehört Disruption fest in das Inventar eines jeden Unternehmens.

SILOS UND LEISTUNGSKENNZAHLEN

Lassen Sie uns über Leistungskennzahlen (KPIs) und den gesunden Menschenverstand in Unternehmen sprechen. Im durchschnittlichen Unternehmen findet man zwischen 50 und 150 KPIs. Und den Motivationsspruch, dass die Summe der einzelnen Teile stets größer als das Ganze ist, können Sie in diesem Zusammenhang getrost vergessen. Dass sich KPIs dermaßen hysterisch verbreitet haben, bedeutet, dass heutzutage viele Organisationen *ausschließlich* aus eigenständigen Teilen bestehen. Ich habe zahlreiche Unternehmen kennengelernt, bei denen „Kundenorientierung" und „Kundenzufriedenheit" als KPIs geführt werden. Diese KPIs sind sehr real, aber bei genauerer Betrachtung stelle ich fest, dass das Unternehmen nur ein bis zwei Prozent seiner Aufmerksamkeit auf diese Kennzahlen verwendet. Wie kann ein Unternehmen zu zwei Prozent kundenorientiert sein? Das entspricht gerade einmal drei Tage Kundenorientiertheit im Jahr!

Was noch schlimmer ist: Die Allgegenwärtigkeit von Leistungskennzahlen hat vielerorts besonders bedauerliche Folgen, denn die Mitarbeiter – und die Silos – werden derart engstirnig, dass es nur selten jemand in den Sinn kommt, ganzheitlich zu denken. In einem Unternehmen, für das ich als Berater tätig war, erzählten mir einige ältere Mitarbeiter voller Stolz, sie kannten früher einmal den Namen jedes Kunden. Dann breiteten sich die KPIs aus und mit der Zeit wurden Joe und Irene zu „Kunde 1.129" und „Kundin 3.094". Wenn ein Unternehmen Namen gegen Zahlen austauscht, ist das eine Metapher dafür, dass es sich unbeabsichtigt von genau den Menschen abkoppelt, denen es doch eigentlich dienen soll.

Die Anleger konzentrieren sich eher auf die Zahlen im nächsten Quartal als auf die langfristige Vision des CEO und das schlägt auf die Forderungen der Wall Street durch. Insofern stehen KPIs heutzutage sinnbildlich für die Jagd nach firmenübergreifender „Klarheit" und „Rechenschaftspflicht". Natürlich liefern Leistungskennzahlen derartige Dinge, aber das kann zulasten von Zusammenhalt und Kultur gehen. Das Ergebnis? Eine engstirnige Lähmung, die ihrerseits die Notwendigkeit nach *noch mehr* Kennzahlen, Zusammenfassungen, Berichten und Präsentationen befördert.

Wie bei jeder Nebelwand gilt auch hier: In Unternehmen ist Politik der Feind des gesunden Menschenverstands. Sind Dynamik und

Prioritäten des Unternehmens unklar, zieht das eine Verwirrung nach sich, die nicht nur die Befehlskette durcheinanderwirbelt. Es kommt auch zwingend immer wieder dazu, dass Unternehmen Persönlichkeit über Prinzipien stellen. Sie wenden sich nach innen. Je introvertierter und mit sich selbst beschäftigter ein Unternehmen wird, desto weniger kann es sich wirklich objektiv und klar betrachten. Es ist wie eine unsichtbare Zwangsjacke. Rasch wird alternative Realität zum ungeschriebenen Gesetz. In einem derartigen Klima kann ein Unternehmen so tun, als wäre eine durch und durch irrationale Entscheidung einzig auf ernsthaftes Nachdenken und gründliche Analysen zurückzuführen. In der Folge wird der gesunde Menschenverstand an den Rand gedrängt.

Ein Beispiel: In meinen ersten Jahren im Beruf bin ich häufig in der Businessklasse von SAS geflogen. Eines Tages stieg ich in den Flieger und anstelle der üblichen warmen Mahlzeit servierte das Personal ... heiße Luft. Okay, tatsächlich war es ein kleiner Beutel, der eine kleine Menge irgendetwas und *sehr viel* Luft enthielt. Als ich den Flugbegleiter nach dem Grund fragte, erklärte er mir, SAS habe eine ausführliche Untersuchung durchgeführt und mehr als 1.000 Passagiere gefragt, ob ihnen eine warme Mahlzeit lieber sei oder keine Mahlzeit. Das „Keine Mahlzeit"-Lager gewann mit deutlichem Vorsprung.

Wo blieb da der gesunde Menschenverstand? Wer würde in einer Welt, in der die meisten Fluggesellschaften ihren Passagieren eine Tüte Brezeln anbieten, die in etwa so groß wie die Handtasche einer Heuschrecke ist, die Entscheidung befürworten, im Flieger keine warme Mahlzeit zu servieren? Wann wurde diese „ausführliche Studie" durchgeführt? Zu welcher Tageszeit? Waren die Teilnehmer allesamt betrunken? Ich vermute, die Frage war in etwa so formuliert: „Sie können für Ihr Ticket für den Flug von Kopenhagen nach Stockholm 500 US-Dollar weniger bezahlen, indem Sie auf eine warme Mahlzeit während des Flugs verzichten. Würden Sie den Preisnachlass bevorzugen oder das aufgewärmte Essen?" Mithilfe von verzerrten und manipulativen Umfragen wie dieser können Unternehmen kostspielige und aufwendige Dinge (warmes Essen!) loswerden und dabei eine zuvor bereits im Unternehmen bestehende Ansicht verstärken, während sie gleichzeitig den Verbrauchern sagen: „Ihr habt gesprochen und wir haben euch gehört!" Ich möchte hinzufügen, dass die großen Beraterunternehmen Meister sind, wenn es darum geht, eine aus dem Kontext gerissene Realität zu erschaffen oder die Welt ausschließlich von einem Standpunkt aus zu betrachten. Ein Unternehmen holt sich Berater, die Geschäftsführung formuliert eine Hypothese und sechs Monate später erscheint eine Studie, die – wer hätte es gedacht?! – diese Hypothese voll und ganz bestätigt. Firmen erkaufen sich auf diese Weise im Grunde Bestätigung.

Haben Sie sich schon einmal mit einem Geschäftsmann unterhalten und genau gewusst, dass er das eine sagt, aber etwas völlig anderes meint? Natürlich variiert das Maß an Direktheit rund um die Welt. Niederländer und Dänen beispielsweise sind für ihre Offenheit bekannt, während die Schweden grundsätzlich eher um Konsens bemüht sind. Hinter der entschuldigenden Höflichkeit, die viele britische Geschäftsleute an den Tag legen, verbirgt sich ein „Küchenkabinett", wo die wahren Entscheidungen gefällt werden. In Amerika wird von Offenheit abgeraten. Geschäftsleute in den Vereinigen Staaten werden Ihnen nur selten sagen, dass Ihre Idee absolut scheußlich ist und niemals funktionieren wird, sie flüchten sich stattdessen in „diplomatische" Begrifflichkeiten und sprechen von „Gegenwind" und „Widrigkeiten". Haben Sie bemerkt, dass in den Vereinigten Staaten niemand gefeuert wird? Die Menschen „treten ab" wie Elfen, die sanft eine Trittleiter hinabsteigen, oder sie werden „freigesetzt" wie ein Luftballon, den man aufsteigen lässt. Oder diese Formulierung: „Was Ihren Status hier anbelangt, haben wir entschieden, einen anderen Weg einzuschlagen." Als ob es sich um Touristen handele, die jetzt doch nicht die Hauptstraße entlangfahren möchten, sondern lieber die Küstenstraße nehmen.

Hier noch einige weitere Beispiele, die allesamt nicht allzu viel mit gesundem Menschenverstand zu tun haben:

„Packen wir doch diesen Vorschlag auf Wiedervorlage." Übersetzung: „Ich habe null Interesse an Ihnen und Ihrer blöden Idee, aber tun wir beide doch so, als würde ich mir das tatsächlich irgendwann noch einmal ansehen. Lassen wir etwas Gras darüber wachsen und vielleicht vergessen wir beide die ganze Sache ja."

„Schicken Sie mir ein Deck!" Übersetzung: „Gehen Sie weg. Verpacken Sie einmal schön Ihre blöde Idee in PowerPoint, dann habe ich umso mehr Zahlen und Bulletpoints, die ich dafür nutzen kann, den Dreck in die Tonne zu treten. Allerdings würde dies voraussetzen, dass ich diese PowerPoint-Präsentation lese, und dazu wird es gewiss nicht kommen."

„Großartige Idee. Integrieren wir das doch in unseren bestehenden Workstream/unsere Projektgruppe/unser bestehendes Komitee/das nächste Treffen unseres Führungsrats." Übersetzung: „Ich vermische Ihre Idee mit einer abgestandenen Idee, an der zwei Dutzend Leute seit sieben Jahren herumdoktern. Nun raten Sie einmal, wie viel Fruchtbares dabei herauskommen wird."

„Wenn Zoe an Bord ist, dann bin ich es auch." Übersetzung: „Mir fehlt der Mut. Wenn ich mich hinter Sie stelle, könnte ich auf der Nase landen. Bitte lassen Sie mich nicht versagen. Mit Zoe an Bord falle ich wenigstens nicht ganz allein auf die Nase."

„Verschieben wir doch unser Meeting. Unter welcher Nummer kann ich Sie am besten erreichen?" Übersetzung: „Mann, haben Sie Ärger am Hals."

„Statt zu telefonieren, schicken Sie mir doch lieber eine E-Mail." Übersetzung: „Mann, Sie haben *so richtig* Ärger am Hals."

„Martin, eines müssen Sie verstehen ... Hören Sie, Martin, am Ende des Tages ..." Übersetzung: „Martin, ich streue Ihren Namen alle paar Sekunden auf eine Weise ein, die auf Sie, Martin, hoffentlich persönlich und liebevoll wirkt. Tatsächlich jedoch, Martin, ist das für mich ein Weg, das abzumildern, was ich Ihnen sagen werde, Martin, dass ich nämlich Ihre Idee hasse. Ich hasse Sie, Martin. Ich hasse sogar den Namen Martin und will Sie, Martin, niemals wiedersehen."

Lässt man die sprachlichen Heucheleien einmal außen vor, ist die wahre Grundursache für Firmenpolitik die Geheimniskrämerei. Nur wenige Dinge können ein Unternehmen so häufig zum Scheitern verurteilen wie fehlende Transparenz.

Ich habe einmal für eine Supermarktkette gearbeitet, die tief in finanziellen Schwierigkeiten steckte. In dem Unternehmen herrschte ein Maß an Geheimhaltung, das geradezu lächerlich war. Für mich ergab das überhaupt keinen Sinn. Warum stellte sich das Unternehmen dermaßen an und ließ sich überhaupt nicht in die Karten schauen? Warum war man so schmallippig, dass der Präsident keine öffentlichen Reden halten durfte, die Mitarbeiter nichts online posten durften und man keinen Schritt gehen konnte, ohne über eine Geheimhaltungsvereinbarung zu stolpern? Was würde denn jemand einem scheiternden Supermarkt stehlen wollen? Einen Folienballon? Abgepacktes Putenfleisch?

Dann änderte das Unternehmen sein Verhalten. Es wurde lockerer und deutlich transparenter. Später räumte der CEO ein, dass die Transparenz ihm zwei wichtige Dinge gelehrt habe. Erstens: Indem er dem Rest der Welt erklärte, was er tat, stiegen seine Aussichten, bessere Talente für sein Unternehmen zu gewinnen. Und zweitens: Ihm wurde klar, dass der allgemeine Mangel an Transparenz letztlich seine eigene Belegschaft isolierte. Die neue Transparenz führte dazu, dass auf einen Schlag alle gemeinsame Sache mit seinem Supermarkt machen und Teil der Erfolgsgeschichte sein wollten. Die neue Offenheit des Unternehmens verwandelte sich in eine selbsterfüllende positive Prophezeiung.

Was ist, abgesehen von Transparenz, der beste Weg, ein Unternehmen von Firmenpolitik zu befreien und das Geschäft von gesundem Menschenverstand leiten zu lassen?

Für Unternehmen besteht eine Methode, destruktive Politik abzuschütteln, darin, aktiv zu lernen, wie man sich von einem schweren Fehler erholt. Lassen Sie mich ein Beispiel geben: Geht es um Unternehmen, die sich auf spektakulär schlagzeilenträchtige Weise öffentlich zum Depp gemacht haben, fällt häufig der Name United Airlines, aber dieser Fall verdient eine genauere Betrachtung – nicht nur deshalb, weil das Unternehmen unfassbar schlechtes Urteilsvermögen an den Tag legte, sondern weil der Vorfall auch dazu führte, dass wieder ein gewisses Maß an gesundem Menschenverstand Einzug in die Firma hielt.

2017 warfen auf dem Flughafen O'Hare in Chicago Sicherheitsbeamte der Luftfahrtbehörde einen 69-jährigen Amerikaner vietnamesischer Abstammung gewaltsam aus einem überbuchten Flugzeug. Der Mann, zufälligerweise ein Arzt, wurde von den Beamten buchstäblich aus dem Flugzeug gezerrt. Zuvor hatte United vier Fluggästen Gutscheine dafür angeboten, dass sie ihren Sitz aufgeben und eine spätere Maschine nehmen (in diesem Flieger mussten vier Mitarbeiter der Fluggesellschaft mitfliegen). Als sich niemand freiwillig meldete, wählte United nach dem Zufallsprinzip vier Fluggäste für eine „unfreiwillige Entfernung" aus. Was die Fluggesellschaft nicht bedacht hatte: Menschen machen gerne Fotos und Videos. Solche Handyaufnahmen können eine verheerende Wirkung haben.

24 Stunden, nachdem ein Video dieses Zwischenfalls rund um die Welt in den Nachrichtensendungen gelaufen war, meldete sich United-CEO Oscar Munoz zu Wort und stellte sich hinter das Kabinenpersonal und sein Unternehmen. Das Personal sei korrekt vorgegangen, außerdem sei der fragliche Fluggast ein Unruhestifter gewesen. Niemand sonst an Bord des Flugzeugs teilte diese charakterliche Beurteilung und auch keines der Videos ließ einen derartigen Schluss zu.

Weitere 48 Stunden später änderte Munoz seine Haltung und sprach eine Entschuldigung aus. Der CEO wurde letztlich nicht wie zuvor allgemein erwartet zum Chairman des Konzerns befördert und der in Mitleidenschaft gezogene Passagier einigte sich mit United außergerichtlich gegen Zahlung einer nicht genannten Summe. Wichtiger jedoch war, dass als Reaktion auf den Vorfall ein frischer

Wind in die Unternehmenskultur von United Einzug hielt und die Belegschaft mehr Spielraum bekam, ihr Verhalten selbst zu bestimmen – und stärker auf den gesunden Menschenverstand zu hören.

Wenn es nicht gerade eine Krisensituation gibt, ist Transparenz der beste Weg, Firmenpolitik auszumerzen und einem Unternehmen seinen gesunden Menschenverstand zurückzugeben. Die besten Unternehmen sind vertrauenswürdig und verfügen über viel emotionale Intelligenz. Sie sind Orte, an denen Geheimhaltung weder gefördert noch belohnt wird. Sie neigen meistens auch in ihrer Personalpolitik zu großer Diversität. Die leitenden Angestellten derartiger Unternehmen haben keine Angst davor, Menschen einzustellen, die klüger als sie sind, und sie fördern andere, ohne eine Gegenleistung dafür zu erwarten.

> Wir alle erinnern uns wohl noch daran, wie wir als Kind rund um ein Lagerfeuer gehockt haben. In den Workshops erschaffe ich meine eigene Version und in zahllosen abgedunkelten Räumen, in denen niemand die Blicke der anderen sehen kann und Titel, Ämter und Gehaltsgruppen ihre Bedeutung verlieren, werden die Menschen ... aufrichtig.

Um Firmenpolitik zurückzudrängen und den Unternehmen wieder zu mehr gesundem Menschenverstand zu verhelfen, baue ich ein Lagerfeuer. Wir alle erinnern uns gewiss daran, wie wir als Kind rund um ein Lagerfeuer gehockt haben. Es ist eine Erfahrung, die all unsere Sinne anspricht. Die Hitze des Feuers. Das Knacken des Holzes. Der Geruch von Würstchen und Marshmallows. Das Lachen und Flüstern Ihrer Freunde, das Preisgeben von Geheimnissen. Anthropologen der Universität Alabama haben in einer Studie herausgefunden, dass der Blutdruck sinkt und andere Stressparameter nachlassen, wenn man an einem Kaminfeuer sitzt.[15] Grundsätzlich gilt: Je länger wir neben einem Feuer sitzen, desto mehr entspannen wir uns.

Natürlich baue ich kein echtes Lagerfeuer in dem Unternehmen. Stattdessen schalte ich während des Workshops die Deckenbeleuchtung aus und stelle eine andere Lichtquelle in die Mitte des Raums, vielleicht einige Kerzen, vielleicht auch nur ein Video von einem prasselnden Lagerfeuer. In diesem abgedunkelten Raum sieht niemand mehr die Blicke der anderen, Titel, Ämter und Gehaltsgruppen verlieren ihre Bedeutung. Die Menschen beginnen zu reden. Meistens vergessen sie, dass sie sich in einem Raum in einem Bürogebäude aufhalten, vergessen, was sie morgen und am Tag danach alles auf dem Zettel haben, vergessen Compliance, rechtliche Einschränkungen und Regulierungen. Stattdessen werden sie ... aufrichtig. Das überrascht mich nicht. Einer Quelle zufolge sorgen Lagerfeuer für „soft fascination", wie die Wissenschaftler es nennen: „Das Feuer beansprucht einen Teil unserer Aufmerksamkeit, während der analytische Teil unseres Gehirns Pause macht. Das ist die Theorie von der stressmindernden Wirkung der Natur: Halten wir uns in der Natur auf, kann der ständig eingeschaltete kritische Teil unseres Geistes einen Gang herunterschalten, während der seit Langem inaktive, offene Teil unseres Geists zum Leben erwacht."[16]

Ich finde es überraschend, wie viele Unternehmen, mit denen ich gearbeitet habe, mein Lagerfeuerkonzept übernommen und es in eine regelmäßige Sache verwandelt haben. Bei der erwähnten Supermarktkette hat die Geschäftsführung die Idee auf jeden einzelnen Markt ausgeweitet. Jeden Freitagnachmittag kommen rund zwei Dutzend Mitarbeiter zusammen und sprechen über Probleme, Kritikpunkte und Themen, die im Laufe der Woche von Kunden angesprochen worden waren. Selbstverständlich wirkt sich die Firmenpolitik hier nur minimal aus.

Genau wie United Airlines geriet auch der multinationale Konzern Wells Fargo in Schwierigkeiten. 2016 entließ er über 5.000 Mitarbeiter, weil diese Millionen Scheinkonten eingerichtet hatten. Der CEO verließ das Unternehmen und die Bank berief neue Mitglieder in das Board of Directors. Man sollte meinen, damit wäre die Geschichte vorbei, aber das war bloß der Auftakt. Wells Fargos Probleme zogen sich durch das gesamte Unternehmen. Die Bank berechnete ihren Kunden unzulässige Hypothekenzinsen und drängte ihnen unnötige Pkw- und sogar Haustierversicherungen auf. Später sorgte ein Computerfehler dafür, dass die Häuser zahlreicher Kunden versehentlich zur Zwangsversteigerung angemeldet wurden. Die Regulierer bestraften Wells Fargo. Das US-Justizministerium, die Börsenaufsicht SEC und andere Behörden führen Ermittlungen gegen den Konzern. Heute ringt die Bank, deren wirtschaftliches Wachstum völlig zum Erliegen gekommen ist, um das Vertrauen ihrer Kunden (und aller anderen).

Ich kann es nicht mit letzter Gewissheit sagen, aber ich schätze, dass Wells Fargo mit seinem Kahlschlag einen internen Dominoeffekt in Gang gesetzt hat, der das Immunsystem der Bank auf Trab brachte und dem gesamten Unternehmen wieder ein hohes Maß an gesundem Menschenverstand *und* Empathie zuführte. Rückblickend tat die Bank, was nötig war. Sie passte das Unternehmen schrittweise an, bis es so erfolgreich wie möglich war, dann verkündete es der Welt diesen Erfolg. Im Fall von Wells Fargo bedeutete dies, dass man große Anzeigen schaltete, in denen man sich entschuldigte und versprach, „zu korrigieren, was schiefgelaufen ist". Das Unternehmen verpflichtete sich, die Interessen der Kunden an die allererste Stelle zu stellen und volle Transparenz an den Tag zu legen. Das hörten auch die Mitarbeiter. Nur die Zeit wird zeigen, ob Wells Fargo mit dieser neuen Transparenz das Vertrauen der Verbraucher zurückgewinnen kann, ob es die Firmenpolitik verbannen kann und ob wieder regelmäßig auf das Konto des gesunden Menschenverstands eingezahlt werden wird.

DER ZUGRIFF AUF DIESES KAPITEL WURDE VERWEIGERT

VOR EINIGEN JAHREN kaufte ich mir ein Ticket für den Heathrow Express, der den Londoner Bahnhof Paddington Station und den Flughafen Heathrow durch eine 18-minütige Fahrt verbindet. Ich stand da am Gleis und wartete auf den Zug. Da fiel mir ein Schild auf, das ich zuvor nicht registriert hatte. „Unser Team hat das Recht, frei von verbalem und körperlichem Missbrauch zu arbeiten", stand auf diesem Schild. „Wir werden unter keinen Umständen Missbrauch tolerieren. Wir sind entschlossen, sämtlichen Berichten nachzugehen."

Hinweisschilder wie diese trifft man inzwischen auf der ganzen Welt an. Kann ich verstehen. Es ist schön, für ein Unternehmen zu arbeiten, das auf einen aufpasst. Aber *körperlicher* Missbrauch? Im Heathrow Express? Ich könnte mir denken, dass dem einen oder anderen vorlauten jungen Mitarbeiter schon einmal nicht jugendfreies Vokabular um die Ohren gehauen wird, aber was könnte die

Gefahr einer körperlichen Misshandlung für die Beschäftigten im Transportwesen erhöhen?

Ich hörte mich ein wenig um und die Antwort darauf wurde klar. Der Heathrow Express hatte fast ein Dutzend Mitarbeiter an den Schaltern durch eine kleine Gruppe Fahrkartenautomaten ersetzt. Etwa alle 20 Minuten mussten um die 100 Fahrgäste in langen Schlangen darauf warten, ihr Ticket kaufen zu können, alle mit einem Auge auf die digitale Uhr, die die Minuten und Sekunden bis zum Eintreffen des nächsten Zugs herunterzählte.

Und das war noch nicht einmal das Schlimmste. Spuckte der Automat endlich das Ticket aus, mussten sich die Passagiere in die nächste lange Schlange stellen, um sich durch eines von fünf engen Drehkreuzen quetschen zu können. Menschen mit Übergewicht, mit Einschränkungen oder einfach nur mit schwerem Gepäck mussten durch einen besonderen Eingang, aber soweit ich das überblicken konnte, hatte der für dieses Tor zuständige Mitarbeiter an dem Tag, als ich da war, bereits Feierabend gemacht. Alle hatten es furchtbar eilig, alle waren hektisch und genervt und erzählten jedem in Hörweite, dass sie *unbedingt* den Zug erwischen *mussten*, ansonsten würden sie ihren Flug verpassen und ihren Anschluss und ... Inzwischen verstand ich, warum irgendeine arme Seele vom Heathrow Express Gefahr lief, mit hochhackigen Schuhen attackiert zu werden.

Dass die Nulltoleranzpolitik von Heathrow Express den gesunden Menschenverstand auf gute Weise widerspiegelt, muss nicht extra erwähnt werden. Niemand – schon gar nicht während und nach einer Pandemie – würde wohl dagegen etwas einzuwenden haben und es sollte keinem Mitarbeiter und keiner Mitarbeiterin zugemutet werden, am Arbeitsplatz von Fremden angeschrien oder mit Schuhen geschlagen zu werden. Aber der Grund für die sinnvolle Nulltoleranzpolitik von Heathrow Express ist ein technisches Thema, das *nicht den geringsten Sinn* ergibt.

Das ist in etwa so, als würde ein Arzt ein Medikament geben und dann ein Rezept für ein weiteres Mittel ausstellen, das nur einen

Zweck erfüllt, nämlich die Nebenwirkungen des ersten Medikaments zu lindern. Warum nicht *beide* Medikamente absetzen und sich Zeit und Mühe sparen? Oder auf diesen Fall übertragen: Warum hat sich der Betreiber des Heathrow Express, die Heathrow Airport Holdings, nicht überlegt, welche Folgen es hat, eine beleidigend geringe Zahl von Fahrkartenautomaten und Drehkreuzen für die Tausende Passagiere aufzustellen, die das Angebot jeden Tag nutzen, darunter zahlreiche Touristen und Geschäftsleute, die Gepäck für eine Woche oder länger dabeihaben? Wen wundert es, dass sie mürrisch werden, wenn sie gezwungenermaßen hinter Automaten und Drehkreuzen Schlange stehen müssen, während eine spöttische Digitaluhr ihnen in Echtzeit vorrechnet, dass sie Zug und Flug verpassen werden? Die Nulltoleranzpolitik vom Heathrow Express ist löblich und vielleicht sogar erforderlich, aber ... übersah da nicht jemand etwas, was die Umsetzung in der realen Welt anbelangte?

Falls Sie schon einmal einen Inlandsflug in den Vereinigten Staaten genommen haben, werden Sie sich vermutlich ebenfalls fragen, ob den Fluggesellschaften jeglicher gesunde Menschenverstand abhandengekommen ist.

Sie treffen am Flughafen ein und stellen sich in einer langen Schlange beim Check-in an. Sie schlurfen los und nach 20 Minuten stehen Sie ganz vorn. Aber wo sind all die Mitarbeiter, die Ihnen doch eigentlich helfen sollen? Von dem halben Dutzend Schaltern vor Ihnen ist gerade einmal ein einziger von einem menschlichen Wesen besetzt, aber a) dieser Mensch sieht gelangweilt und abgelenkt aus, b) schaut nicht einmal ansatzweise in Ihre Richtung oder c) ist gerade auf Twitter. Stattdessen winkt Sie eine junge Airline-Mitarbeiterin mit Namensschild in Richtung eines Geräts, das einem einarmigen Banditen, wie sie in Reno vor den Toiletten stehen, nicht ganz unähnlich sieht. Verwirrt blicken Sie zwischen dem Banditen und dem leeren Ticketschalter hin und her. „Nutze ich den Automaten oder ...?", fragen Sie. „Automat", sagt sie.

Wir leben schließlich in digitalen Zeiten. Und was für ein Spaß es doch ist.

Wie sich herausstellt, handelt es sich nicht um einen einarmigen Banditen, sondern um einen vollautomatischen Fahrkartenschalter. Sie tippen auf ein Feld, der Bildschirm springt an und verlangt Reisepass oder Führerschein. Sie machen den Reisepass so flach, wie es geht, und führen ihn in einen Schlitz ein. „Ihr Dokument kann nicht gelesen werden", sagt der Automat. Sie drehen den Reisepass um und versuchen es erneut. „Irgendwas mache ich wohl falsch", rufen Sie der Dame von der Airline zu und irgendwie bringt sie das Gerät zum Laufen.

Jetzt verlangt der Automat Ihre Reservierungsnummer. Wie lautet meine Reservierungsnummer? Wo ist die Bestätigungs-E-Mail von Travelocity, die Sie sich extra ausgedruckt hatten? Hektisch suchen Sie sämtliche denkbaren Aufbewahrungsorte ab, bis Sie schließlich in der Gesäßtasche Ihrer Jeans ein durchgeweichtes Stück Papier finden – die Bestätigungs-E-Mail! Sie geben die korrekten Zahlen ein, aber der Automat meckert trotzdem. Sie versuchen es noch einmal, aber das ändert nichts am Ergebnis. „Es tut mir wirklich leid", rufen Sie der Dame zu, die gerade alle Hände voll mit einem anderen Passagier zu tun hat. „Aus irgendeinem Grund klappt das bei mir nicht." Wie sich herausstellt, haben Sie die Travelocity-Nummer eingegeben, nicht Ihre Reservierungsnummer. Das bringt Sie jedoch auch nicht weiter, denn auch diese Nummer wird vom Automaten abgelehnt. „Das ist merkwürdig", murmelt die Dame.

Fünf Minuten später hat sie herausgefunden, woran es lag, dann huscht sie weiter zu den nächsten Notfällen, die ihrer Hilfe bedürfen. Aber glauben Sie bloß nicht, dass der Automat Sie nun so einfach gehen lässt. Geben Sie Gepäck auf? Wenn ja, wie viele Stücke? Sie stecken die Geldkarte in den Automaten und warten, während die Maschine kaum zu glaubende 30 US-Dollar für Gepäck abbucht. Jetzt weist der Automat Sie an, Ihre Tasche zum Schalter zu bringen.

Okay, *halt*, unterbrechen wir hier für einen Augenblick. Warum installiert man automatisierte Ticketschalter überhaupt, wenn dermaßen viele Fluggäste Hilfe bei der Bedienung benötigen oder letztlich dann doch am Schalter landen, um ihr Gepäck aufzugeben? Handelt es sich um eine moderne Version von „Versteckte Kamera"? Wer hat sich das ausgedacht?

Egal, es nützt nichts, Sie rollen Ihren Koffer zum Schalter. Es dauert eine Weile, bis Sie den Mitarbeiter finden, aber schließlich kommt er und befestigt die Gepäckanhänger. Sie danken ihm und machen sich auf in Richtung Sicherheitskontrolle, als er Ihnen hinterherruft. Offenbar ist es nicht mehr seine Aufgabe, Ihren Koffer auf das direkt hinter ihm befindliche Fließband zu stellen – nein, dieses besondere Vergnügen ist nun Ihnen höchstpersönlich vorbehalten. Neben dem Vergnügen, der Airline 30 US-Dollar für eine Dienstleistung bezahlen zu dürfen, die früher einmal im Preis enthalten war, dürfen Sie Ihren Koffer nun 150 Meter zu etwas schleppen, was wie ein Behelfszelt aussieht. Dort dürfen Sie ihn dann abstellen, während Sie sich fragen: „Wozu der ganze technische Fortschritt, wenn das das Endergebnis ist?"

„Das System hat jemand entworfen, der nicht nachdenkt", sagt Ian Golding, ein Fachmann für Kundenerfahrung. „Es ist, was die Nutzung von Digitaltechnologie angeht, ein kompletter Fehlschlag. Flughäfen haben etwas dermaßen Simples in etwas lachhaft Kompliziertes verwandelt."

Gleichzeitig ist es ein Symptom für etwas Größeres.

Es ist unmöglich, über die negativen Folgen der Technologie zu schreiben, ohne dabei miesepetrig, alt und vorsätzlich unmodern zu klingen. Warum kann die Gesellschaft nicht wieder so sein, wie sie es früher einmal gewesen ist? Damals spielten die Kinder Ball auf der Straße, Teenager hörten sich Schallplatten an, Nachbarn unterhielten sich miteinander und die Fliegenklatsche war der letzte Schrei. Wenn man heutzutage die Technologie kritisiert, gilt man als Relikt der alten Schule, als eine Art menschliches Grammofon. Ihre eigentliche Meinung ist im Grunde nicht von Bedeutung. Niemand hört Ihnen zu und wenn doch, dann mit einem kleinen spöttischen Lächeln. „Technologie ist viel größer als eine einzelne Person und *nichts*, was du sagst, wird daran etwas ändern."

Warum also setze ich mich dem Risiko aus, wie ein knorriger alter Bauer zu klingen und zu sagen, dass Technologie wie kaum ein anderer Faktor zum Aussterben des gesunden Menschenverstands beigetragen hat?

> In einem Unternehmen wurde in sämtlichen Räumen, in denen die Sensoren keine Bewegung registrierten, nach zehn Minuten das Licht gelöscht. Leider bedeutete dies, dass kurz nach Beginn eines jeden Meetings der Raum – und damit alle Teilnehmer des Meetings – in tiefste Dunkelheit getaucht wurde.

Die Antwort darauf lautet: Dieselben digitalen Innovationen und Beschleunigungen, die dafür gedacht waren, unser Leben zu verbessern und stromlinienförmiger zu machen, haben unser Leben in vielen Fällen bloß verkompliziert. Und das noch dazu unnötig. Bis zu einem Punkt, an dem Sie und ich bei vielen Gelegenheiten frustriert und wütend sind oder zumindest kurz davor.

Mein Freund Mark Thompson sitzt im Board of Directors von Pinterest und Lyft. Er schreibt: „Technologie ist eine widerspenstige Macht, die vermutlich nicht in dem Tempo, in dem sie sich am Markt entwickelt, auch reguliert wird. Telefone und Pharmazeutika, Autos und Bauindustrie – sie alle machen das Leben besser. Relevanter ist es, dass wir unsere Bemühungen darauf fokussieren, wie die Technologie uns dienen kann, und nicht darauf, wie wir zu ihrem Sklaven werden."

Heute jagen wir zwischen diesen beiden Polen hin und her und die Beispiele moderner Maschinen an der Paddington Station und in amerikanischen Flughäfen zeigen deutlich unsere Furcht. Ich will ja gar nicht behaupten, dass heutzutage irgendein Unternehmen ohne Technologie überleben könnte (oder sollte), schon gar nicht nach Covid-19. Das geht nicht. Aber wenn Unternehmen, nur weil sie Technologie einsetzen möchten, versuchen, ihre Abläufe zu beschleunigen und techniklastiger zu gestalten, dann bleibt in sehr vielen Fällen der gesunde Menschenverstand dabei auf der Strecke. Technologie soll eigentlich für eine geradlinige und reibungslose Erfahrung sorgen, führt in Wahrheit aber häufig dazu, dass Kunden hilflos und wütend aufschreien. Dass sie gezwungen sind, hinzunehmen, dass die Dinge nun einmal so sind und auf Sicht so bleiben werden, macht es nicht besser.

Ein Beispiel: Vor zwei Jahren bemühte sich Swiss International Air Lines nach Leibeskräften, die Kosten am Stammsitz zu senken. Man holte sich einen externen Dienstleister, der erklärte, er könne dem Unternehmen helfen, Geld und Strom zu sparen. Nach einigen Monaten wurde jedes Büro im Hauptquartier von Swiss International Air Lines mit einem System ausgerüstet, das nach zehn Minuten automatisch das Licht in einem Raum löschte, wenn der Sensor zu dem Schluss gelangte, dass sich niemand dort aufhielt. Welches Unternehmen möchte nicht gerne die Stromrechnung senken *und* durch Energiesparen etwas zur Rettung des Planeten beitragen? Die Sache hatte nur einen Haken – und zwar einen sehr dunklen: Die neuen Sensoren verwechselten häufig Stille und Fokussierung mit Abwesenheit. Bei jedem Meeting gingen nach zehn Minuten schlagartig sämtliche Lichter aus und alle Personen im Raum saßen im Dunkeln. Es war auf gewisse Weise ziemlich furchteinflößend. War das Ende der Welt gekommen? Hatten Hacker das Stromnetz lahmgelegt? Warteten draußen im Gebüsch irgendwelche finsteren Gestalten?

Mit der Zeit gewöhnte sich die Belegschaft an diese Macke und es wurde zu einer Art Ritual, im Dunkeln herumzutappen, zu winken oder zu klatschen, damit das Licht wieder anging. Alle lachten und fanden das Ganze lustig, aber die Sache ist doch die: *Niemand hinterfragte den Sinn dieser Sache.*

Wann immer jemand in einem Unternehmen eine technische Fehlfunktion oder einen anderen Missstand anzuschneiden beginnt („Das WLAN ist langsam. Das PowerPoint-Deck ist irgendwo verschollen."), steuern häufig so viele andere etwas dazu bei, dass eine Stunde lang über praktisch nichts anderes gesprochen wird. Bildschirm eingefroren? Server arbeitet im Schneckentempo? Die meisten Angestellten zucken mit den Schultern und resignieren. Sie verlieren die Zuversicht, dass sie an ihrem Arbeitsplatz für Wandel sorgen oder Regulierungen verändern können. Es ist atemberaubend, wie viel Zeit Unternehmen auf genau die Sache verschwenden, die dafür gedacht ist, die Kosteneffizienz zu verbessern – und die letztlich um die zehn Prozent sämtlicher Produktivität in Organisationen abtötet.

Ein Kollege und ich haben kürzlich eine Woche in einem Unternehmen damit verbracht, uns Notizen zu machen, wann immer jemand ein Technikproblem ansprach. Nach 24 Stunden lag die Zahl bereits bei 67, am Ende der Woche waren wir beide so sehr von dem Thema gelangweilt, dass wir aufgehört hatten, mitzuzählen. Aber auch außerhalb des Büros ist es nicht besser: „Ich komme zu spät zum Essen, weil Google Maps mich nach Buffalo geschickt hat." „Ich hatte die Tortellini bestellt, aber die App änderte das in Ziti." „Ich habe Ihre Nachricht nie bekommen. Und Sie sind sicher, dass Sie sie tatsächlich geschickt haben?"

Kürzlich war ich mit einem Kollegen unterwegs zu einer Essensverabredung mit dem Firmenchef eines großen Konzerns. Mein Kollege fuhr, ich war für die Navigation zuständig. Der Verkehr war furchtbar. Als uns klar wurde, dass wir einige Minuten zu spät kommen würden, fragte der Kollege, ob ich nicht unsere Verabredung anrufen und mich schon einmal für unsere Verspätung entschuldigen möge. Das tat ich dann auch. Dachte ich zumindest. „Hey Tim", sagte ich. „Der Verkehr auf dem Highway ist furchtbar, hier geht überhaupt nichts voran. Wir sind aber hoffentlich bald bei Ihnen, ich schätze, so in 15 Minuten."

Als wir vor dem Restaurant vorfuhren, fiel mir eine kleine Menschentraube auf, die auf dem Bürgersteig stand. Auch Tim gehörte dazu und alle blickten besorgt und beunruhigt drein. „Geht es Ihnen gut?", fragte er mich. Ich verstand nicht, worauf er hinauswollte und sagte: „Äh, ja. Tut mir leid, dass wir zu spät sind, aber wie ich in meiner Voicemail gesagt hatte, war der Verkehr furchtbar." Später fand ich dann heraus, warum alle auf dem Bürgersteig so schockiert ausgesehen hatten. Meine Nachricht an Tim war automatisch in Text umgewandelt worden und aus meinem dänischen Akzent hatte die Software folgende Nachricht herausgehört: „Hey Tim, die Gebühren in diesem Krankenhaus sind furchtbar. Ich wurde fast abgeschlachtet, aber es ist hoffentlich bald jemand bei Ihnen, so in 15 Minuten."

Und so geht das immer weiter, bis man schließlich überzeugt ist, dass Technologie und gesunder Menschenverstand nicht, wie Sie es einst vermutet haben, nahtlos ineinandergreifen, sondern einander zuwiderlaufen. Oder anders formuliert: Technologie sorgt dafür, dass *wir* uns häufig verrückt fühlen – dabei ist in den meisten Fällen die Technologie selbst das Problem.

Es ist doch klar, dass Unternehmen die aktuellste Software und die modernsten technischen Gerätschaften benötigen, um konkurrenzfähig zu bleiben. Aber nur die wenigsten Unternehmen nehmen sich die Zeit, die ganze Angelegenheit von Anfang bis Ende zu durchdenken. Viele globale Konzerne beispielsweise sind überzeugt, dass alle gewinnen, wenn ihre Belegschaft offen miteinander arbeitet und Kriegsgeschichten und hart erkämpfte Siege miteinander teilt. Aber anstatt zu sagen „Tim, das ist Judy. Judy, darf ich dir Tim vorstellen?", investiert das Unternehmen in zahlreiche Softwares für die Zusammenarbeit, was in der Regel mit absurden Kosten verbunden ist. Einige Unternehmen haben bis zu *zehn* verschiedene Softwaresysteme für die Zusammenarbeit in Betrieb. Nach einigen Jahren jedoch ziehen sie dem Ganzen wieder den Stecker. „Die Software für die Zusammenarbeit funktioniert nicht", sagen sie. Richtig, denn niemand hat sich die Zeit genommen oder seinen gesunden Menschenverstand eingesetzt, um der Frage nach dem Warum auf den Grund zu gehen.

Nun, ich kann Ihnen sagen, warum. Die meisten Unternehmen gehen davon aus, dass sie nur die Software installieren und einen Schalter umlegen müssen und dann ist die Sache geritzt. Genauso haben die Unternehmen während der Covid-19-Pandemie enorme Kosteneinsparungen verzeichnet, ohne dabei zu bedenken, wie belastet und alleingelassen sich viele Mitarbeiter gefühlt haben oder dass das gesamte Konzept von „Unternehmenskultur" damit hinfällig geworden ist. Nein, der Annahme zufolge hätten die Mitarbeiter einfach so anfangen sollen, zusammenzuarbeiten. Einarbeitung? Einführungsprogramm? Überflüssig, legt einfach los, Leute. Warum einen zusätzlichen und kostspieligen Implementierungsservice kaufen, wenn diese Software für Zusammenarbeit so großartig ist, wie alle behaupten? Und weil es keinen Plan für die Implementierung gibt, keine Nachbetreuung, nicht einmal ein, zwei Übungen, damit die Belegschaft sich daran gewöhnen kann, setzt die Software schon nach wenigen Monaten Staub an – bis die nächste Arbeitsgruppe zu dem Schluss gelangt, sämtliche Probleme lösen zu können, indem man *zusätzliche* Softwares dafür einkauft. Mal ehrlich: Ergibt das wirklich Sinn?

Eine ganz andere Form von fehlendem gesundem Menschenverstand befällt mich, wann immer ich meinen Laptop öffne.

Haben Sie einen PC und falls ja, arbeiten Sie mit Windows? Dann hätte ich einige Fragen an Sie. Wenn ich eine PowerPoint-Präsentation erstelle, wie kommt es dann, dass der Pfeil auf dem Bildschirm in die entgegengesetzte Richtung zeigt, in die ich ihn gezogen habe? Wer ist auf die Idee gekommen, alle Farben auf meinem Bildschirm zu verändern und den gesamten oberen Bereich vollzustopfen? Warum bittet Windows mich erst, unter Dutzenden Bildern mein Lieblingsbild auszusuchen, und gibt mir dann, nachdem ich ein Foto mit Vögeln (ich liebe Vögel) ausgewählt habe, ausgerechnet ein Foto von einer Katze, diesem Vogelmörder? Warum sind Microsoft-Passwörter lang, merkwürdig und schwer einzugeben? Warum dauert es, wann immer ich ein Problem habe, das mit Windows zu tun hat, ungefähr 45 Minuten, den Hilfeknopf zu finden? Warum gibt es ein Feld für „Suchen" *und* eines für „Finden"? Eine Suche sollte doch zum Finden führen oder stelle ich mich da kindisch an? Wann immer ich sehe, dass Skype oder Microsoft Office ein Update durchführen wollen, wende ich den Blick ab, denn ich weiß genau, wenn ich auf „Installieren" klicke, ist mein Laptop für gefühlt mehrere Jahrzehnte mit nichts anderem mehr beschäftigt. Wenn die Installation dann im Jahr 2060 endlich abgeschlossen ist, lässt mich Skype erst dann rein, wenn ich die Nummer meines Microsoft-Kontos eingebe. (Und seit wann habe ich überhaupt eine Nummer für mein Microsoft-Konto? Sind Microsoft und Skype ein und dasselbe? Nun ja, spätestens 2060 ist das wohl der Fall.) Warum begrenzt Zoom seine Meetings auf 40 Minuten? Was würde denn in Minute 41 geschehen?

Hat der Akku Ihres iPhones jemals schlapp gemacht? Apple hat einmal verkündet, auf Stand-by betrage die Laufzeit 250 Stunden – offenbar ohne dabei zu bedenken, dass *iPhones im Stand-by-Modus nicht funktionieren.* Und wenn ich im iPhone einen neuen Kontakt anlege, ist da die „Home"-Kategorie, aber warum? Von den Leuten, die ich kenne, hat niemand mehr einen Festnetzanschluss.

Vielleicht entsteht gerade der Eindruck, dass ich hier auf Microsoft und Apple herumhacke, aber ähnliche Probleme finden sich bei *sämtlichen* Computern. Es geht nicht nur um Überfrachtung, Farben, Passwörter, die wie Buchstabensuppe aussehen, oder Entscheidungen, die eine gelangweilte IT ohne Rücksicht auf die Kunden trifft, die mich stören. Das größte Problem, das ich mit Technologie habe, ist, dass es uns von unserer Empathie abtrennt und damit unseren gesunden Menschenverstand zerstört. Wenn Sie mit Freunden per Skype oder Zoom kommunizieren, wie oft checken Sie dabei „nur mal eben" was auf Instagram oder auf Twitter, scannen „nur mal eben" die Schlagzeilen bei *CNN* oder rufen „nur mal eben" die Wettervorhersage auf, während Sie nach dem Zufallsprinzip hier und da ein „Aha", ein „Ja" oder ein „Genau" einstreuen und damit dem Gespräch sämtliche Empathie nehmen?

Überlegen Sie: Zusammen mit dem gesunden Menschenverstand hat sich unsere Intuition über Jahrhunderte hinweg entwickelt und ist zum wesentlichen Bestandteil unserer DNA geworden. Wir wissen, dass wir rennen und uns in Sicherheit bringen müssen, wenn ein Löwe auf unserer Veranda erscheint. Wir wissen, wie wir auf ein weinendes Baby zu reagieren haben. Aber schrittweise und praktisch ohne Widerstand haben wir zugelassen, dass Technologie und Daten Jahrhunderte der angesammelten menschlichen Intuition überschreiben, Intuition, die aus den Erfahrungen zahlloser Generationen stammt, von denen – zumindest in Summe – einige genauso schlau wie wir gewesen sein dürften.

Nennen Sie mir, ohne nachzudenken, alle Telefonnummern, die Sie auswendig kennen. Wie viele sind es? Fünf? Drei? Zwei? Wie steht es mit Ihrer eigenen? Sagen Sie mir, ohne Google Maps zu nutzen, wie ich in der Nachbarstadt ins Krankenhaus gelange. Sie haben keine Ahnung, wo da überhaupt ein Krankenhaus ist, richtig? Die Daten sagen uns, ob das örtliche Thai-Restaurant geöffnet oder geschlossen hat. Sie verraten uns, wie viele Sterne eine Fremde dem Pad Thai gegeben hat und ob sie für die Curry-Teigtaschen einen halben Stern weniger gegeben hat, weil die Kellnerin ihrer Meinung nach „irgendwie unfreundlich" war.

Wird es heute regnen oder bleibt es sonnig? Das wissen nur die Daten in unserem Laptop, obwohl die meisten von uns es bereits erlebt haben, dass uns auf dem Bildschirm ein Regentropfensymbol angezeigt wurde, während wir aus den geöffneten Fenstern heraus in die warme Nachmittagssonne geblickt haben und alle in Badesachen herumliefen. Freunde von mir kontrollieren ständig die Wettervorhersage, wenn sie eine Party oder eine Veranstaltung planen. Zeigt die erste Vorhersage keine Sonne, kontrollieren sie noch eine zweite und notfalls auch eine dritte. Technologie hat sie dazu gebracht zu glauben, dass sie nur tief genug graben müssen, um den perfekten Tag zu finden, den sie dann „abspeichern" können, sodass ein toller Tag für alle garantiert ist.

Tag für Tag gewöhnt sich unser Gehirn an Abkürzungen, an einfache, halbgare Lösungen und daran, dass andere *für uns* entscheiden. Was würde geschehen, wie würden wir reagieren, ja, wie würden wir damit fertig werden, wenn uns jemand diese Krücke wegnähme? Dass sich rund um den Globus die Datenmengen vervielfacht haben, führt zu der Frage: Was bedeutet es noch, etwas zu „wissen"? Was bedeutet es, bezüglich einer Sache oder einer Person über einen Instinkt zu verfügen, über eine Ahnung, über ein Bauchgefühl? Sind Daten unseren Gefühlen, Instinkten und Intuitionen *wirklich* überlegen? Nein, aber wir verhalten uns ganz entschieden so, als wäre das der Fall. Wenn die Daten nicht zu unserem Bauchgefühl passen oder eine Antwort nur online zu finden ist, verlieren wir mit der Zeit den Glauben an unseren eigenen Instinkt, unsere Intuition und unsere Antennen dafür, bestimmte Dinge zu wissen, ohne zu wissen, warum. Wir beginnen, die Welt als *Prozesse* oder *Systeme* oder beides zu betrachten. Und ja, in drei Jahrzehnten kann es durchaus sein, dass Computer imstande sein werden, Intuition nachzubilden oder sich ihr zumindest anzunähern. Aber so weit ist es noch nicht.

Smartphones, Tablets und Laptops monopolisieren unsere Berufswelt und unser Privatleben, was dazu führt, dass sich seltener als früher Gelegenheiten auftun, auf den gesunden Menschenverstand – und die Empathie – zu hören. Wir werden von dem Gefühl getrieben, jeden freien Moment mit etwas Produktivem zu füllen, sodass weder Zeit noch Raum zum Reflektieren bleiben. Früher war das Frühstück oder die Fahrt zum Flughafen eine gute Gelegenheit, den eigenen Gedanken nachzuhängen. Heute ist beides zu Arbeitszeit geworden. Computer, Tablets und Telefone müssen immer wieder ihren Speicher aufräumen und defragmentieren. Schalten wir die Geräte niemals vollständig ab, werden sie langsamer und langsamer – ganz genauso wie unser Gehirn. Die Verwendung von Technologie nimmt zu, verstärkt unser Alleinsein und unsere Autarkie und lässt die Empathiewerte in den Keller stürzen. Genau das, was den Menschen zu einer derart erfolgreichen Spezies gemacht hat, geben wir willentlich auf – und damit natürlich auch den gesunden Menschenverstand.

Ich weiß, ich klinge vielleicht wie ein Wüterich, aber in einem Unternehmen nach dem nächsten löscht die Technologie den gesunden Menschenverstand aus. Vor dem Aufkommen des Internets führten Vorgesetzte mit potenziellen Mitarbeitern Bewerbungsgespräche von Angesicht zu Angesicht. Heute werden dieselben Interviews per Skype oder sogar mit einer KI-Software durchgeführt, die das gesamte Gespräch mit Bewerbern führt und anhand der Bewegung der Augen, des verwendeten Vokabulars und eventuellen Zögerns in der Stimme Fähigkeiten und Eignung bewertet und weniger nach dem, was die Person überhaupt sagt. Schon vor Covid hatten einige der größten Banken Australiens persönliche Bewerbungsgespräche vollständig gestrichen und sich stattdessen auf eine Shortlist von Kandidaten verlassen, die von Computern ausgewählt worden war. Die Manager gaben dann bloß ganz zum Schluss ihre Zustimmung.

Soweit ich das beurteilen kann, zählt der gesunde Menschenverstand nicht zu den technischen Durchbrüchen, die die künstliche Intelligenz voll und ganz beherrscht. Und dass eines Tages viele Unternehmen und Mitarbeiter die weltweit verwendete Entschuldigung „Ich habe so viel zu tun", die zu einem nicht geringen Teil in der Technologie begründet ist, als beliebten Grund dafür anführen würden, ihren gesunden Menschenverstand *nicht* einzusetzen, hätte ich mir auch nicht träumen lassen.

Fragen Sie eine Freundin oder einen Bekannten, wie es ihnen denn so geht, was sie so erlebt haben und was sie so getrieben haben, und ich garantiere Ihnen, dass die spontane Antwort „Ach, viel zu tun" oder etwas in der Art lauten wird. „Viel zu tun? Du?" „Ja, jede

Menge Stress." Egal, ob es um die Arbeit geht oder wir uns über unser Privatleben austauschen – keiner von uns kann der Versuchung widerstehen, allen zu bekunden, unter welchem Druck wir stehen.

Und warum ist das so? Wenn wir viel zu tun haben (oder zumindest behaupten, wir hätten ja so viel zu tun), dann rechtfertigt das unsere Existenz. „Viel zu tun" impliziert, dass wir beliebt sind, gefragt, gebraucht, dass wir gut in dem sind, was wir tun, und dass wir sogar imstande sind, mehrere Projekte gleichzeitig zu jonglieren. Wann haben Sie das letzte Mal erklärt, dass Sie überhaupt nichts machen, dass Sie zu viel Leerlauf haben, dass Sie einfach einmal einen Tag blaumachen? Praktisch niemand sagt das. Ihre Freunde würden entweder so tun, als hätten sie Ihnen nicht zugehört, oder sie würden das Thema wechseln. „Armer Kerl, keine Arbeit, keine Freunde, kein Leben."

Darüber hinaus verstärkt Technologie die Wahrnehmung, dass wir in einem Wettrennen gegen eine tickende Uhr stecken und dass wir, sollte es uns aus welchen Gründen auch immer nicht gelingen, schneller als der aktuelle Moment zu sein, dauerhaft und möglicherweise sogar fatal zurückfallen werden. Wenn Sie auf Twitter unterwegs sind, kennen Sie das bestimmt: Sie scrollen gemütlich durch die Tweets, da ploppt plötzlich eine Blase auf: „Es sind neue Tweets da!" Ein ungutes Gefühl befällt Sie. Sie haben Twitter erst vor 30 Sekunden geöffnet und schon leben Sie in der Vergangenheit. Das Hier und Jetzt hat Sie auf irgendeine Weise abgehängt. Technologie ist gut für die Zeit-Amphetamine. Jeder Augenblick, der uns zur Verfügung steht, muss optimal genutzt werden – wir müssen lernen, Dinge scannen, unsere anstehenden Aufgaben im Blick behalten und ein Auge auf die schlimmsten Dinge haben, die eintreten könnten.

Vielleicht ist das meine Einbildung und vielleicht auch nur anekdotisch, aber wir sprechen heute in kürzeren Sätzen. Wir gehen heute schneller als vor zehn Jahren. Wann immer ich auf dem Highway unterwegs bin, scheint es mir, als seien mehr und mehr Fahrzeuge auf der Überholspur unterwegs, während sich auf der rechten Spur ausschließlich Schnecken, Bekiffte, SMS-Schreiber und Senioren (die vermutlich ohnehin keine Ahnung von Technologie haben) aufhalten. Das menschliche Gehirn unter Technologie-Einfluss erinnert mich vor allem an einen dieser beleuchteten Bildschirme, wie sie in Flughäfen und Bahnhöfen hängen und dort Zeiten, Ziele und Informationen zum Gate beziehungsweise Gleis in einem konstanten flackernden Hin und Her abspulen. Plötzlich verschwindet eine Angabe, dann taucht sie dort drüben auf einem anderen Bildschirm auf, um dann schließlich wie ein potenzieller Liebhaber, der Ihnen einen vielsagenden Blick zuwirft, zu verkünden, dass das Boarding für Ihren Flug heute an Flugsteig 37 erfolgen wird.

In den meisten Geschäftsfeldern hat der Faktor Zeit Priorität gegenüber langfristigem Denken. Wen überrascht es da, dass gesunder Menschenverstand in den Unternehmen derart zur Mangelware geworden ist? Damit sich der gesunde Menschenverstand an die Arbeit machen kann, benötigt er das Gefühl einer echten Pause. Und echter Perspektive. Wir müssen die Meinung anderer Personen begreifen und wertschätzen können. Aber ganz ehrlich: Wer hat heutzutage für so etwas noch Zeit?

Geschäftigkeit rechtfertigt nicht nur unsere Existenz, sie erzeugt auch ein Gefühl der *Zugehörigkeit*. Hören Sie den Gesprächen vor oder nach einem Zoom-Meeting zu und Sie werden wieder und wieder die alte Leier hören: „Hey Jim, wie läuft es?" „Voll im Stress, aber nützt ja nichts. Was ist mit dir, Tom?" „Ach, ich halte durch, dabei ist es gerade völlig verrückt." „Okay, Jim, mach es gut und schufte dich nicht zu Tode." „Du auch, Tom, pass auf dich auf." Technologischer Fortschritt hat eine Reihe neuer Signale erschaffen, die unsere Betriebsamkeit belegen: die Menge an E-Mails in unserem Postfach. Die Zahl der Termine in unserem Onlinekalender. Wie häufig wir bei der Korrespondenz anderer Leute ins „CC" gesetzt werden.

Unter den vielen Problemen, die die Geschäftigkeit mit sich bringt, ist die sinkende Produktivität, die aus der Überlastung unseres Gehirns resultiert. Der globale Trend, dass alle ganz furchtbar beschäftigt sind, bedeutet, dass wir umso weniger Zeit für uns haben, je mehr wir diesen Umstand rechtfertigen. Es fehlt die Gelegenheit, neue und einfallsreiche Ideen zu entwickeln oder sich einfach hinzusetzen und nachzudenken. Es fehlt uns definitiv die Zeit, über unsere Arbeit nachzudenken, über die Entwicklung, die unser Unternehmen nimmt, in welchen Abteilungen der gesunde Menschenverstand vollends abhandengekommen ist und was wir dagegen unternehmen können.

Ich habe einmal von einem informellen Experiment gelesen, das der kanadische Marketingexperte Paul Ralph durchgeführt hat. Nachdem ihm aufgefallen war, dass alle Personen in seinem unmittelbaren Umfeld ihm erzählten, wie „sehr im Stress" sie seien, beschlossen Ralph und seine Frau, diesen Begriff ein Jahr lang nicht zu verwenden. Wie würde sich das auf ihr Verhalten oder womöglich sogar auf ihr Leben auswirken, wenn sie *nicht* erklären würden, dass sie gestresst seien?[17]

Die Veränderungen waren sofort zu bemerken. Ralph und seine Frau begannen, sich tiefer und authentischer auf ihre Freunde einzulassen. Ihnen war nicht klar gewesen, welch schlechtes Gefühl sie ihren Mitmenschen vermittelt hatten. Sie fühlten sich glücklicher, freier und hatten das Gefühl, stärker selbstbestimmt zu agieren. „Wichtiger noch war: Als *wir* aufhörten, das Wort ‚gestresst' zu verwenden, bemerkten wir, dass es uns andere nachmachten", schreibt Ralph. „,Gestresst' scheint eine Art sich selbsterfüllende Prophezeiung zu sein. Je mehr wir es sagten, desto häufiger fühlten wir uns auch so. Je mehr wir uns so fühlten, desto mehr benahmen wir uns auch so."

Wenn also Technologie dazu beiträgt, den gesunden Menschenverstand zu untergraben, unsere kollektive menschliche Empathie abzutragen und eine Form der Geschäftigkeit zu erschaffen, die Robert Louis Stevenson vor über 200 Jahren als „Zeichen mangelnder

Vitalität" bezeichnete, dann nutzen die Unternehmen Technologie als Vorwand für durchgeknalltes, rasend machendes Verhalten.[18] Hier ist ein klassisches Beispiel, bei dem der gesunde Menschenverstand offenbar völlig außen vor bleiben musste:

Vergangenes Jahr hielt ich zwei Vorträge bei einem der größten Lebensmittel- und Getränkehersteller der Welt. Das Unternehmen ist recht profitabel und ein Haushaltsname, aber ich möchte es in dieser Geschichte einfach FoodaCo nennen. Ich arbeitete dort ein wenig als Berater, stellte eine Rechnung und wartete auf mein Geld. Berühmte letzte Worte. Aber vielleicht beginne ich doch lieber ganz am Anfang.

Am 22. Februar 2019 schickte Allan, Finanzvorstand meines Unternehmens, die erste von drei Rechnungen an FoodaCo. Drei Wochen gingen ins Land. Am 19. März meldete sich das FoodaCo-Team bei mir, um über einen bevorstehenden Termin zu sprechen, bei dem ich vielleicht eine Aufgabe übernehmen konnte. Eine Woche später, am 25. März, wurde der Termin bestätigt. „Großartig", dachte ich, „sehr vielversprechend." Denn wenn man jemand als Keynote-Speaker einlädt, will man sich es doch gewiss nicht mit dieser Person verscherzen, indem man ausstehende Rechnungen nicht zügig begleicht, oder? Sollte man meinen. Inzwischen war die Rechnung vom 22. Februar jedoch seit über einem Monat nicht beglichen, also schickte Allan eine höfliche Zahlungserinnerung.

Irgendetwas schien in Gang gekommen zu sein, denn einen Tag später mailte das FoodaCo-Team Allan an und bat um die Bestätigung, dass die Rechnung in US-Dollar zu begleichen sei. Das stand zwar unmissverständlich in der Rechnung, aber nun gut. Allan bestätigte das Offensichtliche. Im Verlauf dieses Austauschs erwähnte FoodaCo, dass man dabei sei, mein Unternehmen im System als Lieferant aufzunehmen und dass dies möglicherweise die Verzögerung bei der Begleichung der Rechnung erkläre.

Am 5. April – inzwischen waren fast zweieinhalb Monate seit der ersten Rechnung vergangen – meldete sich das FoodaCo-Team, weil man weitere Aspekte des künftigen Events besprechen wollte, an dem ich teilnehmen sollte. Allan schickte die zweite von den drei Rechnungen los. Eine Woche später sandte er eine weitere Erinnerung an die Leute von FoodaCo: Die erste Rechnung sei nun seit über einem Monat offen, würde das Unternehmen bitte umgehend bezahlen? Am 24. April schickte er eine weitere Zahlungsaufforderung. Die erste Rechnung war noch immer nicht beglichen (sie war mittlerweile seit drei Monaten offen) und die zweite Rechnung war sechs Tage überfällig.

Das FoodaCo-Team antwortete, allerdings nicht mit einer Bezahlung. Inzwischen hätten wir doch gewiss schon eine E-Mail mit Instruktionen erhalten, wie wir uns für den Zahlungsservice des Unternehmens anmelden konnten, oder? Nun, ich hatte Angebote für Cialis erhalten, für auf Bettwanzen spezialisierte Kammerjäger, für Gewürze, die Schimmel bekämpfen, für Faltencremes, für CBD-Lotionen und da war noch diese ganz besondere Frau aus Russland, die unbedingt mit mir befreundet sein wollte. Aber eine E-Mail zu einer FoodaCo-Zahlungsplattform war auf unserem Firmen-E-Mail-Konto nicht zu finden. Die Leute von FoodaCo leiteten ein Link zu einem Drittanbieter weiter, einem globalen Spezialisten für elektronische Rechnungsstellung, einem Unternehmen namens Tungsten Network.

Leider funktionierte der Link nicht. Allan kontaktierte den Support von Tungsten, wo man ihm sagte: „Nein, der Link, den das FoodaCo-Team geschickt hat, funktioniert nicht." Vielleicht nahm man eine gewisse Schärfe in Allans Ton wahr, jedenfalls half man ihm, sich auf andere Weise für das System zu registrieren. Endlich einen Schritt weiter!

Nun ja, mehr oder weniger. Bevor das Tungsten-System unsere Identität bestätigen konnte, müssten wir „eine Verbindung mit dem Kunden beantragen", also FoodaCo, damit das Unternehmen darüber informiert sei, dass wir diese Verbindung beantragt hatten. Taten wir das nicht, würden wir über dieses Bezahlsystem keine Rechnung einreichen können. Allan schrieb das FoodaCo-Team mit der Bitte an, die Verbindung freizugeben. Zahlreiche E-Mail gingen hin und her. Langsam wurde es dann doch ein wenig verrückt. Wir wollten doch bloß unser Geld! Stattdessen geschah nichts und dieses Nichts geschah zudem unfassbar langsam.

Allan kontaktierte die Leute bei FoodaCo erneut und bat sie erst höflich und dann mit etwas mehr Nachdruck, die Verbindung für die Bezahlplattform zu bestätigen. Als endlich eine Antwort von FoodaCo kam, hatte sie etwas nahezu Kindisches: Man wisse nicht, wie das System von Tungsten Network funktioniere, und könne von seiner Seite aus nicht viel unternehmen. Doch, konnte man! Man konnte einfach die verflixte Verbindung bestätigen und dafür sorgen, dass wir bezahlt werden. Einen Tag später meldete sich FoodaCo erneut bei uns: Jemand aus dem Unternehmen hatte mit einer anderen Abteilung über das Thema gesprochen und demnach seien *wir* dafür verantwortlich, die Verbindung herzustellen. Das Problem – behaupteten sie zumindest – liege ganz allein auf unserer Seite. *Wir* waren schuld!

Nur stimmte das leider nicht.

Allan kontaktierte erneut die Supporttruppe von Tungsten Network: Hatten ihre Mitarbeiter *tatsächlich* Kontakt mit den Leuten von FoodaCo gehabt? Konnten sie bestätigen, dass FoodaCo dafür verantwortlich sei, die Bestätigungen freizugeben? Ja, konnten sie. Na also, war *doch nicht* unsere Schuld. Nachdem er nun über die Details verfügte, wann und wie Tungsten Network Kontakt zu FoodaCo aufgenommen hatte, leitete Allan diese Informationen an FoodaCo weiter. Und wartete.

Großartige Neuigkeiten! FoodaCo *hat die Verbindung bestätigt.* Außerdem hat das Team einen neuen Lieferantencode für unser Unternehmen eingerichtet. Beide Rechnungen – die vom 22. Februar und ihr Bruder vom 5. April – wurden über das System eingereicht und ihr Eingang wurde offiziell von FoodaCo bestätigt. Bestätigt! Es tat sich etwas! Der Zug setzte sich in Bewegung.

Dann kam abrupt alles wieder zum Stillstand. Der Zug schleppte sich zurück in den Lokschuppen. Eine weitere Woche ging ins Land. Inzwischen schrieben wir den 6. Mai.

Allan schickte dem Team von FoodaCo eine E-Mail, in der er das Unternehmen wirklich-wirklich-wirklich drängte, die beiden offenen Rechnungen zu begleichen. *Wir* hatten schließlich unsererseits Rechnungen zu bezahlen.

Die Leute von FoodaCo warfen einige Entschuldigungen ins Rennen. Nichts auf dem Niveau von „Der Wecker hat nicht geklingelt" oder „Der Hund hat meine Hausaufgaben gefressen", aber sonderlich glaubwürdig klang es auch nicht. Einen Tag später schickte Allan FoodaCo die dritte unserer drei Rechnungen.

Als er keine Antwort erhielt, sandte er FoodaCo eine weitere Erinnerung. Als Reaktion lieferte FoodaCo eine Reihe neuer Entschuldigungen.

Am 15. Mai rief uns ein anderer FoodaCo-Mitarbeiter aus einer anderen Abteilung an. Allan hatte dem Unternehmen unsere Kontoverbindung schon bei zig Gelegenheiten genannt, aber die Person am Telefon sagte, sie müsse unsere Bankverbindung bestätigen und benötige alle Einzelheiten. Dass Allan das alles längst getan hatte, wieder und wieder – egal. Das Wichtige war, dass etwas – irgendetwas – geschah, allein das war schon Grund zum Feiern. Allan bestätigte die Bankangaben. Hier ist vielleicht etwas los! Action!

Es vergingen einige Tage, ohne dass ein Zahlungseingang zu verzeichnen war, also schickte Allan per E-Mail eine weitere Erinnerung. Eine Stunde später klingelte das Telefon. Am anderen Ende war – dreimal dürfen Sie raten – FoodaCo. Noch ein neuer Mitarbeiter aus noch einer anderen Abteilung musste die Angaben zu unserer Bankverbindung gegenchecken, und zwar nicht nur mit unserem CFO, sondern auch einem weiteren Mitglied unseres Teams. Offenbar war es seit Langem bei FoodaCo üblich, die Bankangaben von zwei unabhängig voneinander agierenden Mitarbeitern bestätigen zu lassen (dabei hatte FoodaCo erst fünf Monate zuvor eine andere

Zahlung an uns geleistet). Es wirkte, als schicke man uns wieder von Pontius zu Pilatus.

24 Stunden darauf war noch immer kein Geld eingetroffen, also rief Allan erneut beim FoodaCo-Team an. Für seine Mühe bekam er ganz neue Entschuldigungen zu hören.

Inzwischen waren seit der ersten Rechnung an FoodaCo vier Monate ins Land gegangen. Am 21. Mai kontaktierte unser Anwalt FoodaCo und deutete die Möglichkeit gerichtlicher Schritte an, sollten die ausstehenden Rechnungen nicht umgehend beglichen werden. Noch am selben Tag bestätigte das Unternehmen, dass es uns einen Scheck schicken werde. Einen Scheck?! Und was war mit den Banktransferangaben, die das Unternehmen angefordert hatte und die Allan bloß ungefähr 750-mal durchgegeben hatte? Ein Scheck würde *Tage* in der Post stecken und dann würde es noch einmal eine Woche dauern, bis das Geld endlich auf dem Konto wäre. Zwei Stunden später bestätigte meine Bank, dass die erste der beiden Rechnungen beglichen worden sei. Am nächsten Morgen tauchte das Geld für die noch offene Rechnung auf. Aber damit nicht genug: 30 Tage später traf per Post ein Scheck ein. Er hängt bis heute an unserer Bürowand. Zumindest hatten sie *damit* nicht gelogen.

Vor allem Großunternehmen sind sehr gut darin geworden, Zahlungen hinauszuschieben. Sie arbeiten mit allerlei durchtriebenen Tricks und Entschuldigungen und schieben die Schuld gerne auf die Technik, während sie das Begleichen ihrer Rechnungen möglichst weit hinauszögern, um Zinsen einzukassieren. Für ein Unternehmen wie FoodaCo mag das gesunder Menschenverstand sein ... für uns andere, die wir unsere eigenen Rechnungen zu bezahlen haben, ist das mehr als lächerlich.

Was also würde passieren, wenn wir *keine* Technologie hätten? Wenn wir sie ein paar Tage links liegen ließen? Wie würde uns das beeinflussen? Würden die Dinge besser werden, schlechter, beides und auf welche Weise?

Fragen Sie Maersk. Im Sommer 2017 stand das Unternehmen im Mittelpunkt einer heftigen Cyberattacke. Ohne Vorwarnung wurde am 27. Juni jeder Computerbildschirm bei Maersk schwarz.

Damit sich die Infektion nicht weiter ausbreiten konnte, fuhr das Unternehmen sämtliche verbliebenen Systeme herunter und unterbrach auf diese Weise den Kontakt zu jedem fünften aktiven Schiff auf den Weltmeeren. Die meisten Mitarbeiter wussten nicht, was sie tun sollten, also gingen sie nach Hause. Maersk-CEO Søren Skou gab eine Erklärung heraus, in der er seine Mitarbeiter in 121 Ländern aufforderte: „Tut zum Wohle des Kunden, was ihr für richtig haltet – wartet nicht auf die Zentrale, wir werden die Kosten akzeptieren."[19]

> Wir sprechen heute in kürzeren Sätzen. Wir gehen heute schneller als vor zehn Jahren. Was würde geschehen, wenn wir *keine* Technologie hätten? Maersk erhielt ungewollt die Antwort auf diese Frage, als das Unternehmen Opfer eines schweren Hackerangriffs wurde.

Im Mittelpunkt von Maersks Geschäft standen seit jeher Technologie und komplexe Datenbanken. Als die Server des Unternehmens schlagartig den Betrieb einstellten, wusste niemand, was man nun tun solle. Zum ersten Mal überhaupt wurde dem Unternehmen klar, welchen Einfluss auf die Welt es hat, dass infolge eines zielgerichteten Cyberangriffs nun jedes fünfte Schiff auf der Welt praktisch orientierungslos im Wasser trieb. Was war angesichts einer Katastrophe „richtig für den Kunden und das Geschäft"? Die Antwort auf diese Frage ließ sich leider nicht online recherchieren.

So schmerzhaft der Cyberangriff war, er brachte doch etwas Seltsames, Unerwartetes und Positives mit sich. Ulf Hahnemann, der globale Personalvorstand von Maersk, sagte mir später: „Einen Augenblick lang war die Hierarchie ausgesetzt und die Organisation verstärkte augenblicklich ihr Engagement, bewegte sich schneller, mit einem Gefühl der Freiheit, weil die Mitarbeiter spürten, sie hat-

ten das Vertrauen, die Dinge zu tun, die *aus ihrer Sicht* richtig waren."
Warum? Weil den Maersk-Mitarbeitern nur eine Option blieb: Sie mussten ihre Kunden besuchen. Persönlich. Von Tür zu Tür. Von Antlitz zu Antlitz.

„Das war Maersk in Bestform", erinnert sich Louisa Loran, Maersks globaler Vorstand für Business Development und Marketing. „Es war egal, was man für einen Titel hatte. Die geistige Haltung war die: ‚Und wenn ich mich an ein Terminal-Gate stellen und einem Trucker sagen muss, er soll an Nummer 18 halten, schön, dann mache ich das halt.'"

Ein Unternehmen, das von komplexen Abläufen, Compliance-Regelungen und rechtlichen Auflagen gehemmt wurde, wurde auf einen Schlag – und um einen hohen finanziellen Preis – freigesetzt. Das soll nicht heißen, dass es leicht war. Maersk hatte aus Kostengründen alles digitalisiert, was sich digitalisieren ließ, und die Belegschaft war es gewohnt, ihre Kunden als bloße Zahlen zu sehen. Es war eine Beziehung per Tastatur, geschäftlich, effizient, rational. Dass sich die Belegschaft von Maersk aus Menschen zusammensetzte und auch die Kunden Menschen waren, blieb dabei unberücksichtigt.

Zunächst waren die Kunden verwirrt. Entschuldigung, aber *was sind das für Leute*, die behaupten, dass sie für Maersk arbeiten? Das Personal von Maersk war es ebenso wenig gewohnt, von Angesicht zu Angesicht mit den Kunden zu agieren. Für beide Seiten war es eine transformative Erfahrung. Ältere Mitarbeiter verfügten zum Teil noch über vage Erinnerungen an prätechnologische Zeiten und passten sich schneller an als die Jüngeren, die nichts anderes als Computerbildschirme und Tastaturen kennengelernt hatten. Während die Bildschirme dunkel blieben, wurde ihnen klar, dass es unterschiedliche Menschen im Unternehmen sein könnten, die letztlich den größten Unterschied ausmachten.

Eine Gruppe von Maersk-Mitarbeitern mobilisierte eine WhatsApp-Telefonkette. Jeder wurde beauftragt, sich mit einer anderen

Person in einem anderen Land in Verbindung zu setzen und diese Person zu beauftragen, es genauso zu halten. Mithilfe ihres iPads und eines externen Servers verbreitete Louisa über mehrere Tage hinweg alle drei Stunden offizielle Maersk-Mitteilungen an 2,1 Millionen Empfänger.

Diese Rückkehr zu einem grundlegenden gesunden Menschenverstand und einem Maß an Empathie war *für alle* von Vorteil und insbesondere für die Kunden des Unternehmens. Viele änderten ihre geistige Haltung deutlich. Es gab eine kollektive Korrektur. Plötzlich konnten sie Empathie für das empfinden, was *Maersk* durchlitt. Nie zuvor hatte sich die Beziehung zwischen Unternehmen und Kunden derart echt angefühlt. Ein neuer Zusammenhalt und ein besserer Geist packten das Unternehmen. Als die Chefs nun zweimal täglich durch die Gänge gingen, verspürten die Mitarbeiter ein wahres Gefühl der Sinnhaftigkeit, teilweise zum ersten Mal überhaupt. Viele sagten mir, dass der alte Unternehmergeist von Maersk zurückgekehrt sei. Ja, der Cyberangriff erwies sich als verheerend für einige Kunden und für die Bilanzen, aber als die Computer wieder liefen, gab es nur Positives zu vermelden. Maersk und seine Kunden begannen tatsächlich, *besser* zusammenzuarbeiten.

Was aus dem Cyberangriff resultierte, rückte genau die Grundsätze des gesunden Menschenverstands in den Mittelpunkt, die ich versuchte, dem Unternehmen einzuimpfen. Maersk erkannte nicht nur an, dass seine eigenen Kunden Menschen sind, das Unternehmen wurde auch daran erinnert, dass diese Kunden wiederum ihre eigenen Kunden hatten. Erhielt Ford seine Neuwagen verspätet, litten darunter auch die Autohändler und die Verbraucher. Blieb die Lieferung für Home Depot auf der Strecke, würde Geschäften in den ganzen USA die Ware ausgehen.

Das ist kein Problem, das sich durch Technologie lösen lässt. Technologie kann atemberaubend ausführliche Listen auf einen Bildschirm zaubern. Sie kann Namen, Daten, Fakten, Zahlen, Schätzungen und Prognosen zeigen. Wenn es um freies Assoziieren geht und darum, wie bisherige Gewohnheiten künftiges Verhalten beeinflussen, können die richtigen Algorithmen Spektakuläres leisten. Aber dann stößt die Technologie an eine Grenze. Ohne Kreativität und Fantasie kommt die Technologie an dieser Stelle nicht weiter. Hier muss der Mensch einspringen.

Unsere kollektive Verliebtheit in Technologie sollte als eindeutig im Entwickeln begriffen und als deshalb unvollständig angesehen werden. Dennoch befinden wir uns weiterhin in einem Zustand des Erstickens und des Ungleichgewichts. Es ist dasselbe wie bei allen anderen Entdeckungen – Sex, Alkohol, Zigaretten, Sport, ein neues Lieblingsessen. Wir übertreiben es. Wir können nicht genug davon bekommen. Wir wissen nicht, wann es *genug* ist. Wir lassen uns auf Romanzen mit Fremden ein, wir trinken zu viel, rauchen zu viel oder überfressen uns. Erst später irgendwann treten wir einen Schritt zurück. Wir verhandeln mit uns selbst. Wir wägen das Für und Wider ab. Wir finden einen Mittelweg und versuchen, ihn einzuhalten.

Aktuell stecken wir weiterhin in der Entdeckungsphase und erkunden, was Technologie leisten kann und was nicht, was sie bringt, was sie ersetzen kann und was andererseits unersetzlich, geheimnisvoll und – man könnte fast sagen – zeitlos ist. Auf dieser Liste steht die Menschlichkeit und dazu wiederum gehören Empathie und natürlich der gesunde Menschenverstand. Ich hoffe, dass uns dieser gesunde Menschenverstand eines Tages aus unserer Knechtschaft befreit und uns hilft, zu erkennen, dass es letzten Endes nicht die Technologie, sondern wir sind, die das Sagen haben.

ZEIGEN SIE MIR IHR DECK!

Haben Sie sich je die Finger verbrannt, weil ihr Kaffeebecher übergelaufen ist? Ich hoffe nicht. Aber ein Unternehmen hat es geschafft, diese „Weniger ist mehr"-Philosophie in der Betriebsküche zu ganz neuen Extremen zu führen und damit letztlich sogar Geld zu *verschwenden*. Und das kam so: Um die Ausgaben für Kaffee zu senken, ließ der COO dafür sorgen, dass aus den Kaffeeautomaten weniger Kaffee in die Becher floss, wenn die Mitarbeiter den Knopf drückten.

Die meisten Mitarbeiter reagierten auf diese Neuerung, indem sie den Knopf einfach zweimal drückten, was dazu führte, dass Kaffee aus dem Gerät floss, bis die Becher überliefen. Niemand wollte das Risiko eingehen, einen komplett gefüllten Becher mit heißem Kaffee an den Schreibtisch zu tragen, deshalb schütteten die meisten Mitarbeiter zwei, drei Zentimeter Kaffee in die Spüle, bevor sie an ihren Schreibtisch zurückkehrten.

Wie wäre es mit einer Tasse gesunden Menschenverstands, wenn wir versuchen, Kosten einzusparen?

MEETINGS – UND POWERPOINT-PRÄSENTATIONEN – verschlingen teilweise bis zu 50 Prozent unserer Zeit am Arbeitsplatz. Nur die wenigsten Menschen gestehen gerne ein, dass es tatsächlich dermaßen viel Zeit ist, was möglicherweise daran liegt, dass es uns daran erinnert, wie schlecht Organisationen (und die Menschen, die in diesen Organisationen arbeiten) ihre eigene Zeit verwalten. Das durchschnittliche Unternehmen hält Meetings ab zu Plänen, zu künftigen Plänen und zum Fehlen von Plänen, Meetings, in denen analysiert wird, inwieweit frühere Pläne schiefgelaufen sind und wie künftige Pläne besser umgesetzt werden können. Es gibt Meetings zur Strategie und zur Unfähigkeit des Unternehmens, eine Strategie zu entwickeln. Jede einzelne Angelegenheit verlangt nach einem Meeting, selbst wenn niemand irgendetwas Wertvolles zu sagen oder zu beschließen hat. Tatsächlich ist es so: Dass man nichts zu sagen oder zu beschließen hat, ist ein großartiger Grund dafür, ein Meeting anzusetzen, also schicke ich Ihnen doch am besten gleich eine Outlook-Einladung!

Das Endziel besteht darin, den Unternehmen, deren Mitarbeitern und natürlich deren Kunden, die die Produkte und Dienstleistungen dieser Unternehmen kaufen und nutzen, den gesunden Menschenverstand zurückzugeben. Lassen Sie uns also noch einmal ansehen, was vor einigen Wochen während der Mitarbeiterbesprechung geschah, die jeden Mittwochvormittag per Zoom stattfindet.

Das Meeting geht gleich los! Wer wird daran teilnehmen? Paula, Ogden, Niall und Yolanda. Außerdem Jamie, Celeste, Tony, Louisa, Andres, Bob 1 und Bob 2 (um sie auseinanderzuhalten).

Es ist diese Woche Ihr bislang achtes Meeting und dabei ist gerade einmal die Hälfte der Woche geschafft. Meetings in diesem Unternehmen dauern gefühlt endlos. Dieses Unternehmen hat Meetings, wie einige Häuser Ameisen haben. Ginge es nach diesem Laden, würden Sie rund um die Uhr bis spät abends in irgendwelchen Meetings hocken. Allein diese Woche gab es das Status-Meeting, das Meeting der Projektgruppe, das Review-Meeting, das Meeting des Zustimmungskomitees, das Quartals-Meeting und noch zwei weitere, aber worum es da ging, wissen Sie nicht mehr. Bei jedem einzelnen dieser Meetings war Ihre Anwesenheit erforderlich. Naja, „erforderlich" ist vielleicht nicht der richtige Begriff. Ihre *Chefin* war online, Sie *mussten* also erscheinen, allein schon, um ihr zu zeigen, wie sehr Sie sich reinknien, wie gut Sie die Dinge im Griff haben und über welch einzigartige verbale, organisatorische und technologische Fähigkeiten Sie verfügen. Die dieswöchige Litanei von Meetings verschmilzt mit der genauso zeitfressenden Unmenge von Telefonkonferenzen, in denen Berichte zusammengefasst, Decks angefordert und Status-Updates abgefragt wurden. Das Resultat: Es werden noch mehr Meetings geplant – Review-Meetings, Komitee-Meetings und so weiter.

Sie haben längst das Gefühl, die Gedanken Ihrer Kollegen lesen zu können. Alle sind sie bemüht, bloß etwas Cleveres oder Prägnantes von sich zu geben, das ihren Status hebt. Doch was sie stattdessen heraushauen, sind Geniestreiche („olle Kamellen" trifft es wohl eher) wie: „Ich bin ganz einer Meinung mit Marco" oder: „Das finde ich auch, Roberta". Wenn jemand ein Konzept nicht gefällt, sagt er oder sie: „Großartige Idee, gefällt mir sehr, aber können wir das kurz hintanstellen? Jamie, hast du noch etwas beizusteuern?"

Bei genauerer Betrachtung ist es schon lustig, wie die Teilnehmer an Meetings dieselben Dinge wieder und wieder sagen. Zum Beispiel:

> „Könnt ihr mich hören? Könnt ihr mich sehen?"
> (merkwürdiges Atmen)
> „Oh, entschuldige, sag du." „Sorry, nein, bitte, du zuerst."
> „Ups, entschuldige, nur zu, bitte ..."
> „Das wollte ich auch gerade sagen ..."

„Was halten alle von der Idee ... (seltsames Knirschen) Entschuldigt, Leute, das war bloß mein Hund Oscar."

„Meine Katze ist krank, tut mir sehr leid."

„Leute, tut mir leid, aber ich muss gleich zu einer anderen Zoom-Konferenz ..."

Bei vielen Meetings sitzt ein Haufen Typen aus dem mittleren Management herum und versucht zu erraten, wie Mike, dem CEO, eine bestimmte Idee wohl gefallen würde. „Mike fände das nicht gut", ist ein typischer Kommentar. Genauso: „Ich kenne Mike und kann euch sagen, dass Mike auf so etwas allergisch reagiert." Alle wetteifern darum, zu beweisen, dass sie Mike besser als alle anderen im Raum kennen (während Mike möglicherweise mit Mühe und Not ihre Namen zusammenbekäme). Wann immer Sie Mike etwas Ungewöhnliches vorgeschlagen haben, sagte er stets: „Finde ich großartig!" Das beweist, dass die Leute entweder so facettenreich wie ein roter Diamant sind oder (was wahrscheinlicher ist) dass niemand irgendetwas weiß.

Es ist mal wieder so weit.

Sie schlüpfen aus Ihrem Schlafanzug und ziehen sich das Zoom-Hemd über, das an Ihrem Schreibtischstuhl hängt. Hoffentlich merkt niemand, dass Sie es den 127. Tag in Folge tragen. Sie loggen sich ein. Ihr Gesicht erscheint neben elf weiteren Gesichtern. Niemand scheint so recht zu wissen, wo man hinblicken soll. Auf das grüne Laptop-Licht? Fünf Zentimeter darunter? Jamie und Celeste sind zu nah am Bildschirm. Sie sehen aus wie säugende Kälber. Andere sitzen mit förmlichem Abstand und geradem Rücken da, als müssten sie nachsitzen. Andres hat sein Laptop in einem merkwürdigen Winkel eingestellt, man sieht nur ein Ohr und einen Teil der Brille. Louisa hat ihre Kamera gar nicht erst eingeschaltet, aber niemand will es ansprechen, weil Louisa vermutlich gerade erst aus dem Bett gefallen ist. Vorbei sind die Tage, als die Menschen voller Vorfreude auf ihr 9-Uhr-Meeting um 7 Uhr aus dem Bett gesprungen sind. Jetzt stehen sie um 8 Uhr 50 auf, stürzen einen Kaffee herunter und schalten den Laptop an (vorausgesetzt, sie hatten es überhaupt abgeschaltet).

Herrgott, von wo hat sich denn Paula eingewählt? Sitzt sie im Schlachthaus? Hängen da Rippen von einem Haken oder ist das ein dunkler Mantel? Tony hat mal wieder die Golden Gate Bridge als Hintergrund gewählt und man fragt sich, was er zu verstecken hat. Sie haben es inzwischen satt, bei Zoom-Meetings die Golden Gate Bridge anstarren zu müssen – und das gilt genauso für alle anderen Embleme von Raum, Freiheit und der Aussicht, eines Tages das Haus verlassen zu können. Aber immer noch besser als diese Frau, von der Sie gelesen haben, die ihre Filtereinstellungen nicht in den Griff bekam und zur Onlinepersonalbesprechung als Kartoffel erschien.

Das Warten auf Yolanda und Andy aus dem Marketing verbringen Sie und Ihre Kollegen mit dem mittlerweile unerlässlichen zehn Minuten Small Talk. Früher war es das Wetter, dann die Pandemie, mittlerweile geht es um all die kleinen Ärgernisse, die das Arbeiten im Homeoffice mit sich bringt. „Ach, geht schon, nützt ja nichts", sagen die meisten, wenn man sie fragt, wie es ihnen geht. „Wir können es ja nicht ändern, richtig?", sagt jemand und Sie wiederholen: „Wir können es ja nicht ändern." Mal im Ernst: Waren Sie schon *immer* so schlapp oder zieht es Sie so runter, größtenteils von zu Hause aus zu arbeiten?

Die Leute, die in diesem Unternehmen üblicherweise vorgeben, wo es langgeht, tauchen im Allgemeinen fünf bis zehn Minuten zu spät auf, was erklärt, warum von Yolanda und Andy noch nichts zu sehen ist. Ja, sie sind beide im Stress, wichtig und heiß begehrt, aber sie machen auch eine Show daraus, wie wichtig sie doch sind. „Ich habe Yolanda gerade eine Einladung geschickt", sagt Roberta, woraufhin mehrere andere einfallen: „Ich auch." Das heißt, Yolanda klickt gerade auf ein halbes Dutzend Zoom-Links, von denen fünf nicht funktionieren. Endlich erscheint Yolandas Gesicht. Ihr Mund öffnet und schließt sich, dann sagt jemand: „Yolanda, du bist auf stumm!", während gleichzeitig jemand anderes sagt: „Aus irgendeinem Grund können wir dich nicht hören, Yolanda, hast du das Mikro nicht eingeschaltet?" Yolanda schaltet den Ton ein und sagt: „Dass mich jetzt bloß keiner bittet zu wiederholen, was ich gesagt habe!" Alle lachen, obwohl es nicht lustig ist.

Von Andy weiterhin keine Spur. „Warum geben wir ihm nicht noch fünf Minuten?", schlagen Sie vor, wie immer abgelenkt von den unterschiedlichen „Pings" und „Klings", die die Onlinekalender der anderen von sich geben. Paula sagt, sie habe Andy gerade per E-Mail daran erinnert, dass das Meeting um 9 Uhr beginnt, und ihn gefragt, ob ihm ein anderer Zeitpunkt besser passt. Mensch Paula, seit wann denn so passiv-aggressiv? Nach fünf Minuten immer noch kein Anzeichen von Andy, also beginnt das Meeting ohne ihn. Es kann ihn ja später jemand auf den neuesten Stand bringen, so läuft das sonst auch immer.

Sie beginnen mit Ihrer gut einstudierten Erklärung dafür, warum sich der Umsatz in diesem Quartal nicht so großartig entwickelt hat, da werden Sie plötzlich von dem zufälligen Piepen und anderen Störgeräuschen übertönt. „Ich bin Andy aus dem Marketing ... Moment, ist dieses Ding überhaupt an?" „Andy – versuch einmal, deine Ausgabe-Einstellungen zu ändern", sagt jemand (wer war das?). „Das klingt nach einer Rückkoppelung von Mikrofon und Lautsprechern", wirft eine andere Person ein.

Jetzt, wo Andy da ist, ist es Zeit für die PowerPoint. Wann immer eine PowerPoint-Präsentation auf dem Zettel steht, sinkt die Aufmerksamkeitsspanne aller gegen null. Man meint, hören zu können, wie zusätzliche Browserfenster aufgehen, Kurznachrichten verschickt werden, eine Fliegengittertür zuklappt ... und da, klingt das nicht original so, als würde jemand pinkeln? Ogden und Celeste nehmen beide offenbar an einem weiteren Zoom-Meeting teil und Celeste hat vergessen, sich hier auf stumm zu schalten: „Absolut, Pierre", hören Sie sie sagen. „Bis Ende des Tages, überhaupt kein Problem." Wer ist Pierre? „Wenn sich alle bitte stummschalten könnten, vielen Dank!" Verdammt, Paula, jetzt drehst du aber auf!

Wie oft haben Sie inzwischen Kollegen prahlen hören, dass sie gleichzeitig in zwei Telefonkonferenzen sind. Produktivität lässt sich anscheinen daran messen, wie viele Onlinemeetings man führen kann – am Stück und ohne Unterbrechung, ohne einen Gang zur Toilette, ohne Dusche, ohne zu essen, ohne aufzustehen, ohne sich zu bewegen oder seine Kleidung zu wechseln. Je mehr Einladungen zu Meetings man annimmt, desto mehr Punkte erhält man. Oder wie läuft das hier? Andere wollen die Welt einfach nur wissen lassen, wie sehr sie zu schuften haben. Das Resultat: Niemand hat Zeit, sich für irgendetwas vorzubereiten, schon gar nicht für Meetings. Wie denn auch? Das wiederum resultiert in einer explosionsartigen Zunahme von Neben-Meetings. Meetings führen zu Neben-Meetings, die zu Zusatz-Meetings führen und so weiter und so weiter.

Meiner Erfahrung nach lieben es die allermeisten Geschäftsleute zu betonen, wie sehr sie Meetings hassen. Sie halten sie für eine kolossale Zeitverschwendung, denn auch wenn die Augen der Teilnehmenden glänzen, eifrig auf Tablets und in Notizblöcken mitgeschrieben wird und die Köpfe zustimmend nicken, als säßen alle auf Schaukelstühlen, ist die kollektive Aufmerksamkeitsspanne gelinde gesagt dann doch eher begrenzt. Alle Anwesenden bereiten sich – zumindest innerlich – bereits auf ihr nächstes Meeting und das im Anschluss vor.

Wo bleibt da der gesunde Menschenverstand?

Wie bereits gesagt hängen gesunder Menschenverstand und Empathie untrennbar zusammen. Empathie bringt Menschen zusammen und lässt sie erfahren, wie es ist, in der Haut anderer zu stecken. Wenn ein Meeting nach dem anderen nur geplant wird, um Meetings planen zu können, dann werden diese Meetings zu Echokammern, in denen die inneren Ansichten und Vorurteile eines Unternehmens wiedergekäut werden. Einfach gesagt füttern die Organisationen auf diese Weise bloß das Monster. Schlimmer noch: Nur selten wird tatsächlich etwas erreicht, was bedeutet, die Zeit aller Teilnehmenden wird bloß weiter verschwendet.

Außerdem: Einer der echten Vorteile eines Meetings besteht darin, Menschen funktionsübergreifend zusammenzubringen. Warum aber sind dann so wenige Meetings funktionsübergreifend? Normalerweise hat das Marketing ein eigenes Meeting, Operations ein eigenes und so weiter. Vielleicht entwickelt das Marketing einen guten Plan oder eine gute Strategie, wird dann aber von Operations überstimmt (aus Sicherheitsgründen findet diese Abstimmung während des eigenen internen Meetings statt). Warum haben sich Marketing und Operations nicht von vornherein zusammen hingesetzt und ein gemeinsames Meeting durchgeführt?

Aber zurück zu unserem Meeting:

Dieses spezielle Onlinemeeting ist nicht so schlimm wie einige andere. Wie das vor fünf Tagen beispielsweise.

An diesem Microsoft-Teams-Meeting müssen 100 Leute teilgenommen haben, mindestens. Es war wie ein Rave. Stellen Sie sich vor, an einem persönlichen Treffen mit 100 anderen Leuten teilzunehmen. Da wird man doch verrückt. Gibt es für Onlineveranstaltungen keine digitalen Brandschutzbestimmungen oder etwas anderes, das die Zahl der Teilnehmenden begrenzt? Wenn nicht, warum gibt es das nicht?

Ein Hauptgrund für dieses Microsoft-Teams-Meeting bestand darin, dass Pete seine PowerPoint-Präsentation halten konnte. „Kann jeder meinen Bildschirm sehen?", fragte er wieder und wieder. Nein. Nein, Pete, niemand kann deinen Bildschirm sehen. Hör auf, wie ein Papagei ständig „Kann jeder meinen Bildschirm sehen" zu wiederholen. Unternimm lieber etwas!

Für Sie war Pete immer „Mister Akronym". Das Meeting ist noch keine fünf Minuten alt, da hat er bereits QCR, UTS und MMS ins Rennen geworfen. Die beiden Neuen nicken und schreiben eifrig mit oder erwecken zumindest diesen Eindruck. Sind Akronyme – wie Covid – eigentlich ansteckend? Denn nun meldet sich Sophie zu Wort: „Pete, hat dein Team den erhöhten Druck durch die QTPs berücksichtigt? Das wird nur schlimmer werden, schätze ich."

„Darum kümmern wir uns", sagt Pete. „Und was noch besser ist: Es ist NKO-geeignet. Hat jeder mein Deck bekommen?" 98 Köpfe nicken, während zwei Personen hektisch durch ihr E-Mail-Postfach scrollen, bis sie das Deck in einer ungelesenen E-Mail finden. Zwei andere bitten Pete, das Deck noch einmal zu schicken, noch zwei melden sich mit „Habe ich nicht bekommen" beziehungsweise „Ich glaube, ich war da nicht im Verteiler" zu Wort.

Als Pete mit seiner Präsentation beginnt, richten sich alle im Raum auf eine zähe Nummer ein. Ein Kollege gähnt mit geschlossenem Mund – den Trick hat er, wie er Ihnen einmal erzählte, in der Business School gelernt und im Laufe der Jahre perfektioniert. Alles läuft nach Plan bis zu dem Augenblick, als Larry online erscheint. Larry ist der Boss von Pete. Sein Erscheinen scheint Pete aus dem Gleichgewicht zu bringen. Er arbeitet sich zurück zu den ersten Folien und baut die Rückmeldungen der anderen Anwesenden ein. Larry soll auf jeden Fall klar sein, von wie vielen seiner Kollegen Pete abgekupfert hat, um das Ergebnis nun als seine eigene Kreation anzupreisen. Eines weiß jetzt auch die allerletzte anwesende Person: Pete ist ein echtes Arschloch.

Nicht nur das, Pete ist auch ein eingefrorenes Arschloch. „Pete, du bist weg", sagt jemand und es stimmt: Petes bewegungsloses Antlitz ist ein Schnappschuss der Qual wie Gustave Dorés Illustration zu Dantes *Göttlicher Komödie*. Als sein Bild endlich wieder in Bewegung gerät, sagt er: „Und, was haltet ihr davon?" Ein paar Sekunden vergehen, schließlich sagt jemand: „Könntest du das bitte wiederholen? Du warst kurz weg."

Wenn es bloß die einzige Panne wäre, die Sie bei Onlinemeetings miterleben durften. Wissen Sie noch, wie die eine Kollegin ihren Bildschirm teilte und alle konnten den Ordner „Scheidung" sehen? Oder als Sheri von ihrem Sohn mit der Frage „Wo ist mein Penis?" unterbrochen wurde und Sheri sich dem kleinen Jungen zuwandte, dabei mit dem Knie gegen den Schreibtisch donnerte und ihr Laptop in die Lampe flog? Oder der Freund von Becky, der im Hintergrund über den Teppich robbte, während er vergeblich versuchte, außerhalb des Kamerawinkels zu bleiben?

Ein paar Minuten später endet das Meeting. Dabei standen noch neun Punkte auf der Tagesordnung. Nun, dann wird wohl jemand ein weiteres Meeting ansetzen müssen. Derweil verabschieden sich die Kollegen voneinander und winken wie die Trapp-Familie – seit wann winken wir, wenn wir ein Meeting verlassen?! Das Lustige daran: Die meisten sehen sich ohnehin in fünf Minuten beim nächsten Meeting wieder. Das ist dann auf WebEx ... oder bei Google Hangouts? Eigentlich hatten Sie auf einen eleganten Abgang spekuliert – romantische Musik, während der Abspann einsetzt oder etwas in der Art –, aber dann sticht Ihnen der „Meeting verlassen"-Knopf ins Auge. Zögerlich drücken Sie den Knopf. „Meeting verlassen?", blinkt auf. „Nein, natürlich nicht!", würden Sie am liebsten brüllen. „Du hast mich durchschaut, du Bastard! Ich möchte hier sterben!" „Wir haben viel erreicht, ich freue mich schon auf das nächste Mal", sagt jemand, aber der Raum ist leer wie eine verlassene Tanzfläche.

> Ein Meeting sollte nicht länger als *30 Minuten* dauern. Bei Präsenztreffen sorge ich dafür, indem ich eine Uhr mitbringe und allen erkläre, dass die Uhr für das akkumulierte Einkommen aller Teilnehmenden steht.

Sie werden all die Leute diese Woche noch weitere 14-mal sehen ... nein, Augenblick, 15-mal, denn am Freitagabend findet ja noch die Zoom-Cocktailstunde statt (besorgt, dass die Pandemie der Unternehmenskultur zusetzen könnte, hat Ihr Chef allen eine Einladung geschickt, auch Kinder und Haustiere sind willkommen). Viel lieber würden Sie sich allein in Gesellschaft Ihrer Katze betrinken, aber es ist ja nicht so, als hätten Sie groß eine Wahl. Das ist das Ding, wenn man alles von zu Hause aus erledigt – die üblichen Ausreden funktionieren nicht mehr.

Kommt Ihnen das ansatzweise vertraut vor? Ähnelt es auf schmerzhafte Weise den Erfahrungen, die Sie online oder offline bei Meetings gemacht haben? Falls ja, sollten Sie sich fragen, warum Sie das nicht länger hinterfragen, sondern sich stattdessen mit dem Strom treiben lassen, blind vorwärts stolpern und zulassen, dass der gesunde Menschenverstand langsam schrumpft, bis er irgendwann vollständig verschwunden ist. Hier einige Regeln für erfolgreiche Meetings, in denen der gesunde Menschenverstand regiert:

KEINE TELEFONE, KEIN SURFEN IM INTERNET, KEINE E-MAILS, KEINE KURZNACHRICHTEN.

Ich habe einmal in der Google-Firmenzentrale im kalifornischen Mountain View eine Rede gehalten. Es waren um die 200 Leute im Publikum und während meiner 30-minütigen Rede hatte ich mit exakt vier Menschen Blickkontakt. Alle anderen waren mit ihren Laptops oder Telefonen zugange. Okay, einige Mitarbeiter zeichneten meine Rede auf und hatten durch die Videokamerafunktion ihres Handys oder ihres Tablets virtuellen Blickkontakt, aber der Effekt war derselbe: Wir haben Besseres zu tun, als Ihnen zuzuhören.

ÜBERLEGEN SIE, IN EINEN KORB ODER EIN ANDERES BEHÄLTNIS ZU INVESTIEREN.

Wer an einem Meeting teilnimmt, bringt ein Post-it am Handy an, legt es in den Korb und holt es am Ende des Meetings wieder heraus. (Ganz ehrlich: Wenn jemand oder etwas *dermaßen* wichtig ist, treffen Sie sich persönlich und besprechen dann alles. Und wenn es nicht dringend ist, kann es warten.)

LEGEN SIE EINE AGENDA FEST.

Unabhängig davon, ob Ihr Meeting virtuell ist oder nicht, sollten Sie sich fragen: Was möchte ich in diesem Meeting erreichen? Gehen Sie jetzt einen Schritt weiter. Ist es das erste Meeting des Tages, bitten Sie alle Teilnehmenden, ihre Agenda vorzustellen, sprich, die eine Sache zu benennen, die sie erreichen möchten. Am Ende des Treffens kann sich der Teamleiter überlegen, ob es eine gute Sache wäre, eine kurze Mitteilung an alle Personen zu schicken, die teilgenommen haben. Inhalt: Zusammenfassung der zentralen Entscheidungen und Beschlüsse. Auf diese Weise erinnert er auf subtile Weise daran, dass alle fokussiert bleiben sollen.

Kurzum: Klopfen Sie fest, worum es bei dem Meeting geht. Sagen Sie niemals, man komme zusammen, um Dinge einer „Überprüfung" zu unterziehen. Das ist zu allgemein. Geht es um Zustimmung oder Klärung? Dann sagen Sie das. Seien Sie so präzise wie möglich.

HALTEN SIE SICH AN DIE ZEITVORGABE.

Die meisten Meetings dauern eine Stunde, wobei, wie wir gerade gesehen haben, fünf bis sieben Minuten durch belanglose technische Probleme verloren gehen, die zunächst gelöst werden müssen. Aus irgendeinem Grund hat die Geschäftswelt die unausgesprochene Regel verabschiedet, wonach Meetings 60 Minuten dauern müssen. Tun sie das nicht, stimmt etwas nicht.

Ein Meeting sollte nicht länger als *30 Minuten* Zeit in Anspruch nehmen. Ein Weg, wie ich bei Präsenz-Meetings dafür sorge, besteht darin, dass ich eine Uhr mitbringe. Ich erkläre den Anwesenden, dass die Uhr für ihr akkumuliertes Einkommen steht. Ich erkläre ihnen, dass meiner Schätzung nach der niedrigste Stundenlohn im Raum bei vielleicht 120, der höchste bei 1.000 Dollar liegt. „Wir sind jetzt alle hier", erkläre ich. „Aber noch *bevor* dieses Meeting begonnen hat, kostet es bereits etwa 15.000 Dollar. Und weil *ich* da bin, wird es *noch* teurer. Stellen wir also die Uhr an." 15 oder 20 Minuten später weise ich darauf hin, dass wir bereits 4.000 Dollar für die Lösung von IT-Problemen aus dem Fenster geworfen haben. Dann geht es weiter. Dass tatsächlich eine Uhr im Raum ist, schärft das Bewusstsein der Teilnehmenden für das, was sie gerade tun beziehungsweise tun *sollten*. Leider muss ich oft zum nächsten Meeting und dem danach die Uhr wieder mitschleppen.

Was genau bewirkt diese Uhr? Sie ist nicht nur ein aktiver Beleg dafür, wie die Zeit vergeht, sie erinnert auch alle daran, dass man innerhalb eines 30-minütigen Treffens produktiv sein muss. Sind alle Punkte auf der Agenda nach 20 Minuten abgearbeitet, *müssen* die verbleibenden zehn Minuten nicht in Anspruch genommen werden. Natürlich ist die Uhr auch großartig dafür, einfach die Zeit zu messen. Haben Sie die Zeit des Meetings produktiv genutzt oder eher verschwendet? Sie werden es wissen. Die Uhr würgt auch den Small Talk ab. Die Menschen beklagen sich gerne, dass der Tag zu kurz für all die Aufgaben ist, aber wenn sie aufzeichnen, wie sie ihre Zeit verbringen, sind sie häufig überrascht, wie viel Zeit das Surfen im Internet, das Kaffeepäuschen, das Plaudern mit den Kollegen und all die anderen Dinge verschlingen. Ich bin ein großer Anhänger einer Regel, die Elon Musk zum Thema Produktivität aufgestellt hat: „Sobald klar ist, dass du nichts von Wert beizusteuern hast, verlasse ein Meeting oder beende ein Telefonat. Es ist nicht unhöflich zu gehen, es ist vielmehr unhöflich, andere zu zwingen, zu bleiben und ihre Zeit zu verschwenden."[20] Kurzum: Wenn Teilnehmer das Gefühl haben, nichts beisteuern zu können, sollten sie problemlos das Meeting verlassen können.

NICHT IM KREIS DREHEN.

Die Gespräche in manchen Meetings erinnern mich an eine Fahrt im Riesenrad. Ein Gespräch beginnt irgendwo, steigt auf, erreicht seinen Höhepunkt und kehrt verdrießlich zu seinem Ausgangspunkt zurück, dieses Mal ruckelnd und stotternd, weil es Widerstände zu überwinden gilt. Sie erinnern sich an die Kopfhörer, die ich am Flughafen gekauft habe? Sehen wir uns an, wie möglicherweise darüber debattiert wurde. „Wir haben über die Idee gesprochen, dass man die Kopfhörer leichter aus der Verpackung holen können sollte", sagt jemand. „Aber wenn wir das machen, was ist dann mit Diebstahl?" „Ich möchte, dass sich die Rechtsabteilung das Sicherheitsthema einmal ganz gründlich und ausführlich vornimmt. Was, wenn ein Kind das Kabel in die Finger bekommt und versehentlich verschluckt?" „Ändern wir die Verpackung, steigen unsere Produktionskosten." „Ich habe Sorge, dass eine neue Verpackung nicht in die Regale der Einzelhändler passt." „Aber niemand kann die Kopfhörer aus dem Plastik befreien!"

Die Menschen üben Kritik, weil es den anderen zeigt, dass sie gute, analytische Denker sind und die Dinge bis zum Ende durchdenken. Dinge zerfallen, Zeit wird verschwendet, nichts wird erreicht.

Um dieses häufige Szenario zu umschiffen, könnten Sie darüber nachdenken, die Gespräche in Meetings in drei Phasen zu unterteilen. Stellen wir uns vor, dass in diesem Meeting jemand vorschlägt, einen „Mini-Rucksack" für die Kopfhörer zu entwickeln, der in der Vordertasche Platz für Ihr Handy bietet und in einer Seitentasche Platz für ein Kabel hat. Erstens: Keine technischen oder operativen Probleme vorausgesetzt, mögen wir die Idee an sich? Wenn jeder im Raum dafür ist, kann auch jeder der Essenz beziehungsweise dem Kern der Entscheidung zustimmen, die getroffen werden muss.

Zweitens: Mit welchen Widerständen müssen wir rechnen? Anstatt einen offenen, laufenden Dialog zu führen, bei dem sich ein Dutzend Leute einen Wettstreit darum liefert, wer die besten und größten Hürden ersinnen kann, unterteilen Sie die Teilnehmenden in Dreiergruppen. Verwandeln Sie das Meeting und das Thema in einen inoffiziellen Workshop. Jede Gruppe soll sich ein zentrales Problem überlegen und sich – das ist das wichtigste überhaupt – dafür gleich eine Lösung einfallen lassen.

Und schließlich: Tragen Sie die Probleme und Ideen aller auf farblich unterschiedlichen Post-it-Zetteln zusammen, zentrale Schwierigkeiten beispielsweise auf gelben Post-its, Lösungen auf grünen. Ein Problem pro Zettel! Warum? Die meisten Meetings dauern deshalb unnötig lang, weil die Teilnehmenden ein und dasselbe Thema wieder und wieder ansprechen. Wenn Sie mit Post-its arbeiten, können Sie Thema und Notiz auf dem Whiteboard unter der Kategorie „Bereits behandelt" parken (und damit das klare Signal senden, dass das Thema nicht länger zur Debatte steht). Ebenfalls in dieser Kategorie landet jede Idee, die im Augenblick nicht für gut befunden wurde. Diese Idee ist nun tot.

NICHT ALLES MUSS EIN MEETING SEIN.

An welche Meetings erinnern Sie sich und aus welchen Gründen? Die meisten Leute erinnern sich bestenfalls an drei Dinge aus irgendeinem Meeting. Überlegen Sie sich nur, über welche Vielzahl an Kommunikationswerkzeugen heutzutage Organisationen verfügen – E-Mail, Telefonkonferenzen, Berichte, Tabellen, PowerPoints und so weiter. Nicht für alles ist ein Meeting erforderlich. Dass die Abteilungen in Unternehmen dermaßen fragmentiert sind, führt dazu, dass Meetings teilweise eine Rolle spielen, für die sie niemals gedacht waren: Viele Leute setzen Meetings an oder nehmen daran teil, weil sie Angst haben, vergessen oder übersehen zu werden. Dadurch werden Meetings zu einer Bestätigung dafür, dass das, was man tut, von Bedeutung ist. (Ich kann nicht mehr genau sagen, wie viele Mitarbeiter aus großen Organisationen mir gegenüber die Furcht zum Ausdruck gebracht haben, man könne sie eines Tages vergessen.)

Wenn das nächste Mal jemand sagt „Setzen wir doch für nächste Woche ein Meeting an", dann fragen Sie ruhig nach: „Moment einmal – zu welchem Zweck treffen wir uns?" Wenn es bei dem Meeting darum geht, sich bei einem bestimmten Thema zu einigen, dann ist vielleicht gar kein Meeting notwendig. Warum können Sie sich nicht gleich hier und jetzt auf ein Ja oder Nein verständigen? Wenn die Schlussfolgerung „Vielleicht" lautet, es eine funktionsübergreifende Angelegenheit ist und sämtliche Funktionen vertreten sind, dann nur zu, halten Sie das Meeting ab.

Wenn Meetings bei vielen Gelegenheiten dem gesunden Menschenverstand zuwiderlaufen, wäre man dann nicht besser ohne dran? Nein – aber ich würde sagen, dass die wahllose Nutzung völlig aus dem Ruder gelaufen ist. Der Zweck ist verschwunden und wurde abgelöst von Gewohnheit und einer passiven, weit verbreiteten Akzeptanz, dass es in der Geschäftswelt nun mal so läuft. Hören Sie auf Ihren gesunden Menschenverstand und es muss nicht so sein.

> Eines hatten die besten Meetings, an denen ich teilgenommen habe, gemeinsam: keine PowerPoint-Präsentationen.

ERKENNEN SIE VON ANFANG AN DIE INHÄRENTEN GRENZEN VON ONLINEMEETINGS.

Natürlich haben seit der Pandemie Onlinemeetings Präsenztreffen an Häufigkeit überholt und sich zu einem festen Bestandteil unseres Lebens entwickelt. Und die meisten von uns fühlen sich verpflichtet, daran teilzunehmen und auf diese Weise unter Beweis zu stellen, wie „beschäftigt" wir sind.

Aber wie oft bittet man uns im echten Leben, dass wir uns einen Meter entfernt von unseren Kollegen hinstellen und ihnen eine Stunde ins Gesicht starren? Wer einmal an einem Meeting per Zoom oder Microsoft Teams teilgenommen hat, weiß, dass es sich um ein unnatürliches Medium handelt. Zeitverzögerungen, Echos, störende Hintergrundgeräusche, eingefrorene Bildschirme und fortwährende Selbstbewertung („Wie sehe ich vor der Kamera aus?") verkomplizieren die Dinge bloß. Dass es keine Möglichkeit gibt, die Körpersprache anderer zu lesen, untergräbt unsere kollektive Empathie bloß zusätzlich. Schweigen sorgt online für Beklemmungen. (Vielleicht sollten Zoom und Teams einen „Ich denke gerade"-Schalter einführen, den man drückt, um zu signalisieren, dass man sich etwas durch den Kopf gehen lässt.) Einige Mitarbeiter leiden unter Zoom-Erschöpfung, hervorgerufen dadurch, dass sie den Großteil des Tages den Blick auf ihr Laptop oder Tablet gerichtet haben. Unter dem Umstieg auf ausschließlich online stattfindende Meetings wird möglicherweise die Produktivität leiden. „Privates" und „Arbeit" gingen für die meisten von uns schon vor Corona auf unangenehme Weise ineinander über, aber mittlerweile sind unsere Arbeitgeber und Kollegen in unser Allerheiligstes eingefallen.

Siri, wo ist bei Microsoft Teams der „Kultur"-Knopf? Das größte Opfer unserer neuen Onlinewelt ist ... die Kultur. Viele Begegnungen am Arbeitsplatz sind scheinbar bedeutungslos – zwei Leute, die sich auf dem Flur, in einem Büro oder im Fahrstuhl kurz austauschen –, doch tatsächlich handelt es sich um unbezahlbare Synchronisierungen. Allgemein gesprochen findet Konsensbildung in kleineren Gruppen statt, in eng abgesteckten Räumen, in denen wir unsere Gedanken frei äußern können. Doch das Gespräch zwischen zwei Kollegen ist nun für alle einsehbar und sie müssen sich fragen: Wollten Sie Ihre Meinung wirklich mit neun anderen Personen teilen?

Aus diesem Grund beginne ich morgendliche Sitzungen stets mit einem fünfminütigen Break-out. Ich bitte das Team, sich in einem virtuellen Break-out-Room in Dreiergruppen zu treffen. Was sind die zentralen Herausforderungen, die die Menschen vom Vortag mitgebracht haben? (Sich verwundbar zu zeigen, hat erstaunliche Auswirkungen auf andere – es macht die Menschen human.) Diese 5-minütige Auszeit ist eine sehr wirkungsvolle Methode, den Menschen dabei zu helfen, sich wieder zu verbinden und auf eine Wellenlänge zu bringen, bevor das „echte" Meeting beginnt. Vielleicht könnten Sie Ihre Kollegen bitten, die Hand zu heben, wenn sie etwas zu sagen haben. Ich bin erstaunt, dass dies in Onlinemeetings noch nicht weiter verbreitet ist. Zoom und Microsoft Teams sind visuelle Medien, warum also kann man sich nicht auf ein bestimmtes Signal verständigen? Ansonsten kann es passieren, dass ein höflicher Mensch brav wartet (und wartet), nur damit sich dann jemand anderes vordrängelt.

Erkennen Sie Erfolge an und feiern Sie sie: Da, der CEO hat nahezu unmerklich genickt! Heißt das „okay"? Nimmt er gerade stumm an einer weiteren Konferenz teil? Ist schlicht das Bild eingefroren? Schwer zu sagen. Aus diesem Grund ist es bei Onlinemeetings wichtig, so gut es geht, Erfolge und einzelne Beiträge anzuerkennen. Der Intertek-CEO André Lacroix geht sogar einen Schritt weiter. Er erzählte mir kürzlich, dass sein Unternehmen jeden Tag einen Mitarbeiter – einen Helden – ins Rampenlicht stellt und für neue und innovative Gedanken lobt.

Gehen Sie mit Ihren Kollegen spazieren. Nirgendwo steht geschrieben, dass ein Zoom-Meeting drinnen stattfinden muss. Laden Sie die Zoom-App herunter und halten Sie das Meeting mit Ihren Kollegen auf einem Feld ab, an einem See oder in Ihrem Garten. Zu wenig Abwechslung in unserem Leben kann zu unerklärlicher Erschöpfung führen und ein Tapetenwechsel kann buchstäblich vitalisierend wirken.

Zusätzlich verkompliziert werden Meetings durch PowerPoint-Präsentationen, die berühmt-berüchtigten „Decks". In der Geschäftswelt gehören Decks seit etwa einem Jahrzehnt oder so schlicht dazu, auch wenn sie in den vergangenen Jahren etwas aus der Mode gekommen sind. Ich muss gestehen, dass ich als Berater sie an Kunden oder Kollegen meistens in Vorbereitung eines Meetings verschicke. Läuft das Meeting aber erst einmal, nutze ich die Präsentation nur noch als sichtbaren (und manchmal hörbaren) Hintergrund. Sie enthält dann einige Begriffe und eine gut durchdachte Illustration – eine bestimmte Metapher, die die Menschen an die Essenz dessen erinnert, was ich gerade gesagt habe.

Das Problem daran: Die Leute in den Meetings verlieben sich in diese Decks. Wie kann ein Vorgesetzter die Produktivität seines Mitarbeiters am besten beurteilen? Er studiert seine PowerPoint-

Präsentation. Auf diese Weise erhält er sofort einen Eindruck davon, wie produktiv jemand ist. „Tom ist immer so unglaublich gut vorbereitet, das sieht man schon daran, wie lang sein Deck ist – 269 Folien insgesamt, mit 173 Grafiken." Wen wundert es da, dass Tom innerhalb eines Jahres gleich zweimal befördert wurde? „Und habt ihr das Deck von Jeanette gesehen? 501 Seiten lang!" Kurzum: Weltweit scheinen sich die Mitarbeiter einen erbitterten Wettbewerb darum zu liefern, das größte, längste, Grafiken- und Diagrammlastigste PowerPoint-Deck zu bauen, das man sich nur denken kann.

Aber im Ernst (und ich frage als jemand, der viel Zeit damit verbringt, Decks zusammenzustellen und einem Publikum aus aller Welt zu präsentieren): Zieht da *wirklich* irgendjemand einen Nutzen heraus?

Die besten Meetings, an denen ich je teilgenommen habe, hatten eines gemeinsam: keine PowerPoint-Präsentationen.

Warum? Wenn man jemand in einem Raum gegenübersitzt, wird aus der Interaktion anstelle eines Monologs ein Dialog. (Genau dasselbe online. Sobald jemand seinen Bildschirm teilt und in endloser Abfolge Folien am Publikum vorbeiziehen, kann man sich sicher sein, dass die Hälfte der Leute wegdöst.) Ohne ein Deck sind Gespräche, die man von Angesicht zu Angesicht führt, viel produktiver und nützlicher.

Eines meiner besten Meetings überhaupt hatte ich mit dem CEO eines globalen Investmentunternehmens, für das ich als Berater tätig war. Wir trafen uns in seinem Büro und unterhielten uns drei Stunden ohne Pause. Eine PowerPoint gab es nicht, stattdessen machte er sich auf 15 Seiten Notizen. Später telefonierte ich mit einer seiner Kolleginnen und erzählte ihr, was für ein produktives Meeting wir beide gerade gehabt hatten. Ihre ersten Worte waren: „Können Sie mir das Deck schicken?" Als ich ihr sagte, dass es kein Deck gab, platzte sie heraus: „Sie hatten gerade ein dreistündiges Meeting mit unserem CEO und kein Deck?" Mir war klar, was sie in Wirklichkeit dachte: „Wie können Sie es wagen, die Zeit unseres

CEO auf diese Weise zu verschwenden?" Und: „Haben Sie denn überhaupt keine Ahnung, wie wir hier arbeiten?" Und: „Was für eine Frechheit!" Ganz ehrlich: Eine Sekunde lang fühlte ich mich doch etwas schuldig.

Stattdessen sagte sie dann: „Und können Sie nicht ein Deck *erstellen*?" „Selbstverständlich", sagte ich, „aber wir beide telefonieren doch gerade. Warum also erzähle ich es Ihnen nicht einfach. Die Dinge, an die Sie sich nachher nicht mehr erinnern können, waren vermutlich ohnehin nicht wichtig."

Wie gesagt: Meiner Erfahrung nach erinnern sich die Menschen an maximal drei Dinge aus einem Deck. Der Rest ist belanglos. Mir ist es ein-, zweimal passiert, dass ich eine Keynote-Präsentation gehalten habe, bei der ich versehentlich das falsche Deck hochgeladen hatte. Bei einer anderen Gelegenheit fehlten 40 Prozent meiner Folien. Während die Präsentation hinter mir ablief, machte ich einfach weiter und hielt meine Keynote-Rede. Im Anschluss erhielt ich gerade einmal ein paar E-Mails mit dem Hinweis, dass offenbar eine Folie gefehlt hatte. Das Lustige daran: Die Menschen, die mir schrieben, gaben *sich selbst* die Schuld. Hatten sie vielleicht nicht gut genug aufgepasst? Mehr ist nicht passiert. Ich hätte auch drei Stunden lang „Felix the Cat" laufen lassen können. Ich wette, es wäre niemandem aufgefallen.

Einigen Unternehmen, darunter Maersk, habe ich geraten, PowerPoints komplett zu verbieten. Heute nutzt das Unternehmen sie nur noch zu ganz seltenen Anlässen. Die meisten Führungskräfte-Meetings laufen stattdessen in Form konzentrierter Diskussionen ab. Falls unbedingt erforderlich, gibt es ein im Vorfeld bearbeitetes Memo von höchstens fünf Seiten.

Aber es ist keineswegs einfach, sich von PowerPoints zu entwöhnen. Das ist, als ob jemand, der sonst zwei Packungen Zigaretten am Tag geraucht hat, einen kalten Entzug macht oder man ein Baby von seinem Schnuller entwöhnt. Wenn Sie (oder ein Kollege) die zentralen Punkte einer Sache auf eine andere, eher dem gesunden Menschenverstand entsprechende Weise erklären können, warum dann nicht die ganze PowerPoint-Geschichte weglassen? Sie werden nicht einmal merken, dass es keine Folien gibt.

Ist das die Sonne oder eine Straßenlaterne? Ist es schon Nacht? Wie spät ist es überhaupt? In welcher Kalenderwoche sind wir? Und in welchem Monat? Sie wissen gerade nur eines: Ihre Augen brennen. Blinzelnd erkennen Sie die Silhouette Ihres Zoom-Shirts, das noch immer an Ihrem Bürostuhl hängt. Morgen wird das Hemd seinen 128. Auftritt in einem Zoom-Meeting haben. Morgen früh geht es los und dann weiter bis in den späten Nachmittag.

Aber morgen ist morgen und heute ist heute. Der gesunde Menschenverstand sagt Ihnen: Es ist Zeit, zu Bett zu gehen.

7

WAS LAUERT DENN DA IM SCHATTEN? OH SCHRECK, EINE REGEL!

ES GIBT BESTIMMT WÖRTER UND BEGRIFFE, die etwas in uns auslösen. Behagt Ihnen das Wort „Regel"? Und was ist mit „Compliance"? Welche Gefühle löst das Wort „Richtlinie" in Ihnen aus? Meiner Erfahrung nach gibt es keine drei anderen Begriffe, die bei einer Belegschaft für mehr geistige Leere und Betäubung sorgen.

Ob nun innerhalb oder außerhalb eines Unternehmens – Regeln, Bestimmungen und Richtlinien kommen in einer nahezu endlosen Vielzahl an Formen und Verkleidungen daher. Genau da liegt das Problem! Wir wissen nun, dass es üblicherweise die Kurzsichtigkeit von Organisationen ist, die dazu führt, dass es an gesundem Menschenverstand mangelt, also wenn Unternehmen beispielsweise beginnen, sich sehr stark auf ihre eigenen inneren Abläufe und Verfahren zu konzentrieren. Und dazu zählen, wenn ich das sagen darf, ihre Regeln, Compliance-Bestimmungen und Richtlinien, von denen einige schrulliger und freier von gesundem Menschenverstand sind als andere.

Ein Unternehmen, das ich kenne, hat am Arbeitsplatz Wasserflaschen aus Plastik untersagt – was bedeutet, dass die Leute nun beim Betreten des Büros ihre Plastikflaschen wegwerfen müssen, als seien sie bei der Sicherheitskontrolle am Flughafen. Der Grund für das Verbot? Wurde nicht genannt. (Aus Sorge um die Umwelt oder etwas in der Art?) Bis 2012 war bei Disney jegliche Gesichtsbehaarung verboten und bis heute schreibt das Unternehmen vor, dass männliche Angestellte ihre Bärte und Schnurrbärte stutzen müssen, damit sie nicht ungepflegt oder zottig wirken.[21] Abercrombie & Fitch hat einmal eine Richtlinie zum Aussehen erlassen, in der es hieß, das Haar der Belegschaft habe „sonnengeküsst" zu erscheinen, mit „subtilen Highlights".[22] Als S. I. Newhouse Condé Nast führte, den Verlag von *Vogue*, *Vanity Fair* und *New Yorker*, war Knoblauch in der Cafeteria verboten.[23]

Doch ein Unternehmen führte das Konzept der Regeln auf eine ganz neue Ebene, als es Fragebögen an seine männliche Belegschaft verschickte. Sinn und Zweck der Aktion bestand mutmaßlich darin, die Haltung des Unternehmens zu Sex und sexueller Belästigung zu verdeutlichen.

Jedenfalls konnte jede Frage nur mit Ja oder Nein beantwortet werden und es waren Fragen darunter wie: „Haben Sie in jüngerer Vergangenheit Kolleginnen und Kollegen sexuelle Avancen gemacht?", „Hatten Sie in jüngerer Vergangenheit Sex?" und „Falls ja, haben Sie sich geschützt?". Ein ranghoher Manager, der seit einem Dutzend Jahren für diese Investmentfirma arbeitete, beantwortete die Frage, ob er in letzter Zeit Sex gehabt hatte, mit Ja, die Anschlussfrage nach Verhütungsmaßnahmen aber mit Nein. Was der Fragebogen nicht berücksichtigte: Der Mann war seit sieben Jahren glücklich verheiratet, er war Vater eines kleinen Kindes und wollte nun mit seiner Frau ein weiteres Kind haben.

Der Mann schickte den Fragebogen ab und damit war für ihn die Angelegenheit erledigt. Zwei Wochen später jedoch bestellte ihn die Personalabteilung ein. Sein Fragebogen war benotet und als mangelhaft bewertet worden. Er müsse nun an einem ganztägigen Verhaltensseminar teilnehmen, bei dem es unter anderem darum ging, wie man sich beim Geschlechtsverkehr schützt. Wir sprechen hier nicht von einem 18-Jährigen, sondern von einem 58-jährigen, verheirateten Mann, der sich vermutlich von Kondomen verabschiedet hatte, als er mit seiner Frau eine Familie gegründet hat. Der Personalabteilung war das egal.

Der Tag kam und unser Mann setzte sich neben ein Dutzend weiterer sexuell verkommener Individuen. Während der nächsten acht Stunden (abzüglich einer kurzen Mittagspause) wurde er in das Einmaleins des Sex eingeführt. Per Frontalunterricht. Was ist die Definition von „angemessenem" Sex? Wie oft verzichten Sie während des Geschlechtsverkehrs darauf, ein Kondom zu verwenden? Warum sind Kondome wichtig? Können Sie eine oder mehrere Geschlechtskrankheiten nennen? Wissen Sie, was HIV ist? Welches ist die beste Möglichkeit, sich vor HIV zu schützen? Können Sie HIV bekommen, wenn Sie sich mit jemand unterhalten? Das Ganze gefolgt von Vorführungen. Den Anwesenden wurde demonstriert, wie man ein Kondom korrekt anlegt. Im Verlauf der Stunden wurde der Mann gebeten, sein Wissen über HPV und Gonorrhö mit den anderen zu teilen und zu simulieren, wie er reagieren würde, sollte er jemals einer Person begegnen, die HIV-positiv ist. (Sex zwischen Mitarbeitern dieser Investmentfirma war zwar strengstens untersagt, aber egal.)

Vorschriften sind nun einmal Vorschriften, scheint es.

Das Gute ist, dass die Unternehmen heutzutage angenehmere und vernünftigere Regeln eingeführt haben, sei es freie Tage bei Trauerfällen, im Mutterschutz oder was die Regelungen für Geschäftsreisen anbelangt. Gerade die Regeln für Geschäftsreisen jedoch können Mitarbeitern endlosen Schmerz bereiten.

Ein Klassiker ist die Frage, wem die Vielfliegermeilen „gehören". Dem Unternehmen? Dem Mitarbeiter? Sollten Mitarbeiter ihre geschäftlich angesammelten Meilen für private Flüge nutzen dürfen? Rechtlich ist die Sache eindeutig: Das Unternehmen hat für die Reise bezahlt, also hat sich das Unternehmen diese Meilen „verdient". Aber was ist mit dem Mitarbeiter, der die stundenlangen Reisen auf sich genommen hat, in die letzte Reihe eines Alaska-Airlines-Flugs gequetscht war, neben sich jemandes emotionaler Dienst-Pfau, der beim ersten Anzeichen von Turbulenzen anfängt, wild um sich zu picken? Die Frage, wem die Vielfliegermeilen gehören, kratzt kaum an der Oberfläche davon, wie emotional aufgeladen das ganze Thema Dienstreisen gelegentlich sein kann.

Ich kenne ein Unternehmen, das seinen Mitarbeitern die Option anbietet, Businessklasse zu fliegen, wenn die Punkt-zu-Punkt-Verbindung über 4.000 Meilen beträgt. Das wären beispielsweise Flüge von London nach Kolkata, von New York nach Kairo oder von Los Angeles nach Berlin. Die zentrale Formulierung hier lautet jedoch „Punkt zu Punkt". Nur wenige Fluggesellschaften bieten Direktflüge von einer Stadt zu einer anderen an, ausgenommen auf Kurzstrecken wie Dallas nach San Antonio oder Raleigh-Durham nach Detroit. Die meisten Fluggesellschaften legen mindestens einen Zwischenstopp ein, manchmal sogar zwei oder drei, bevor sie ihr endgültiges Ziel erreichen. Fazit: Diese Mitarbeiter fliegen nicht Businessklasse. Hoffen wir, dass sie zumindest die Vielfliegermeilen behalten dürfen.

In einem weiteren Unternehmen, das ich kenne, ist es Mitarbeitern untersagt, bei Strecken von unter 1.000 Meilen überhaupt zu fliegen. Stattdessen müssen sie fahren oder den Zug nehmen. Hinzu kommt, dass einer der wichtigsten Standorte des Unternehmens in Ontario am Oberen See liegt, dem weltgrößten Süßwassersee. Das bedeutet, dass die Mitarbeiter häufig eine Fähre besteigen müssen, was einen kompletten Reisetag verschlingt. Leider bieten die Fähren keine Vielseglermeilen.

Beispiele wie diese rufen ein anderes Problem mit dem gesunden Menschenverstand in Erinnerung, das ich häufig in Unternehmen beobachte. Viele Firmen versuchen alles in ihren Kräften Stehende, um Kosten zu senken, während sie gleichzeitig Maßnahmen beschließen oder einführen, die diese Kosten unter dem Strich steigern. Im Laufe der Jahre habe ich die folgende Geschichte in zahllosen Abwandlungen gehört: Ein Unternehmen stellt jemand ein und bietet an, seine Reisekosten zu übernehmen, vorausgesetzt, er fliegt Economy. Schön, damit kann er leben.

Das Unternehmen verweist ihn auf eine Reisewebseite, auf der sämtliche verfügbaren Flüge und deren Preise aufgeführt sind, vom teuersten bis zum günstigsten. Überrascht stellt der Mitarbeiter fest, dass der „Economy Flexible"-Tarif bei 3.000 US-Dollar für Hin- und Rückflug liegt, während der „Business Restricted"-Tarif nur 2.100 US-Dollar kosten würde, eine Einsparung von fast 1.000 US-Dollar. Da kann er doch zwei Fliegen mit einer Klappe schlagen, denkt sich der Mitarbeiter – er spart seinem Kunden Geld und macht gleichzeitig seine Reise erträglicher. Er kontaktiert das Unternehmen, erklärt die Einsparmöglichkeiten und fragt, ob er den geringeren Preis für „Business Restricted" ausgeben kann. Nein, könne er nicht, erklärt ihm das Unternehmen und betont noch einmal seine Richtlinie, wonach sämtliche Mitarbeiter und Lieferanten Economy zu fliegen hätten. Offenkundig achtet das Unternehmen nicht auf die Möglichkeiten, die die Reisewebseite anbietet. Gesunder Menschenverstand hätte hier einen Unterschied bewirkt.

In vielen Firmen gilt die Regel, dass die Belegschaft nur mit bestimmten Fluggesellschaften fliegen darf, beispielsweise mit United, Delta und Continental. Vermutlich soll das Kosten sparen, aber warum stehen dann Billigfluglinien wie Southwest oder JetBlue nicht auf diesen Listen? Genauso schreiben viele Unternehmen ihren Mitarbeitern vor, dass sie nur in dieser oder jener Hotelkette abzusteigen haben. Wenn Sie also an einer geschäftlichen Konferenz in Las Vegas teilnehmen möchten, aber keines der erlaubten Hotels liegt auch nur ansatzweise in der Nähe ihres Kongresszentrums, dann bleibt Ihnen keine andere Wahl, als in einem Marriott oder einem Embassy Suites einzuchecken, das 50 Kilometer entfernt liegt. Dabei wäre auf der anderen Straßenseite ein völlig ausreichendes Hotel von Travelodge, Ramada Inn oder Quality Inn gewesen.

Ich kenne ein Unternehmen, das eine ganze Reihe Mitarbeiter zu einer Konferenz schickte, aber vorschrieb, dass jeder nur an einer einzigen Sitzung pro Tag teilnehmen dürfe. Das führte dazu, dass das Unternehmen ein halbes Dutzend Flüge von Salt Lake City nach Los Angeles und zurück bezahlte. Die „Ersparnis" bestand darin, dass das Unternehmen nur einen einzigen Tagespass für die Konferenz bezahlen musste. „Wo bleibt da der gesunde Menschenverstand?", mag sich der geneigte Beobachter fragen, woraufhin das Unternehmen vermutlich antworten würde: „Eine Regel ist eine Regel ist eine Regel."

Vorher hatte ich davon gesprochen, dass sich Regeln, Regulierungen und Abläufe eines Unternehmens in „offiziell" und „inoffiziell" unterteilen lassen. Für die vielen offiziellen Vorgaben, die in den Arbeitnehmerhandbüchern oder Leitfäden der Personalabteilung aufgestellt werden, gibt es genauso viele inoffizielle Regeln, die Vorgesetzte und Untergebene stillschweigend aufrechterhalten. Das Ganze ist wie bei den Familientraditionen: Diese unausgesprochenen Vorgaben, deren Wurzeln oftmals längst verloren gegangen sind, werden vorgelebt und auf diese Weise vererbt, bis sie irgendwann „Gesetz" werden. Ein Beispiel: Es lässt sich wohl guten Gewissens behaupten, dass die meisten Unternehmen offizielle Vorgaben machen, was die Lage der Arbeitszeit angeht. Ob persönlich oder von zu Hause, die Mitarbeiter müssen beispielsweise um 9 Uhr am Arbeitsplatz erscheinen und dürfen nicht vor 17 Uhr gehen. So weit, so gut. Aber inoffiziell und nicht ausgesprochen gilt am Arbeitsplatz: Wenn man es im Unternehmen zu irgendetwas bringen will, ist es eine wirklich gute Idee, bis 19 oder 20 Uhr am Schreibtisch zu sitzen und das Wochenende durchzuarbeiten. Und Ihre Chefin erklärt zwar allen, man könne getrost die E-Mails ignorieren, die sie am Wochenende verschickt („Ich räume bloß mein Postfach auf."), aber Sie können ja gerne einmal herausfinden, was geschieht, wenn Sie nicht innerhalb von einer Stunde antworten.

Ein 25-jähriger Freund von mir hat einen Bürojob in Europa. Bevor er morgens seinen Arbeitsplatz betritt, legt er immer seine Uhr ab. Er hat eine Hublot, eine Schweizer Luxusuhr. Und warum legt er sie ab? Ganz einfach: Sein Chef trägt ebenfalls eine Hublot und hat einmal bekundet, dass junge Leute seiner Ansicht nach zu viel Geld verdienen. Ein anderer junger Freund von mir arbeitet als Praktikant in einem Unternehmen, das für Praktikanten und Angestellte auf vergleichbarem Niveau eine Wochenarbeitszeit von 20 Stunden vorschreibt. Aber niemand, auch mein Freund nicht, käme jemals auf die Idee, nach 20 Stunden die Arbeit einzustellen und das Büro zu verlassen. Er und seine Kollegen arbeiten 30 Stunden oder noch mehr in der Woche, um ihre Vorgesetzten zufriedenzustellen und ihnen zu zeigen, dass sie willens sind, Erwartungen zu erfüllen und sogar zu übertreffen. Eigentlich gilt in dem Büro die Regel, dass alle Mitarbeiter um 9 Uhr am Schreibtisch zu sitzen haben – mein Freund taucht regelmäßig um 8 Uhr oder noch früher auf und da ist er beileibe nicht der einzige, der dann vor Ort ist.

Und was bedeuten „flexible Arbeitszeiten" in einem Unternehmen in Wirklichkeit? In der postpandemischen Welt praktisch gar nichts. Können Sie wirklich freimachen, aus „persönlichen Gründen" oder wegen Krankheit bezahlt einen Tag freinehmen, können Sie mittwochs künftig später am Vormittag zur Arbeit erscheinen, weil sie vorher eine Zoom-Verabredung mit dem Lehrer Ihrer Tochter haben? Falls ja, warum sind Sie dann der einzige, der das nutzt? Und bilden Sie sich das nur ein oder war Ihr Boss in letzter Zeit Ihnen gegenüber ganz besonders kühl? Langsam beginnen Sie zu kapieren. Von zu Hause zu arbeiten bedeutet genau das: Sie sind die ganze Zeit zu Hause. Sie bleiben länger und länger und fangen an, Zoom-Meetings und Telefonate bis in den späten Abend hinein anzusetzen. Feierabend dann zu machen, wenn man ihn machen soll, ist nur etwas für Amateure und Fliegengewichte.

Während wir all die inoffiziellen und offiziellen Regeln beflissen befolgen, geht der gesunde Menschenverstand verloren. Wir halten nicht inne und fragen uns, ob die Regeln, die wir befolgen, die Auflagen, die wir beachten, oder das Prozedere, an das wir uns klammern, noch irgendetwas mit gewöhnlichem und normalem menschlichen Verhalten zu tun haben. Aber nicht nur das: Regeln erschaffen eine unnötige Menge an unsichtbarer Bürokratie. Sie machen es riskanter und sogar schwieriger, die Unternehmenswelt zu meistern. Meiner Erfahrung nach ist das auch so schon schwer genug.

Eines der wichtigsten Themen in den heutigen Unternehmen ist das Thema Sicherheit. Wer darf hinein in die Firmenräume und wieder hinaus. Kürzlich habe ich eine Kundin in ihrem Firmensitz besucht. „Hallo", sagte ich zu der Dame am Empfang. „Ich bin hier für einen Termin mit ..."

Sie würgte mich ab: „Anmelden", sagte sie und zeigte auf einen Bildschirm in der Nähe, der so groß war, dass er ihren Kopf nahezu vollständig blockierte. Diese Art Bildschirm taucht in mehr und mehr Lobbys von Unternehmen auf, insbesondere bei schickeren amerikanischen Firmen. Diese Bildschirme erfüllen offenbar nur einen einzigen Zweck – um Besuchern Seite um Seite voller firmenspezifischer Regeln, Bestimmungen und Maßnahmen um die Ohren zu prügeln. „Ich bin doch hier nur für eine harmlose Verabredung in einem Konferenzraum", dachte ich. „Warum in aller Welt muss ich all dieses Zeugs wissen?" Dennoch scrollte ich brav immer weiter. Nachdem ich gefühlt 20 Seiten überflogen hatte, sollte ich einen Haken setzen, um zu bestätigen, dass ich das Gelesene verstanden hatte. Außerdem sollte ich mit der Fingerspitze unterschreiben, was dafür sorgte, dass meine Unterschrift aussah, als wäre eine betrunkene Hummel mit einem schwarzen Stift ein paar Mal gegen den Bildschirm geflogen. Den Bildschirm störte dieser Rorschachtest nicht. Jetzt aber ab nach oben, richtig?

Weil ich mir nicht sicher war, welche Rolle die Dame vom Empfang spielte, sagte ich: „Okay, alles klar. Ich habe eingecheckt."

„Fein". Schweigen.

Ein, zwei Augenblicke verstrichen, dann sagte ich: „Und? Wollen Sie nicht meine Verabredung anrufen?"

Nein, wollte sie nicht, wie sich herausstellte. Der Riesenbildschirm war scheinbar so clever, dass er, nachdem er das unzusammenhängende Gekleckse verarbeitet hatte, das meine Unterschrift darstellen sollte, automatisch der Managerin, zu der ich wollte, eine E-Mail schickte. Nun wusste ich hundertprozentig, dass die Managerin bereits in dem Meeting saß und ihre Mails nicht checken würde. Als ich das der Empfangsdame sagte, erwiderte sie bloß: „Warten Sie einfach."

Worauf warten? Welche Rolle genau erfüllte die Dame? Mir blieb keine Alternative als zu warten, also setzte ich mich hin. Zehn Minuten später erhielt die Empfangsdame offenbar einen Anruf, in dem es darum ging, ob ich in der Lobby saß. Ihre Körpersprache ließ deutlich erkennen, dass sie keinerlei Ahnung hatte, ob ich der gesuchte Besucher sei. Um Eigeninitiative zu zeigen, stand ich auf und nannte unaufgefordert meinen Namen. Sie blickte ob der Störung irritiert auf und sagte zu ihrem Gegenüber am Telefon: „Hier unten ist jemand, der sagt, sein Name sei Martin. Ist das die Person, nach der Sie suchen?"

Ich hielt das für ziemlich offensichtlich, schließlich war hier sonst keiner. Aber was weiß ich denn schon?

Schon bald öffnete sich die Sicherheitstür und die Managerin, mit der ich verabredet war, eilte durch das Drehkreuz. Ihr Gesichtsausdruck war eine Mischung aus Entschuldigung und Verärgerung.

> Liest jemand überhaupt all diese Fragebogen? Wenn ich bei der Massage gefragt werde, ob ich schwanger bin, setze ich meinen Haken manchmal bei „Ja". Ist noch nie jemand aufgefallen. Wer weiß, vielleicht bin ich tatsächlich schwanger?

„Wusste ich es doch, dass Sie hier unten feststecken würden", sagte sie. „Das passiert fast ständig, also dachte ich, ich komme lieber und hole Sie persönlich ab. Das System hat meine Assistentin Jennifer angemailt, aber die ist heute krank ..."

Gemeinsam schlichen wir an der Empfangsdame vorbei nach oben zu unserem Meeting.

Gesunder Menschenverstand, irgendjemand?

Andere Stadt, anderes Büro. Wie üblich war ich auf dem Weg zu einem Meeting und hatte endlich das Gebäude entdeckt, in dem das Treffen angesetzt war. Kaum war ich durch die Tür, rannte ich schnurstracks in die Security, die heutzutage offenbar in jeder Firmenlobby auf dem Planeten die besten Plätze belegt. Zunächst müssen Sie sich ausweisen. Dann müssen Sie Vor- und Nachnamen aufschreiben, es ausdrucken, dann kommt der Name Ihres Unternehmens, Ihre Handynummer, Ihre Ankunftszeit, der Name der Person, zu der Sie wollen, das Nummernschild Ihres Fahrzeugs, Zeit, Datum, Jahr und wie viele Polypen Ihr Arzt bei der letzten Darmspiegelung gefunden hat.

Und trotzdem: Nehmen Sie sich die Zeit, einen genaueren Blick darauf zu werfen, wer sich sonst noch zum Besuch in diesem Gebäude eingetragen hat, und möglicherweise werden Sie feststellen, dass viele Leute dieses ganze Inquisitionsgehabe einfach ad absurdum führen. In einem Buch las ich „Micky Maus", jemand anderes hatte sich als „Jesus" eingetragen. Blättern Sie die Seiten durch und Sie werden feststellen, dass der inzwischen verstorbene Michael Jackson gerade erst da war, genauso wie Donald Trump und Lassie. Es ist verblüffend, was man alles in einem Besucherbuch eintragen kann, ohne dass es irgendjemand schert. (Wann immer ich zur Massage gehe und im Formular abgefragt wird, ob ich schwanger bin, kreuze ich „Ja" an. Das mache ich, weil ich neugierig bin, ob sich tatsächlich jemand die Zeit nimmt, diese Dinge durchzulesen und darauf zu achten. Bislang ist es niemand aufgefallen. Vielleicht bin ich aber auch tatsächlich schwanger?)

Nachdem Sie dem Buch all Ihre Geheimnisse preisgegeben haben, reicht Ihnen ein Wachmann einen Besucherausweis und schiebt Sie durch einen Metalldetektor. Sie haben Portemonnaie oder Aktentasche dabei. Müssen ebenfalls durchleuchtet werden.

Seien Sie gewarnt: Sollten Sie im Besitz von „Daten" sein, können die Dinge gleich noch einmal so kompliziert werden.

Die Sicherheit im Zusammenhang mit Daten und dem Austausch von Daten kann viele Formen annehmen. Natürlich spiegeln diese Maßnahmen wider, was für ein wichtiges Thema Sicherheit für Unternehmen darstellt und wie groß die Paranoia ist, was einen Befall mit Schadsoftware angeht. In einigen Unternehmen müssen sich Besucher zunächst in ein Gastnetzwerk einloggen. Dazu erhalten sie auf ihrem Handy ein spezielles Passwort, dann müssen sie aus dem Firmennetz ein Programm auf ihren Computer herunterladen und *dann* können sie anfangen über die Präsentation nachzudenken, die sie halten wollen. Aber wenn es um Datensicherheit geht, kann es noch deutlich verrückter als das werden. Das musste ich feststellen, als ich wieder einmal für ein globales Investmentunternehmen tätig war.

Im Rahmen meiner Beraterarbeit musste ich meinem Kunden ein PowerPoint-Deck schicken (ja, ja, ich weiß ganz genau, was sie denken), noch dazu ein ziemlich umfangreiches – 49 MB insgesamt. Das firmeninterne System zur Datensicherheit ließ es nicht zu, eine E-Mail dieser Größenordnung zu verschicken. „Was mache ich stattdessen?", fragte ich. Ich war doch gewiss nicht der erste mit diesem Problem, oder? Das Team beriet sich und bat mich dann, das PowerPoint-Deck auf einen USB-Stick zu laden und dem Unternehmen mit der Post zu schicken. Das tat ich und der Stick traf eine Woche später ein.

Nun tauchte jedoch ein neues Problem auf: Das Speichermedium war nicht auf die richtige Weise verschlüsselt und laut Vorschrift durfte niemand in dem Investmentunternehmen die angehängte Datei öffnen oder herunterladen. Vielleicht sollte ich dazu sagen, dass es in der Präsentation um Branding ging und dass *ich* und nicht die Firma diese Präsentation entwickelt hatte. Hier bestand also nicht die Gefahr, dass versehentlich die größten Firmengeheimnisse preisgegeben werden konnten. Mit dem Verweis, dass bei ihm auch Filehosting-Anbieter wie Dropbox verboten waren, bot mir das Unternehmen eine andere Möglichkeit an: Warum ich die Präsentation denn nicht einfach maile? Ich erinnerte meinen Kunden daran, dass er es gewesen war, der mir gesagt hatte, *ich* könne das nicht tun. Die Datei war groß und würde zweifelsohne die Obergrenze für Dateianhänge überschreiten. Man sagte mir, ich solle es ruhig schicken, aber vorher in kleinere Dateien aufteilen.

Ich tat wie geheißen, spaltete die PowerPoint in Blöcke von 5 MB auf und verschickte die ersten fünf Teile. Wenige Sekunden später erschien eine automatische Meldung in meinem Posteingang, kurz darauf vier weitere: Dateien in dieser Größe seien verboten, deshalb hätten meine E-Mails die vorgesehenen Empfänger nicht erreicht. Ich verkleinerte die Dateien auf 3 MB und verschickte sie erneut. Abgelehnt. Ich dampfte sie auf 2 MB ein. Erneut wurden sie abgelehnt, genauso meine 1-MB-Dateien. In einem geistigen Geniestreich warf ich einige Seiten aus der 1-MB-Datei, sodass sie nur noch 999 KB groß war. Dieses Mal ging die Mail durch!

Das bedeutete, ich hatte einen langen und unglaublich zähen Tag vor mir. Haben Sie schon einmal versucht, eine 49 MB große PowerPoint-Präsentation in Dateien zu zerlegen, die nicht größer als 999 KB sind? Es bedeutet, man muss 50 E-Mails verschicken. Die nächsten zwei Stunden taten meine Kollegen und ich genau das. Wir zerschlugen die Präsentation in viele kleine Bröckchen, die wir dann bröckchenweise verschickten. Die gute Nachricht: Der Kunde hat die Präsentation erhalten. Die schlechte Nachricht: Wir hatten nun offenbar ein weiteres Problem am Hals.

Der Kunde begann, die unterschiedlichen kleinen Puzzleteile zu einem großen Ganzen zusammenzusetzen, aber sieben E-Mails fehlten. Waren sie zu groß gewesen? Hatte ein Virus sie zerstört? Wer konnte es sagen. Aber sie waren verschwunden, also schickte ich sie erneut.

Auch dieser zweite Schwung schaffte es niemals bis zu der Investmentfirma. 48 Stunden später dann die Aufklärung: Anscheinend hatten die sieben verschollen geglaubten Dateien Wörter enthalten, die auf dem Index standen, deshalb wurden sie automatisch gelöscht. „Wir bedauern, dass Teile Ihrer Inhalte Sprache enthalten, die im Rahmen unserer Grundsätze als unangemessen gelten", schalt mich eine automatisierte Antwort. Was für unangemessene Sprache? Geht das vielleicht etwas präziser? Die automatisierte Löschmeldung schwieg sich aus. Es war so, als würde Mutter sich mit überkreuzten Armen hinstellen und sagen: „Freundchen, du weißt ganz genau, was du ausgefressen hast."

Ich rief also bei der IT des Unternehmens an und war kurz darauf mit einer nach Indien ausgelagerten Abteilung verbunden. Leider verboten es die im Unternehmen geltenden Bestimmungen zur Vertraulichkeit, zusätzliches Licht in die Angelegenheit zu bringen. „Aber ich bin doch kein Mitarbeiter, ich bin Lieferant", erklärte ich. Macht keinen Unterschied, sagte man mir. Was auch immer an unangemessener Sprache gefunden und angezeigt worden war, galt intern für jemand oder etwas als beleidigend.

Mittlerweile fühlte ich mich etwas psychotisch. Ich sah mir jede einzelne der 29 in Frage kommenden Folien erneut an und kontrollierte sie auf den geringsten Hauch von Unanständigkeit. Nichts, nicht einmal ansatzweise. Also wirklich, wir sprechen hier über eine Präsentation bei einer Investmentfirma. Es gelang mir, den Kunden dazu zu bringen, informell der Sache auf den Grund zu gehen und herauszufinden, was aus diesen sieben fehlenden E-Mails geworden war. In der Zwischenzeit schrieb ich jede einzelne Folie noch einmal um und schickte sie erneut, aber dieses Mal mithilfe eines Faxgeräts (wie ich zu meiner Überraschung festgestellt hatte, sind Faxgeräte noch immer in Betrieb). Drei Wochen später teilte mir das interne Ermittlerteam des Unternehmens mit, dass jemand die unangemessenen Worte gefunden hatte, die dafür sorgten, dass die sieben Dateien aussortiert wurden. Es handelte sich um (in keiner bestimmten Reihenfolge) „race" (was „Rasse", aber auch „Rennen/rennen" bedeuten kann), „black", „white" und „ban".

Wenn man – so wie in diesem Fall – die Begriffe völlig aus dem Zusammenhang reißt, kann man verstehen, wie das Unternehmen zu dem falschen Schluss gelangen kann, dass ich zu Rassenunruhen aufstacheln wollte. Die Wahrheit allerdings sah anders aus: In der Präsentation ging es auch um die Einschätzung, ob das Unternehmen darüber nachdenken sollte, Sponsor der Formel 1 zu werden, dem weltgrößten Motorsportereignis. Die Signalfarben des Unternehmens waren unter anderem schwarz und weiß und im Deck wurde die Frage aufgeworfen, ob es ein Verbot („ban") nach sich ziehen würde, wenn man andere Farben verwendet.

Ja, Sie haben das richtig gelesen: Das Unternehmen *verbot* das Wort „Verbot".

Und das ist nicht der einzige Begriff, den Unternehmen (und einige Regierungen) verbieten wollten. Davio's ist eine Kette italienisch inspirierter Steakhäuser in den Vereinigten Staaten. Der CEO Steve DiFillippo hat es sich zur Aufgabe gemacht, den Begriff „Mitarbeiter" zu verbieten. Er mag den Begriff einfach nicht. Wenn der Begriff fehle, motiviere das sein Team, behauptet DiFillippo.[24] Apple wiederum verbietet es, in seinen Geschäften bestimmte Worte zu verwenden.[25] Ihr Computer beispielsweise ist nicht abgestürzt, er „reagiert nicht mehr". Und Ihre Software hat keinen „Bug", sondern ein „Thema", einen „Zustand" oder eine „Situation". Und selbst wenn Ihr Laptop so heiß ist, dass er Flammen spuckt, ändert das nichts daran, dass es so etwas wie ein „heißes" Apple-

> Eine These, die sich immer wieder bewahrheitet: Je länger und komplizierter der Jobtitel einer Person, desto bürokratischer und vom gesunden Menschenverstand befreiter die dazugehörige Organisation.

Produkt nicht gibt. Nein, es ist „warm". Erklären Sie das einmal der Feuerwehr.

Sprachliche Verzerrungen entwickeln sich im Staatsapparat mehr und mehr zum Problem. Bei der amerikanischen Seuchenschutzbehörde Centers for Disease Control sind die Mitarbeiter angewiesen, bestimmte Begriffe nicht zu verwenden, darunter „Fötus", „transgender", „evidenzbasiert" und „wissenschaftlich fundiert".[26] Die US-Umweltbehörde Environmental Protection Agency spricht auf ihrer Webseite nicht mehr vom „Klimawandel" und die EPA-Wissenschaftler dürfen zu diesem Thema nicht länger wissenschaftliche Studien präsentieren.

Ganz anders sieht es bei der globalen Arbeiterschaft aus. Dort wurden nicht Begriffe eliminiert, stattdessen hat man sich für alte Berufe zahlreiche Variationen einfallen lassen, so frisiert, dass sie nach mehr klingen, als sie tatsächlich sind. In den vergangenen zwei Jahren habe ich mir alle Titel aufgeschrieben, die ich nicht sofort verstanden habe. Ein Unternehmen beispielsweise beschäftigt einen „Optimierer optischer Beleuchtungssysteme" – er säubert die Scheiben des Büros. Früher hießen solche Personen Fensterputzer, meine ich mich zu erinnern. In einem anderen Unternehmen sprach jemand aus der Personalabteilung über die „Direktorin für erste Eindrücke". Ich vermute, in den meisten Firmen heißt so jemand „Empfangssekretärin". Ich habe auch von einem „Verantwortlichen für Getränkeverteilung" (Barkeeper) gehört und von einer freien Stelle als „Associate to the Executive Manager for Marketeering and Conservation Efforts" (Marketingassistenz). Eine These, die sich immer wieder bewahrheitet: Je länger und komplizierter der Jobtitel einer Person, desto bürokrati-

> Der norwegische Versicherer DNB geht sogar so weit, die Zeit zu stoppen, die ein Mitarbeiter auf der Toilette verbringt. Ist die Person nach acht Minuten nicht wieder am Schreibtisch, wird der Vorgesetzte über ein blinkendes Licht darauf hingewiesen, dass da jemand den Ruf der Natur überstrapaziert.

scher und vom gesunden Menschenverstand befreiter die dazugehörige Organisation.

Das Thema Sicherheit wäre nicht vollständig, wenn wir nicht über Toilettengänge redeten. In den indischen Büros eines globalen Konzerns, für den ich beratend tätig bin, müssen sich die Mitarbeiter ausstempeln und wieder einstempeln, wann immer sie die Toilette aufsuchen (nicht nur in Indien, auch in anderen Büros). Das Unternehmen ist immerhin so großzügig, der Belegschaft pro Tag zweimal zwei Arbeitsminuten „zu schenken", aber sollte jemand diese unfassbar großzügige Bewilligung überziehen, wird der Vorgesetzte informiert und das Zeitkonto subtil angepasst. Ähnlich beim norwegischen Versicherungskonzern DNB: Dort erfasst man die Zeit, die ein Mitarbeiter auf der Toilette verbringt.[27] Ist die Person nach acht Minuten nicht wieder am Schreibtisch, wird der Vorgesetzte über ein blinkendes Licht darauf hingewiesen, dass da jemand den Ruf der Natur überstrapaziert. Norwegens Gewerkschaften sind völlig zu Recht entsetzt.

Aber das ist nichts im Vergleich zu einem obskuren neuen Toilettenphänomen, das man bei Firmen antrifft, denen der Gedanke nicht gefällt, dass Besucher sich in ihren Räumlichkeiten aufhalten. Mir ist das nur ein einziges Mal passiert, aber ich werde es nie vergessen. Es ging darum, dass man einem Gast (also mir) bis auf die Herrentoilette folgte.

Nein, man erklärte mir nicht den Weg zur Toilette. Oder zeigte mir die Richtung, in die ich gehen solle. Oder schubste mich durch die Tür in den Vorraum. Oder lächelte und murmelte „Den Flur runter, erste links". Ich spreche davon, dass mich tatsächlich jemand bis ins Bad beschattete.

Einige Minuten zuvor hatte ich noch in einem Konferenzraum gesessen, umgeben von 17 leitenden Angestellten. Ich hatte meinen Teil einer dreistündigen Präsentation hinter mich gebracht. Meine Kundin war zur Hälfte durch ihren Teil, als ich unauffällig den Raum verließ, weil ich rasch auf Toilette wollte. Zumindest hatte ich *ge-*

dacht, dass ich unauffällig gewesen war. Aber auf dem Weg zur Toilette hörte ich rasche, dringliche Schritte hinter mir – meine Kundin. „Ich bin gleich wieder da", sagte ich, „ich wollte nur rasch einmal ums Eck." Aber sie folgte mir weiter. „Ich dachte, Sie halten Ihre Präsentation", sagte ich über die Schulter. „Habe ich auch", sagte sie, „aber ich kann Sie nicht allein lassen, wenn Sie zur Toilette gehen."

Ich muss hinzufügen, dass wir beide auf einem unendlich langen Flur unterwegs waren, an dem sich auf beiden Seiten Hunderte Konferenzräume entlang zogen. Ich verstand es nicht. War sie für den Fall da, dass ich Hilfe mit dem Reißverschluss benötigte? Musste sie mich daran erinnern, mir hinterher die Hände zu waschen? Lauerten böse Männer in den Kabinen?

„Einen Moment", sagte ich. „Wir vertrauen uns doch, richtig?"

„Natürlich tun wir das", sagte sie. „Aber die Kollegen ..." Sie erklärte es mir: Würde sie mich nicht zur Toilette begleiten, würde sie vermutlich einer ihrer Kollegen melden. „Das ist die verrückteste Bestimmung, die ich je gehört habe", sagte ich. Im Stillen dachte ich: „Und das macht dies zu einem der verrücktesten Unternehmen, in dem ich je gewesen bin." Wie eine Gefängniswärterin mit ihrem Gefangenen stapften wir beide schweigend den langen Flur entlang. Als ich die Toilette betrat und sich die Tür schloss, sah ich sie noch draußen in Habachtstellung stehen. Ich fühlte mich ein wenig unter Druck gesetzt, muss ich gestehen. Anschließend marschierten sie und ich denselben Weg zurück.

Als wir schließlich den Konferenzraum erreichten, hingen alle am Telefon. Vielleicht wollten sie nicht zeigen, dass mein Versuch, mich heimlich hinauszuschleichen und allein auf Toilette zu gehen, voll in die Hose gegangen war.

An irgendeiner Stelle in unserer modernen Unternehmenswelt ist der gesunde Menschenverstand abhandengekommen, was den Gang zur Toilette angeht.

ANGST UND SCHRECKEN IN DER UNTERNEHMENSWELT

ICH HABE FÜR ZAHLLOSE FINANZFIRMEN aus aller Welt gearbeitet. Vor zwei Jahren war ich gerade für ein skandinavisches Institut tätig, da fragte mich ein ranghoher Banker, ob ich einen Augenblick Zeit habe. Ob ich wissen wolle, wie der Hase in diesem Laden *wirklich* laufe. Wir gingen in sein Büro, ich schloss die Tür, er begann zu reden.

Vor einigen Monaten hatte er sich ein Bild an die Wand gehängt, das eines seiner Kinder gezeichnet hatte. Es war ein Malkreidebild von einem Hund und einem Zug. (Oder ein Pferd und ein Zug? Schwer zu sagen.) Eines Montagmorgens kehrte der Mann von einer mehrtägigen Geschäftsreise ins Büro zurück und fand einen großen „Alarmstufe Rot"-Zettel auf dem Bild seines Kindes kleben. Dort stand in Blockschrift: „SIE VERSTOSSEN GEGEN FIRMENPOLITIK. SÄMTLICHE BÜROSCHREIBTISCHE SIND LEER ZU RÄUMEN, SÄMTLICHE PERSÖNLICHEN UND ARBEITSBEZOGENEN GEGENSTÄNDE

SIND BEI VERLASSEN DES ARBEITSPLATZES SICHER IM SCHREIBTISCH ZU VERSTAUEN. BITTE ACHTEN SIE DARAUF, NICHT ERNEUT GEGEN DIE FIRMENPOLITIK ZU VERSTOSSEN."

Der Banker war empört. Gleichzeitig war er völlig perplex.

Welche Logik würde ein Unternehmen zu einem derartigen Handeln verleiten? War das Aufhängen von Kinderbildern eine Einstiegsdroge, die dazu führt, dass sich Mitarbeiter düstere, Halluzinationen auslösende Sachen an die Wand hängen? Einen Kalender mit nackten Feuerwehrleuten? Wilde minderjährige Ponys, die sich am Strand paaren? Ging es hier um Privatsphäre? Wer ein Kinderbild an die Wand hängt, gilt als indiskret und das in einer Branche, die für ihre Zurückhaltung und Umsicht bekannt ist, war es das?

Ich sprach mit jemand in der Personalabteilung über diesen Vorfall. Wie sich herausstellte, gab es keinerlei Regel, die es Mitarbeitern untersagte, in ihren Büros persönliche Zeichnungen aufzuhängen. Aber die Sache war die: Nahezu jeder, der in der Bank arbeitete, *glaubte*, dass es eine entsprechende Regel gab. So verbreitet war der Glaube, dass er zur inoffiziellen Firmenpolitik geworden war. Von den Mitarbeitern, die diese Regel für lächerlich gehalten hatten, sagten mir erstaunlicherweise viele: „Das hatte ich mir die ganze Zeit schon gedacht, aber ich habe mir nie die Mühe gemacht, nachzusehen." Mitarbeiter dagegen, die die Regel für echt gehalten hatten, sagten: „Ich hatte so ein komisches Gefühl, dass das nicht stimmen könne, aber ich wollte nichts sagen."

Schon merkwürdig, wie gesunder Menschenverstand einfach so auf der Strecke bleiben kann.

Bei demselben Investmentunternehmen war ich auch als Berater tätig, als ein anderes Thema aufkam: Eine wohlhabende ältere Dame mit zahlreichen Konten, seit Jahrzehnten treue Kundin, hatte vergessen, eine monatliche Gebühr zu begleichen. Das Unternehmen ließ daraufhin ein halbes Dutzend ihrer Schecks platzen – Zahlungen, die, wie ich dazusagen muss, im Zusammenhang mit ihrer Feier zum 70. Geburtstag standen. Das Ganze führte dazu, dass sie vor ihrem wohlhabenden Freundeskreis ausgesprochen blamiert dastand. Die Bank hätte sie genauso gut auch gleich als Trickbetrügerin hinstellen können.

Es war nicht das erste Mal, dass ich eine derartige Geschichte zu hören bekam. Aber wo bleibt da der gesunde Menschenverstand, wo bleibt da die Rücksichtnahme, die ein Unternehmen gegenüber einer 70-jährigen Kundin an den Tag legen sollte, die seit nahezu 40 Jahren bei diesem Finanzinstitut ist? Was sagt das über die „Kundenbetreuung" aus, wenn mal eben die Konten eingefroren werden?

Rund um den Globus ist „Compliance" zu einer Entschuldigung dafür geworden, den Status quo zu schützen und dafür zu sorgen, dass Organisationen nicht vom rechten Weg abkommen. Um Dinge nicht zu tun – oder auf den gesunden Menschenverstand zu hören. Gemeinsam mit rechtlichen Aspekten ist Compliance zum Sündenbock dafür geworden, dass Organisationen Dinge nicht ändern und Innovationen nicht umsetzen. „Das geht bei Compliance niemals durch", sagen die Leute oder: „Das schießt die Rechtsabteilung sowieso ab." Es ist Teil der Palette dummer Gesetze, die wir instinktiv befolgen, ohne darüber nachzudenken oder uns zu fragen, warum sie überhaupt existieren. Nein, wir haben viel zu große Angst davor, was geschehen wird, wenn wir sie nicht befolgen. Auf diese Weise erfasst Angst eine Organisation. Je mehr die Mitarbeiter darauf achten, ja keinen einzigen Fehler zu begehen, desto mehr Furcht setzt sich in ihren Köpfen fest und desto hyperwachsamer werden sie. Will wirklich jemand das Risiko eingehen, auf die Nase zu fallen oder wie ein Blödmann dazustehen, bloßgestellt oder bestraft zu werden, seinen Job oder seinen guten Ruf zu verlieren?

Aber wir ignorieren doch regelmäßig auch andere „Gesetze". In Gainesville, Florida, beispielsweise verstößt es bis heute gegen das Gesetz, Brathühnchen mit Messer und Gabel zu essen.[28] In Alabama darf man sonntags nicht Karten spielen. In Carmel, Kalifornien, dürfen Frauen keine Schuhe tragen, deren Absätze höher als fünf Zentimeter und deren Hacke kleiner als 6 Quadratzentimeter ist.

Offensichtlich soll dies verhindern, dass Frauen in Stilettos mit den Absätzen in einer Ritze auf dem Bürgersteig hängen bleiben, stürzen, eine Gehirnerschütterung erleiden und dann die Stadt verklagen. Und so leid es mir tut: Wenn Ihr Kind jünger als zwölf Jahre ist, dürfen Sie es in Georgia nicht an den Zirkus verkaufen. Das heißt, dass Ihr Junge oder Ihre Tochter nicht als Clown, Trapezkünstler oder gar Schlangenmensch arbeiten darf. Das ist doch nicht gerecht!

> Rund um den Globus ist „Compliance" zu einer Entschuldigung dafür geworden, den Status quo zu schützen und dafür zu sorgen, dass Organisationen nicht vom rechten Weg abkommen. Um Dinge nicht zu tun.

Bei Organisationen ist es ganz genauso. Es gibt Regeln unklarer Herkunft, die alle befolgen, weil ... nun ja, weil alle sie befolgen. Praktisch niemand weiß, wie die Regeln dorthin gelangt sind, da nur die wenigsten Organisationen sämtliche Bestimmungen in einer zentralen Datenbank hinterlegt haben. Gleichzeitig läuft aber jeder Mitarbeiter Gefahr, abgemahnt oder sogar gefeuert zu werden, verstößt er gegen eine der Regeln. (In der heutigen Welt wird *niemand* je dafür gefeuert, Regeln befolgt oder durchgesetzt zu haben.) Das ist, als ob Sie einen Spaziergang am Strand entlang machen und wissen, dass unter Ihren Füßen zahllose Minen vergraben sind. Niemand weiß genau, wo sie liegen, aber alle sind sich einig, dass Sie genau darauf achten sollten, wo Sie Ihre Füße hinsetzen.

Compliance verursacht Angst – und schlägt den gesunden Menschenverstand aus dem Rennen. Mehr noch: Auf Angst basierende Kulturen funktionieren nicht, denn sie behindern Fortschritt und Innovation. Ja, Manager existieren aus einem guten Grund: Sie sorgen dafür, dass Angestellte ihre Zeitpläne einhalten, ihr Budget, ihre Produktivitätsziele, ihre Leistungskennzahlen. Häufig tun sie das, indem sie den Untergebenen Strafen androhen. Aber wenn unser Gehirn von Angst und Sorgen zerfressen ist, können wir nicht optimal funktionieren, das ist leider die Wahrheit. Tatsächlich trifft das genaue Gegenteil zu: Wir leisten bessere Arbeit in einem Umfeld, in dem wir uns „psychologisch sicher" fühlen.

Was das bedeutet, erläuterte die Harvard-Professorin Amy Edmondson 2014 in einem TED-Talk in knappen Worten so: „Psychologische Sicherheit ist der Glaube, dass man nicht bestraft oder erniedrigt wird, wenn man Ideen, Fragen, Bedenken oder Fehler zur Sprache bringt."[29] In der Unternehmenswelt bedeutet dies eine Kultur, in der Mitarbeiter offen und transparent alltägliche Probleme ansprechen können, ohne befürchten zu müssen, dass sie dafür bestraft werden oder Nachteile erleiden. Die *Harvard Business Review* geht noch einen Schritt weiter und schreibt: „Ein psychologisch sicheres Umfeld hilft Organisationen nicht nur, katastrophale Fehler zu vermeiden, es fördert auch das Lernen und Innovationen."[30]

Für Google ist das keine Neuigkeit. 2012 rief das Unternehmen das Projekt „Aristoteles" ins Leben.[31] Bei 180 Google-Teams untersuchte man, warum einige erfolgreich waren und andere nicht. Unzählige Diagramme und Tausende Forschungsstunden später war man einer Antwort nicht näher gekommen. Dann stieß das „Aristoteles"-Team auf die Arbeit von Edmondson. Sie schreibt, dass an einem psychologisch sicheren Arbeitsplatz „Zuversicht herrscht, dass das Team jemand, der seine Meinung äußert, nicht bloßstellen, ablehnen oder bestrafen wird. [...] Es beschreibt ein Teamklima, das geprägt ist von interpersonellem Vertrauen und gegenseitigem Vertrauen, ein Klima, bei dem Menschen sich wohl genug fühlen, sie selbst zu sein."[32] Man könnte sagen, dass Compliance-Bestimmungen genau das Gegenteil bewirken.

Der Gerechtigkeit halber sei gesagt, dass alle Unternehmen ihre Kontrollen und Prozesse haben und diese häufig im besten Interesse von Kunden, Unternehmen und Eignern sind. Compliance ist von essenzieller Bedeutung im Finanz- und Bankenwesen, wo sie als interne Aufsicht fungiert und dafür sorgen soll, dass das Institut die branchenüblichen und staatlichen Gesetze und Regulierungen befolgt. Eine der Aufgaben von Compliance ist es, auf mögliche Fälle von Geldwäsche und Steuerhinterziehung zu achten und gleichzeitig zu verhindern, dass auf die Bank oder Brokerfirma Haftungsansprüche zukommen. Während die Zahl der Fusionen und Übernahmen um ein Vielfaches zunimmt, ist auch der Compliance-Aspekt komplizierter geworden. Hat man eine begriffsstutzige Compliance-Abteilung, muss man sich nach der Verschmelzung mit einer weiteren und einer dritten mit einem ganzen Schlangennest auseinandersetzen. Leider sind Compliance und Recht praktisch eigenständige Unternehmen geworden und verfügen über die Macht, zu allem Ja und Nein zu sagen. So rechtfertigen sie ihre Existenz – und dadurch, dass sie verhindern, dass sich Innovation (oder gesunder Menschenverstand) durchsetzt.

Ganz besonders restriktiv ist das Finanzwesen. Alles dreht sich um die Sicherheit Ihres Computers. Keine Anschlüsse, keine Portabilität. Keine Anhänge erlaubt. Überhaupt keine Verbindung nach draußen. Ich kenne ein Unternehmen, das, lange bevor Covid dem Homeoffice zur Blüte verhalf, eine Nulltoleranzpolitik verfolgte, wenn es darum ging, von zu Hause arbeiten zu können. Wenn also ein Mitarbeiter einen Routinetermin beim Arzt hatte, musste er meistens gleich den ganzen Tag freinehmen. Dem Unternehmen schien nicht klar zu sein, dass bestimmte Arbeiten absolut problemlos daheim erledigt werden können – Statusmeetings und Berichte, Recherche, Verwaltungsaufgaben und so weiter. Wie einfach wäre es doch, die Firmenpolitik entsprechend anzupassen, wenn sich das Unternehmen die Mühe machen würde, das Thema nicht ausschließlich von der juristischen Seite aus zu betrachten, sondern den gesunden Menschenverstand walten zu lassen?

Ein globales Investmentunternehmen, das ich kenne, hat seine Kunden regelmäßig gewarnt, dass die Bank sie bald wegen Geldwäsche prüfen werde. Das ist ein wenig so, als fordere man einen Einbrecher per SMS auf, einen Zahn zuzulegen und den Schmuck rascher einzustecken. denn die Polizei biege bereits um die Ecke.

Im selben globalen Investmentunternehmen wurde den Mitarbeitern mit Disziplinarmaßnahmen gedroht, sollten sie auf einem cloudbasierten System interne Angelegenheiten erörtern. Aber woher sollen die Leute (die nicht dafür bezahlt werden, sich in IT-Fragen auszukennen) wissen, ob und wann sie ein cloudbasiertes System verwenden? Das war, als würde das Unternehmen seine eigenen Mitarbeiter für ihre Unkenntnis in digitalen Angelegenheiten bestrafen, während es ihnen gleichzeitig eine Heidenangst einjagt, dass sie ihren Job verlieren, sollten sie versehentlich gegen die Firmenpolitik verstoßen. Das Ergebnis? Eine gelähmte Organisation.

Ebenfalls in diesem Unternehmen hatte jemand eine Postpolitik entwickelt, der es völlig an gesundem Menschenverstand mangelte. Bei einem Schreiben an eine Person im Firmenbüro hatte die Adresse *innerhalb* des Umschlags zu stehen, nicht außerhalb. Das ergab keinen Sinn, da die Umschläge in dicke FedEx-Umschläge aus Pappe gesteckt wurden. Was machte es da für einen Unterschied, *wo* eine Adresse stand, wenn die fraglichen Umschläge ohnehin in dicken FedEx-Umschlägen verschwanden?

Dieses Unternehmen hatte eine weitere Regel, die in ihrer Dümmlichkeit alle Grenzen zu sprengen scheint: Wenn Sie in einer bestimmten Abteilung arbeiteten, durften Sie keinen Kontakt zu einem Kunden aufnehmen, sofern dieser Kunde Sie nicht zuvor kontaktiert hatte. Stellen Sie sich vor, dass Ihre Kundin, deren Kreditkarte normalerweise hauptsächlich mit Einkäufen bei Amazon und Apple belastet wird, auf einmal scheinbar Tausende US-Dollar an Schulden in südspanischen Kasinos und auf Jachten macht. Sie wissen, dass ihre Kreditkarte gehackt wurde. Zweifelsohne ist auch ihre Kreditkartenfirma bereits in Kontakt mit ihr getreten, aber Sie dürfen sich nicht bei ihr melden! Was Sie allerdings tun können, ist, sich mit der Bitte an einen Kollegen aus einer anderen Abteilung zu wenden, *er* möge die Kundin anrufen und sie bitten, *sie* möge Sie anrufen. Schlimmer noch: Nachdem diese Vorgabe als perfektes Beispiel für die Abwesenheit von gesundem Menschenverstand im Unternehmen angeprangert wurde, sagte der für die Regel Verantwortliche, es handele sich in der Tat um eine furchtbare und schlecht durchdachte Regel – aber es „fehle ihm die Zeit", diese Regel abzuschaffen. Anders gesagt: Manchmal ist es schwerer, eine sinnentleerte Regel abzuschaffen als sie einzuführen. Und woran liegt das? Es hat damit zu tun, dass jeder im Unternehmen Angst hat, es könne, ist die Regel erst einmal abgeschafft, etwas Furchtbares passieren, für das man dann die Schuld bekommen würde. Es hat etwas nahezu Hypnotisches, mitanzusehen, wie einige Organisationen sich von ihrem gesunden Menschenverstand verabschieden. Es ist wie ein Zugunglück in Zeitlupe. Eines der traurigsten Beispiele trug sich in Indien zu, als ich dort mit dem örtlichen Nestlé-Büro an einem neuen Design für seine Säuglingsanfangsnahrung arbeitete. Wie ich bald herausfand, gibt es in Indien eine Regel, wonach bei Firmen wie Nestlé der Finanzvorstand und die Rechtsabteilung persönlich für Geldstrafen haftbar gemacht werden, sollte das Unternehmen wegen der Einführung eines neuen Produkts verklagt werden. *Persönlich haftbar!*

Das hieß, sollte ein Baby nach dem Genuss des Produkts krank werden und die Familie klagte erfolgreich gegen Nestlé, könnte die fällige Entschädigung zum Bankrott führen – aber nicht etwa von Nestlé, sondern von Mitgliedern der Geschäftsführung. Wen wundert es da, dass Nestlé Indien 95 Prozent aller neuen Ideen verwarf, obwohl sich das Unternehmen doch seit Langem bemühte, innovativ in Wachstumsmärkte vorzustoßen?

Compliance ist auch schuld an der bürokratischen Hysterie, die heutzutage beim Thema *Sicherheit* herrscht. Nur wenige Schlagwörter lösen innerhalb – und außerhalb – von Organisationen mehr Furcht aus als „Sicherheit" und nach Covid-19 gilt das umso mehr. Das Konzept hat sogar Einzug in unsere Begrüßungen und Verabschiedungen gehalten. „Sichere Reise" heißt es anstatt „Gute Reise" oder „Genießen Sie noch diesen wunderschönen Tag". Kein Witz: Ich habe zahllose Gespräche mit Firmenangestellten darüber geführt, wo ich meine Tasse auf dem Tisch am besten hinstelle (nicht, dass ich kleckere und die Flüssigkeit über die Tischkante läuft, das Stromnetz beeinträchtigt und einen Brand auslöst!), warum ich zum Halten meines Laptops beide Hände und niemals nur eine nehmen sollte und warum es unsicher ist, sich nach Feierabend allein im Büro aufzuhalten. Auf diese Weise wird allen eingehämmert, dass immer und überall eine Gefahr lauert, aber mehr noch: Der Sicherheitsaspekt lässt *jeglichen* Freiraum wegfallen.

„Sicherheit ist unsere Priorität" war sogar das Firmenmotto eines Fortune-100-Konzerns, für den ich gearbeitet habe. Es stand in Blockschrift an der Wand. Man durfte in der Firma *nicht einmal einen Tacker* verwenden, ohne vorher eine Schutzbrille aufzusetzen. Wie ich letztlich erfahren sollte, war Sicherheit auch die Entschuldigung, zu der die Geschäftsleitung griff, wenn sie nicht wusste, wie sie einem ein „Nein" direkt ins Gesicht sagen sollte.

Vor jedem Meeting – und ich meine *jedem* Meeting – las ein Firmenvertreter sieben bis zehn Minuten lang sämtliche Sicherheitsbestimmungen des Unternehmens vor. Er erklärte mir, wo sich sämtliche Ein- und Ausgänge befanden und was ich im Brandfall tun solle. Wann immer ich die Treppe hinauf- oder hinabging, solle ich das Geländer fest greifen. Wenn ich mich allerdings dafür entschied, den Fahrstuhl zu nehmen und der Fahrstuhl blieb zwischen zwei Stockwerken stecken, dann …

Im Ernst? Das ist doch ein Witz, oder? Das *musste* einfach einer sein. Ich saß da, verzog keine Miene und wartete darauf, dass um mich herum alle in heilloses Gelächter ausbrachen. „Du dummer Däne, da haben wir dich aber hereingelegt, was?" Aber das Gelächter kam nicht. Das Thema Sicherheit hatte sich so tief in die Unternehmenskultur eingegraben, dass eine meiner Kolleginnen eines Tages, während sie auf dem Weg zum Flughafen mit der Geschäftsleitung telefonierte, plötzlich gefragt wurde: „Sie befinden sich doch in einem Kraftfahrzeug, oder? Sie nutzen bestimmt eine Freisprechanlage, oder etwa nicht?" „Natürlich", sagte meine Kollegin lachend

– erwischt! Todernst erläuterte ihr Gesprächspartner ihr, dass es *gegen die Sicherheitsbestimmungen des Unternehmens* sei, während eines Meetings Freisprechtechnologie in einem Automobil zu nutzen. „Fahren Sie sofort rechts ran", wies er sie an. Meine Kollegin hatte keine andere Wahl, als auf den Standstreifen zu fahren, wo sie blieb, bis das Meeting vorbei war, und niemand ihre Schreie hören konnte.

Das Thema Sicherheit spielte auch eine Rolle, als ich einmal im schottischen Aberdeen zu früh für ein Meeting bei Shell Oil eintraf. Nun müssen die Mitarbeiter bei der Arbeit auf Bohrinseln in der Tat ausgesprochen gut aufpassen, aber dieser Sicherheitsgedanke war auch in das Leben auf dem Festland eingesickert. Während ich saß und wartete, kam eine Empfangsmitarbeiterin zu mir herüber und sagte: „Haben Sie all unsere Sicherheitsbestimmungen gelesen?" „Bestimmungen?", erwiderte ich lachend. „Was denn für Bestimmungen?" Ich war doch nur für ein einstündiges Meeting da. Meine Erklärung schien niemand zu beeindrucken. Die Dame reichte mir einen dicken Stapel Papiere und einen Stift und sagte, ich habe mir alles durchzulesen. Wenn ich keine Fragen hätte, solle ich einen Fragebogen ausfüllen, indem ich bestätige, dass ich alles verstanden habe.

Was ist das bloß mit Sicherheit und Treppen bei diesen Unternehmen, wunderte ich mich. Ich erinnere mich, dass man mich anwies, mich fest am Geländer festzuhalten, wenn ich einen Treppenabsatz hinaufging. Beim Heraufgehen solle ich nach unten blicken und alle drei Sekunden aufschauen, damit ich nicht in jemand lief, der mir entgegenkam. Ich solle beim Gehen kein Glas voll Wasser tragen. Sollte mir das Glas herunterfallen und kaputtgehen oder sogar explodieren, dann könnte das zu schweren Verletzungen führen. Aus diesem Grund solle ich stets einen Pappbecher verwenden. Sollte ich aus irgendeinem Grund den Personalkühlschrank in der Pantry öffnen, um mein Essen herauszuholen, sollte ich auf keinen Fall und unter keinen Umständen in den Kühlschrank hineinklettern. Hey Leute, ich arbeite noch nicht einmal hier!

Vernünftige Sicherheitsvorkehrungen sind eine gute Sache, darin sind wir uns wohl alle einig. Aber ab welchem Punkt spielt der gesunde Menschenverstand keine Rolle mehr und wird durch eine „Business as usual"-Denkweise und ein kollektives Unvermögen, sich einen (zumindest für mich) naheliegenden Ausstieg zu überlegen, ersetzt?

Als ich bei Maersk arbeitete, stand der Konzern vor der Bedrohung, dass neue, flinkere Wettbewerber – darunter Amazon – in die Schifffahrtsindustrie einsteigen und den Markt von Grund auf umkrempeln wollten. Damit Sie verstehen können, wie die Branche funktioniert, nehmen wir an, Sie seien ein großer Automobilhersteller, der 15.000 Wagen von Europa oder Japan aus zu einem Hafen in den südlichen USA verschiffen muss. In der gesamten Branche läuft das in etwa so ab:

Sie stellen eine Anfrage bei einem Containerschiffbetreiber und handeln die Frachtkosten aus. Gelten Sonderpreise, durchläuft Ihre Anfrage eine ganze Reihe von Abteilungen. Was enthält jeder Container? Über wie viele Container reden wir insgesamt? Müssen sie abgeholt und verladen werden? Dazu kommen Fragen zu Fracht, Verbrauchssteuern, Zollkontrollen, Zollabfertigung sowie die laufende Kommunikation mit dem Frachtsystem. Jedes Land verfügt über seinen eigenen Wust an Gesetzen und bürokratischen Auflagen. Und dann ist da das in der Branche weitverbreitete Phänomen des „Rollens".

Was sich möglicherweise am ehesten mit dem Rollen vergleichen lässt, ist ein Beispiel aus der Flugindustrie: Eine Airline überbucht einen Flug und bietet Passagieren Geldgutscheine dafür, dass sie sich auf eine spätere Maschine umbuchen lassen. Aber in der Schifffahrt ist das Konzept, man mag es kaum glauben, noch grauenvoller.

Die Preise in der globalen Schifffahrt unterliegen starken Schwankungen. Es ist normal, dass Firmen, die ihre Fracht von einem Hafen zu einem anderen transportiert haben wollen, mehrere Unternehmen beauftragen. Es gibt für Sie keine rechtliche oder finanzielle

Verpflichtung, einen Auftrag mit Transporteur A zu stornieren, wenn Ihnen Transporteur B in der letzten Minute einen besseren Preis macht. Das hat zur Folge, dass die Transportunternehmen niemals sicher sein können, dass eine angekündigte Lieferung auch tatsächlich eintrifft. Aber es rechnet sich finanziell nicht, den Hafen mit einem halbvollen Schiff zu verlassen, weshalb die Reedereien keine andere Wahl haben, als ihre Schiffe zu überbuchen. Wenn Sie Ikea sind oder Home Depot und Ihre Lieferung wird gerollt, dann heißt das, Ihre Artikel haben es niemals an Bord des Schiffes geschafft, mit dem sie geliefert werden sollten, oder die Container stehen noch am Pier und warten auf ein Schiff, das Platz hat. Und wenn die Ladung endlich an Bord geht, dann wird sie möglicherweise nicht, wie ursprünglich geplant, in San Francisco abgeladen, sondern in Äthiopien oder Amsterdam.

Bei den Unternehmen, mit denen ich arbeite, führe ich häufig ein Gedankenexperiment durch: Können Sie zwei Ideen auf eine neue Weise kombinieren? Führt man zwei sehr unterschiedliche Ideen zusammen, ist das Resultat nicht bahnbrechend, aber zumindest betrachten alle Teilnehmer ihre tagtäglichen Abläufe von einer neuen Warte aus. Auch wenn ansonsten dabei nichts Zählbares herauskommt, so regt eine derartige Übung doch zumindest das kreative Denken an.

Genauso fordere ich die Mitarbeiter auf, sich vorzustellen, wie eine andere Branche die Welt betrachtet. Könnten sie *diese* Sichtweise auf *ihr* Geschäftsfeld übertragen? Okay, schön, das ist ein wenig so wie Fahrradfahren im Schnee oder Tennisspielen im Ozean – es muss gar keinen Sinn ergeben. Aber das bedeutet nicht, dass es einem Unternehmen nicht auch die Augen öffnen kann.

Ein Beispiel: Wie würde Kellogg's nach einer Übernahme durch Apple aussehen? Wie würde sich Campbell's Soup ändern, wenn es von Facebook gekauft würde? Was würde geschehen, wenn Uber Maersk kaufen würde oder Maersk Uber? Lässt sich auf große Industriezweige tatsächlich der gesunde Menschenverstand anwenden?

Ich kann Ihnen *ganz genau* sagen, was noch vor zwei Jahren geschehen wäre, wenn Maersk Uber gekauft hätte – und dasselbe gilt für *jedes andere* globale Schifffahrtsunternehmen: Sie haben einen Flug gebucht und müssen zum Flughafen. Also rufen Sie eine App im Handy auf und bestellen sich ein Fahrzeug, das Sie zum Flughafen bringt. Doch bevor ein Fahrzeug eintrifft, müssten Sie zunächst einmal 100 Seiten Verzichtserklärungen akzeptieren und unterschreiben. Eine Stunde würde verstreichen. Als nächstes müssten Sie den AGBs des Unternehmens zustimmen und eine 76-seitige Unbedenklichkeitserklärung ausfüllen. Dann würde man Sie bitten, an einer Umfrage zur Kundenzufriedenheit teilzunehmen. Ihre Maschine wäre zu diesem Zeitpunkt längst in der Luft, genauso wie die Maschine danach, aber von Ihrem Fahrzeug weit und breit keine Spur. Schließlich taucht doch noch ein Wagen auf, aber der Preis ist mittlerweile um 20 US-Dollar höher, als es Ihnen vor gefühlten Ewigkeiten auf der App angezeigt worden war. (Vor einer Stunde sind die Benzinpreise erhöht worden. Tja, dafür kann ja niemand was, richtig?)

Auf halbem Weg zum Flughafen schmeißt der Fahrer Sie raus, denn er benötigt den Platz für einen anderen Fahrgast, der mehr Gepäck hat und mehr zu zahlen bereit ist. Haben Sie Glück, nimmt ein anderes Fahrzeug Sie mit, aber wer weiß schon, ob der Fahrer Sie tatsächlich zum Flughafen bringen wird. Genauso gut könnte er Sie am Zoo absetzen oder an einem See.

Umgekehrt wäre es vermutlich deutlich einfacher, eine Lieferung in Auftrag zu geben, wenn Uber Maersk oder eine andere Reederei kaufen würde.

Nachdem wir diese Übung bei Maersk durchgeführt hatten, wurde den Menschen dort klar, wie langsam und lähmend ihre Branche sein konnte. Mette Refshauge, Maersks Vice President of Communications, sagte mir unlängst: „Was die Menschen in den meisten anderen Branchen als gegeben hinnehmen, existiert in der Containerbranche schlicht nicht, denn neben zahlreichen Systemen gibt es weiterhin auch zahlreiche althergebrachte analoge Prozesse.

Unser Ziel war und ist es, für den Kunden eine nahtlose Reise zu erschaffen, eine, von der wir hofften, sie könne eine gewaltige Transformation für die gesamte Branche sein."

Das Unternehmen entwickelte eine neue Vision: „Verbinden und vereinfachen". Maersk einen Auftrag zu erteilen wurde so einfach. Es wurde das reinste Kinderspiel (okay, vorausgesetzt, es handelte sich um ein ziemlich kluges Kind). Konnte Maersk die Zahl der Schritte minimieren, die man als Kunde durchlaufen musste? Ja. Sorgte das für eine Revolution in der Schifffahrtsbranche? Ja. War Maersk auf mögliche Störfaktoren eingestellt? Ja.

Maersks Vision, als globaler Integrator der Containerlogistik die Lieferketten seiner Kunden zu verbinden und zu vereinfachen, bedeutet heute, dass Maersk bei einem Kunden, der etwas aus einem Werk verschiffen möchte, die Lieferung abholt, bis zum Pier bringt, auf das Schiff verlädt und bis zum Zielhafen nachverfolgt, auch während die Lieferung auf Lkw verladen und in lokale Lagerhäuser gebracht wird. Und bei jedem Schritt kann der Kunde genau sehen, wo sich seine Lieferung gerade befindet. Das klingt intuitiv und naheliegend, aber innerhalb der Frachtindustrie stellt es im Grunde eine gewaltige Umwandlung, ja, geradezu eine Revolution dar. Die Strategie der globalen Integration war simpel, aber der Name alles andere als das. Wie konnte man der Firmenkultur am besten eine Strategie näherbringen, die nahtlose Zusammenarbeit verspricht? Drei Tage schlossen Maersk-Mitarbeiter und ich uns in einem Hotelzimmer in San Francisco ein, dann stand ein Konzept, das aus meiner Sicht richtig gut war.

Maersk würde an Bord eines seiner riesigen Schiffe einen *Staffellauf* veranstalten. Das würde die gesamte globale Organisation vereinen und ein gutes Gefühl des Zusammenhalts und der Kameraderie erschaffen. Gleichzeitig war es eine ideale Metapher für das, was Maersk Tag für Tag tat. Ich schlug vor, eine Laufbahn auf das Deck eines Maersk-Tankers malen zu lassen. Mitarbeiter aus unterschiedlichen Abteilungen würden abwechselnd laufen und den Staffelstab weiterreichen, während ein Hubschrauber die gesamte Veranstaltung von oben filmte. Die Kamera würde mit einer Nahaufnahme beginnen und immer weiter aufziehen, bis man sah, dass das Rennen an Bord eines gigantischen Schiffes mitten im Ozean stattfand.

Alle bei Maersk beteuerten mir, wie großartig sie die Idee fanden. Die Geschäftsleitung sagte, die Sache sei so gut wie geritzt. Zwei Tage später bei einer Telefonkonferenz erklärte mir dann jemand von Maersk, es gebe ein Problem: Offenbar war es unmöglich, aus der Luft anständige Bilder zu machen, weil das Deck der Maersk-Schiffe so variabel ist, dass einige Teile des Schiffes überhaupt nicht zu sehen seien. Der Nutzen würde die Kosten letztlich nicht wettmachen.

Aber die Idee war damit noch nicht tot. Anstatt an Bord eines echten Schiffs einen Lauf abzuhalten und ihn zu filmen, beschlossen wir, verdienten Mitarbeitern einen *echten* Staffelstab zu überreichen. Jeder Staffelstab ist mit einem GPS-Chip ausgestattet, sodass man nachverfolgen kann, wie sich gesunder Menschenverstand über den Globus ausbreitet.

Wann immer Mitarbeiter oder Abteilungen Maersks Gedanken des globalen Integrators funktionsübergreifend umsetzen, dankt es das Unternehmen ihnen mit einem Staffelstab. Er gehört ihnen und alle wissen auch, dass er ihnen gehört. Wir können auf einer Karte sogar nachverfolgen, wie sich diese Staffelstäbe bewegen. Wenn sie von einem heldenhaften Mitarbeiter oder Team dem nächsten weitergereicht werden, mehren sich die Erfolgsgeschichten von Maersk. Die Mitarbeiter werden ermutigt, gefeiert und geehrt.

Unnötige, willkürliche Regeln trifft man nicht nur in Großunternehmen an, sondern überall. Warum müssen Passagiere, die innerhalb der Vereinigten Staaten einen Inlandsflug in einem Privatjet antreten möchten, nicht durch die Sicherheitskontrollen? Nur weil sie mehr für den Flug bezahlt haben, ist die Wahrscheinlichkeit geringer, dass es sich um Terroristen handelt? Warum sind Sicherheitskontrollen an Flughäfen eine dermaßen große Sache, aber nicht bei Reisen mit dem Schiff oder dem Zug? Warum gibt es *dort* keine Scanner? (Ich war einmal auf einem US-Flughafen, wo ein Sicherheitsbeamter rief: „Menschen, die 75 oder älter sind, müssen ihre Schuhe nicht ausziehen." Aber warum? Weil es so etwas wie ältere Terroristen nicht gibt? Gehen Terroristen mit 75 in Rente? Die Antwort darauf war ganz einfach: „Das steht so in den Vorschriften.") Warum durften Flugpassagiere in den USA zu Beginn von Covid 350-Milliliter-Flaschen von Handdesinfektionsmittel mit an Bord nehmen, während für alle anderen Flüssigkeiten weiterhin die Obergrenze von 100 Millilitern galt?

> Warum durften Flugpassagiere in den USA zu Beginn von Covid 350-Milliliter-Flaschen von Handdesinfektionsmittel mit an Bord nehmen, während für alle anderen Flüssigkeiten weiterhin die Obergrenze von 100 Millilitern galt?

Und warum ist es so ein großer Aufwand, in Australien ein Bankkonto zu eröffnen oder Hemden zu kaufen oder nach Kanada zu reisen? Dazu muss ich etwas ausholen: Vor einigen Jahren lebte ich die Hälfte des Jahres in Australien. Als ich aus Dänemark fortzog, arbeitete ich für den bekannten Werbekonzern BBDO. Weil mir das Unternehmen meinen Lohn per Scheck auszahlte, ging ich zur örtlichen Bank und sagte, ich wolle ein Gehaltskonto eröffnen. „Dürfte ja wohl ein Klacks sein", dachte ich, aber weit gefehlt.

Wie ich erfuhr, arbeitet Australien mit einem „100-Punkte-System". Das heißt, ein Kunde, der ein Konto eröffnen möchte, muss zunächst einmal 100 Punkte ansammeln. Ich war verwirrt. „Sind das ... so eine Art Vielfliegerpunkte?", fragte ich, woraufhin die Kundenberaterin lachte. Nein, sagte sie. „Aber wie komme ich dann auf 100 Punkte?" Die Beraterin sagte, der Besitz eines Reisepasses würde mir automatisch 100 Punkte einbringen. „Fantastisch", sagte ich und zückte meinen dänischen Reisepass. „Es tut mir leid", sagte sie, „der ist aus einem anderen Land, das bringt Ihnen bloß 35 Punkte." „Na gut", sagte ich, „was kann ich Ihnen stattdessen zeigen?" „Nun", sagte sie. „Ihr Führerschein ist 70 Punkte wert." Ich zeigte ihr meinen dänischen Führerschein. „Oh, tut mir leid", sagte sie. „Der ist aus Dänemark, das sind dann nur 25 Punkte." Ob ich vielleicht eine Kreditkarte dabeihabe? „Die bringen 25 Punkte pro Karte." Ich holte meine drei dänischen Kreditkarten heraus. „Tut mir leid", sagte die Beraterin. „Die sind nur 5 Punkte pro Karte wert."

Summa summarum kam ich auf 75 Punkte. „Was muss ich tun, um die restlichen Punkte zusammenzubekommen?", wollte ich wissen. Ich müsse mich um einen australischen Reisepass bemühen. „Ist das einigermaßen leicht?", fragte ich. „Klar, aber leider müssen Sie zunächst 100 Punkte haben."

Sie finden, das klingt überkompliziert? Das war noch nichts im Vergleich zu einer Erfahrung, die ich einmal machte, als ich mir etwas zum Anziehen kaufen wollte. Ich war in Zürich im Kaufhaus Globus, um mir eine neue Sommergarderobe zusammenzustellen. Ich fand ein Hemd, das mir gefiel, und beschloss, zwei davon zu nehmen. Ich wandte mich an die Verkäuferin, eine Frau in den Sechzigern, die mir erklärte, das Geschäft werde die Hemden bestellen und sie mir ohne Aufpreis ins Hotel schicken. Vorher müsse ich mich allerdings anmelden und einige Angaben machen, wäre das okay? Wie lautete meine Telefonnummer? Nun, ich nutze seit einigen Jahren kein Mobiltelefon mehr und als ich ihr das sagte, machte sie ein langes Gesicht. „Ich fürchte, dann können wir Ihnen die Hemden nicht liefern", sagte sie. „Können Sie nicht einfach irgendeine Nummer hinschreiben?", fragte ich.

Widerstrebend willigte sie ein, die Nummer ihres Büros einzutragen, damit wir weitermachen konnten. Dann fragte sie nach meiner Adresse und Postleitzahl. „Eine letzte Frage noch", sagte sie. „Wie alt sind Sie?" Ich erklärte ihr, ich wolle diese Frage nicht beantworten. „Wie alt sind *Sie* denn?", platzte es aus mir heraus, woraufhin die Verkäuferin beleidigt dreinschaute. „Warum fragen Sie das?", fragte sie. „Weil …", antwortete ich, mental Wasser tretend, „wenn ich zwei Hemden geliefert bekomme … ich möchte … ich weiß auch nicht … ich *muss* es einfach wissen." Würde der Kurier mir sagen, ich sei zu alt für die Art von Hemd, die ich mir ausgesucht hatte? Würde er mir erklären, dass das Hemd einem 27-Jährigen besser stehen würde? (Stimmte ja auch, wie ich ungern einräume, aber trotzdem!) War das der Grund? „Wir *benötigen* diese Angabe einfach", sagte sie. „Aber *wer* benötigt sie?", fragte ich nach. „Das *System*", sagte sie. „Aber wer oder was ist das System?", fragte ich. „Ich habe keine Ahnung", erwiderte die Verkäuferin.

Und es geht weiter und weiter. Bevor Covid es vergangenes Jahr unmöglich machte, die kanadische Grenze zu überschreiten, war ich am Flughafen LAX, um von Los Angeles ins kanadische Toronto zu fliegen und von dort weiter ins südkoreanische Seoul. Endgültiges Ziel war Phuket in Thailand. Dort sollte ich eine Rede halten und hatte einige Tage lang Meetings. Insgesamt stand mir eine 29-stündige Reise bevor. Als ich zum Schalter kam, fragte mich die Dame von der Fluggesellschaft nach meinem Reisepass und meinem Visum für Kanada. Visum für Kanada? Was für ein Visum für Kanada? Ich war unzählige Male nach Kanada hinein- und hinausgeflogen, ohne dass irgendjemand ein Visum sehen wollte. Ich war verwirrt. Seit wann benötigte ich (oder sonst jemand) für einen Transit durch einen kanadischen Flughafen ein Visum?

Ich erklärte der Dame, dass ich nur nach Toronto fliege, um dort in die Maschine nach Südkorea umzusteigen. „Das macht keinen Unterschied", sagte sie. Alle Passagiere, die nach Kanada einreisten, benötigten ein Visum für Kanada. Es handle sich um eine neue Bestimmung, die seit zwei Monaten in Kraft sei. „Aber woher in aller Welt soll das irgendjemand wissen?", fragte ich. „Das steht auf der Webseite der kanadischen Einwanderungsbehörde", erwiderte sie. Natürlich. Wie so viele andere Menschen nutze auch ich meine Freizeit gerne dafür, stundenlang durch die Seite der kanadischen Einwanderungsbehörde zu scrollen. Wie hatte ich das nur übersehen können?!

Als ich ihr sagte, dass ich zum ersten Mal davon höre und kein Visum für Kanada besitze, sagte sie mir, ich dürfe den Flieger nicht besteigen. Ich geriet in Panik. „Aber ... kann ich denn kein Visum *beantragen*? Hier und jetzt?", fragte ich. Natürlich könne ich das, sagte sie. Normalerweise dauere die Bearbeitung drei bis fünf Tage, aber vielleicht habe ich ja Glück. Ich wies sie darauf hin, dass mein Flug nach Toronto in exakt elf Minuten gehen sollte. „Versuchen können Sie es ja", sagte sie.

Ich setzte mich auf einen Sessel in der Lounge, klappte meinen Laptop auf und ging auf die Seite der kanadischen Einwanderungsbehörde. Ein Formular tauchte auf. Die wollten alles von mir wissen. Meinen Vornamen. Meinen Nachnamen. Zweiter Vorname meiner Mutter. Geburtsort meiner Mutter. Meine Größe und Augenfarbe. Dann kam die Frage, in welchen Ländern ich mich in den vergangenen fünf Jahren aufgehalten habe.

Keine Ahnung, wo ich da anfangen sollte. In einem durchschnittlichen Jahr bin ich in 80 verschiedenen Ländern und 230 Städten. *Pro Jahr!* Zum Glück hatte meine Assistentin Signe für den unwahrscheinlichen Fall, dass jemand eines Tages genau diese Frage stellen könnte, all meine Reisepläne inklusive der jeweiligen Termine in einem einzelnen Dokument gebündelt, sodass ich die Liste einfach nur kopieren und in das Formular einfügen musste. Acht Minuten bis zum Abflug. Das würde ich niemals schaffen und das bedeutete, ein Dutzend Termine abzusagen, die ich für die nächsten zehn Tage gemacht hatte. Um welche Zeit geht in Ihrer aktuellen Zeitzone Ihr Flug? Die für mich zutreffende Option „Pacific Standard Time" war im Pop-up-Menü nicht enthalten. Und nun? Da ich damals häufig in Sydney arbeitete, gab ich die Australian Eastern Standard Time an, was in etwa morgen Nachmittag entspricht. Das Formular wies mich darauf hin, dass ich keinen Flug erwischen kann, der in der Vergangenheit liegt (offenkundig aber auch keinen in der Gegenwart oder der Zukunft). Die Los Angeles nächstgelegene Zeitzone war Alaska Daylight Time, also wählte ich diese. Und wartete. Und wartete. Eine freundliche Botschaft erschien: Mein Antrag auf ein Visum für Kanada zu bearbeiten könne mehrere Tage in Anspruch nehmen, und ich solle nicht vergessen, auch in meinem Spamordner nachzusehen.

Vier Minuten bis zu meinem Flug. Zwei Minuten später erschien eine Eingangsbestätigung in meinem Spamordner. Die zeigte ich der Dame am Ticketschalter, sprintete zum Flugzeug und kollabierte in meinen Sitz.

Wir glauben ja gerne, dass Gesetze, Regeln und Bestimmungen aus einem guten Grund existieren. Das gilt jedoch nicht, wenn sie unserem gesunden Menschenverstand zuwiderlaufen. Als ich begann, für die Dorchester Collection zu arbeiten, nahm man dort – wie bei den meisten Luxushotels – die Dienste eines externen Beraterunternehmens in Anspruch, das jeden Service-Augenblick analysierte und jeden Berührungspunkt, den das Personal mit den Gästen hatte. Alles in allem gab es um die 100 dieser Berührungspunkte. Dazu gehörten Augenblicke, in denen die Belegschaft dazu ermutigt wurde, „menschlich" zu sein: „Wenn der Gast sich erstmals dem Tresen nähert, sehen Sie ihm drei Sekunden lang in die Augen." „Fragen Sie den Gast, ob er eine Zeitung geliefert haben möchte – aber achten Sie darauf, keine religiösen oder politischen Präferenzen an den Tag zu legen. Formulieren Sie Ihre Frage auf eine Weise, die dem Gast nicht zu nahe tritt oder eine Zeitung oder ein Medium einem anderen vorzuziehen scheint."

Das bedeutet: Nur weil die Frau, die vor Ihnen steht, wie eine liberale Demokratin von der Ostküste aussieht, können Sie nicht davon ausgehen, dass sie jeden Morgen die *New York Times* und die *Washington Post* liest. Wenn Gäste nach einer Restaurantempfehlung fragen, dürfen die Mitarbeiter auch keinerlei Präferenz oder Bevorzugung zeigen. Sie sollten alle und jegliche örtlichen Restaurantoptionen gutheißen und mindestens vier Sekunden lang lächeln, während sie nach unten schauen und die Wahl des Gastes notieren. Okay, das war ein klein wenig übertrieben, aber dennoch: im Ernst?!

Die Berater gingen später die Wertungslisten durch und suchten nach Momenten, bei denen ein Mitarbeiter den Blick nicht nach vier, sondern nach fünf Sekunden senkte, oder bei denen eine Mitarbeiterin die Gäste nicht auf den Zimmerservice verwiesen hatte. Entsprechend wurden Punkte abgezogen oder hinzugefügt. Und sollte das nicht ausreichen, um die Belegschaft völlig in den Wahnsinn zu treiben, so arbeitete das Beraterunternehmen auch noch mit „Undercover-Gästen", die getarnt eincheckten und überprüften, wie das Personal arbeitete, wenn es sich nicht überwacht fühlte. Lächelte ein Mitarbeiter genug? Oder lächelte er *so angestrengt*, dass es schon unheimlich wirkte? Fragte die Rezeptionistin nach dem Gepäck oder ob der Gast später auschecken wollte? Und so weiter.

Die Mitarbeiter wurden dann benotet und bekamen eine Punktzahl, beispielsweise 72 von 100. Ihr ohnehin schon nicht sehr hohes Gehalt wurde entsprechend angepasst. Wen wundert es da, dass die Stimmung der Mitarbeiter bei der Dorchester Collection *ein klein wenig* angespannt war.

Letztlich beendete Dorchester die Zusammenarbeit mit den Beratern und stellte die endlosen Checklisten ein. Dieses Vorgehen hatte die Moral belastet, die Unternehmenskultur geschwächt und eine Mauer zwischen Personal und Gästen hochgezogen – und lief dem gesunden Menschenverstand völlig zuwider. Dasselbe gilt für eine Erfahrung, die ich allzu oft gemacht habe, wenn ich ein Business-Lunch angesetzt habe. Gehen wir doch spaßeshalber noch einmal in das Restaurant aus Kapitel 2 zurück, wo man uns einen Tisch direkt am Durchgang zur Toilette zugewiesen hatte.

Dieses Mal führt man Sie und Ihre Kollegen an einen Tisch direkt am Fenster. Ein Kellner erscheint und stellt sich als Scott vor. Sie bestellen Getränke. Nachdem Scott die Getränke serviert hat, erläutert er Ihnen einige Minuten lang die Sonderangebote des Tages. Alle bestellen und Scott sagt, er werde sich sofort darum kümmern.

20 Minuten später – mitten in einer sehr ernsten Gruppendiskussion – taucht Scott mit dem Essen auf. Er stellt die Teller hin und erklärt Ihnen noch einmal ausführlich, was für Gerichte Sie bestellt haben und wie sorgfältig die Küche sie zubereitet hat. „Guten Appetit", wünscht Scott dann noch.

Aus meiner Sicht ist es offensichtlich, dass es sich bei Ihnen um Geschäftsleute handelt, die beim Essen über Geschäftliches reden möchten. Als Scott also vorbeikommt, um zu fragen, ob bei Ihnen auch alles in Ordnung ist, brechen nicht alle in uneingeschränkte Lobpreisungen aus, sondern einer aus Ihrer Gruppe blickt Scott mürrisch an und zwei weitere wirken genervt. Tatsächlich taucht er einige weitere Male auf, um die Wassergläser nachzufüllen, um zu fragen, ob Sie noch Brot wünschen, oder um „einfach nach dem Rechten zu sehen", wie er zum wiederholten Male erklärt. Schließlich räumt er ab und taucht ein paar Minuten schon wieder auf: „Einen Kaffee? Einen Tee? Nachtisch?" Oh, es gibt auch beim Nachtisch Spezialitäten des Tages.

Lassen Sie mich eines ganz deutlich machen: Nichts davon ist Scotts Schuld. Er ist wirklich gut in dem, was er tut. Er ist aufmerksam, hat Ihre Bedürfnisse im Blick und tut genau das, was ein Kellner tun *sollte*. Aber er spult auch einfach sein Standardprogramm ab, wie es vermutlich im Ausbildungshandbuch stand und wie es ein Kellner Schritt für Schritt befolgen sollte, um allerbesten Service zu bieten und das Trinkgeld zu maximieren.

Gleichzeitig ist es offensichtlich (jedenfalls für mich), dass Ihre Gruppe gerne ungestört reden würde, ohne ständig unterbrochen zu werden. Gibt es keine Gelegenheiten oder Ausnahmefälle, bei denen ein Kellner einem Tisch voller Geschäftsleute sagen kann: „Ich sehe, Sie sind geschäftlich hier, also werde ich Sie nicht behelligen. Wenn Sie etwas benötigen – ich bin dort drüben und komme selbstverständlich sofort."

Sollte mir jemals diese vom gesunden Menschenverstand getriebene Option während eines Geschäftsessens angeboten werden, würde ich in diesem Restaurant bis ans Ende meiner Tage essen, glaube ich.

Gesetzliche Vorschriften und Compliance-Bestimmungen sind zu einem derart festen Bestandteil unserer Gesellschaft geworden und haben unsere Denkweise und unser Verhalten so stark beeinflusst, dass wir sie nicht mehr wiedererkennen. Was noch schlimmer ist: Diese Denkweise „Ich tue einfach, was mir gesagt wird" wird an die nächste Generation vererbt, die sie wiederum an die darauffolgende vererbt und auf diese Weise das komplette Geschäftsklima vergiftet.

Es ist doch eigentlich ganz einfach: Wenn etwas keinen Sinn ergibt oder Ihrer eigenen Intuition zuwiderläuft, dann *melden Sie sich zu Wort*. Was ist das Schlimmste, das passieren kann? Doch höchstens, dass die Person neben Ihnen den Kopf hebt und sagt: „Genau das habe ich auch gedacht." Vielleicht wird diese Person dann beim nächsten Mal diejenige sein, die aufsteht, den Kopf schüttelt und für alle vernehmlich sagt: „Wisst ihr, Leute, das ergibt überhaupt keinen Sinn!"

9

WIE ALSO KÖNNTE DIE ANTWORT LAUTEN?

ICH GLAUBE, JEDE GENERATION durchlebt mindestens eine große Krise von historischem Ausmaß, ein Ereignis, das langfristige Folgen für die Gewohnheiten der Menschen, ihre Instinkte und ihr Verhalten hat. Für meine Eltern war es der Zweite Weltkrieg. Für meine Großeltern war es das Ende des Ersten Weltkrieges. Heute können Sie und ich und alle anderen unseren Tagebüchern und unseren Enkeln erzählen, wie wir eine globale Pandemie überlebten, deren Auswirkungen noch immer gespürt und berechnet werden. Es ist eine Erfahrung, die sich vermutlich nicht nur auf unsere Entscheidungen auswirken wird, sondern auch darauf, wie wir die Welt in Zukunft betrachten.

Wenn Darwin mit seiner These recht hat, dass die stärksten Spezies diejenigen sind, die am wandlungsfähigsten sind, stellt sich die Frage: Auf welche Veränderungen am Arbeitsplatz müssen wir uns einstellen und werden diese Veränderungen sich eher positiv oder negativ auf den gesunden Menschenverstand auswirken?

Tja, ich habe leider schlechte Nachrichten für Sie ... und auch gute. Zunächst einmal glaube ich nicht eine Sekunde lang, dass die von der Pandemie verursachten Störungen dazu führen werden, dass schlagartig nur noch der gesunde Menschenverstand regiert. Tatsächlich würde ich sonst was darauf verwetten, dass die zwischenmenschlichen Komplexitäten, der bürokratische Aufwand und andere Beispiele alberner und überflüssiger Bürokratie längst Einzug gehalten haben in Ihr Büro, Ihr Schlafzimmer oder wo auch immer sonst Sie Ihr Zoom-Konto, Ihre Zoom-Garderobe und Ihre Zoom-Bücherregale aufgeschlagen haben. Was sich allerdings in jedem Fall ändern wird, ist das Tagesgeschäft.

Covid-19 war zwei Wochen alt, da war bereits klar, dass wir nie wieder so arbeiten, interagieren oder uns versammeln würden wie früher. In einigen Jahren wird Covid-19 nur eine verblassende Erinnerung sein, aber einige von uns werden trotzdem immer noch Zurückhaltung an den Tag legen. Wir werden wie ein Baby, das seinen Schnuller verloren hat, in Panik geraten, sollten wir feststellen, dass wir unser Fläschchen Handdesinfektionsmittel zu Hause vergessen haben. (Ich prognostiziere, dass sich die Zahl der Menschen, die aus geschäftlichen Gründen fliegen, halbieren wird.) Nur wenige Wochen, nachdem die Mitarbeiter anfingen, im Homeoffice zu arbeiten, erlagen Führungskräfte bereits den naheliegenden Effizienzvorteilen und den unwiderstehlichen Verlockungen der Kosteneinsparungen. Für die Mitarbeiter brachen die üblichen Grenzen zwischen Arbeitsplatz und Privatleben weg, die bis dahin ihr Gefühlsleben vor den Belastungen des Jobs geschützt hatten. Ein einziger gigantischer Onlinebürokratiekanal pumpte nun alles direkt in die eigenen vier Wände der Menschen.

Und trotzdem blicke ich gerne optimistisch auf unsere postpandemische Welt. Die Veränderungen unserer Arbeitsweise und die neuen Routinen, die sich die meisten von uns angewöhnt haben, eröffnen zumindest Möglichkeiten. Gibt es einen besseren Zeitpunkt, den Unsinn der Vergangenheit über Bord zu kippen, unsere

Arbeitsabläufe zu überarbeiten, echte Ineffizienzen auszumerzen und gesunden Menschenverstand Einzug in unsere alltäglichen Abläufe halten zu lassen?

Eine Reise von Tausenden Kilometern beginnt mit einem einzelnen Schritt.

Höchste Zeit, dass wir diesen Schritt machen.

Wann immer ich Unternehmen zur Zukunft berate, erkläre ich den Managern, sie müssten eine H2H-Theorie entwickeln. H2H steht dabei für „human to human", also Mensch zu Mensch. Ihre Kunden sind Menschen, keine Zahlen in einer Excel-Tabelle – und dasselbe gilt für ihre Angestellten. (Das klingt unglaublich offensichtlich. Ist es aber nicht.) Mein Ziel ist es, die Mauern abzutragen, die Unternehmen von ihrer Belegschaft und Unternehmen von ihrer Kundschaft trennen. Gleichzeitig versuche ich, herauszufinden, wie groß der Widerstand in einem Betrieb dagegen ist, die Welt von außen nach innen zu betrachten. Begriffe wie B2B oder B2C sind verboten und werden durch H2H abgelöst. Wann immer zu diesem Thema Nachfragen kommen, gebe ich gerne das folgende Beispiel: Stellen Sie sich vor, Ihre Frau verschickt mit FedEx, dem Kurier Ihres Unternehmens, eine Vase von Los Angeles nach New York. Die Vase verlässt Kalifornien in einem Stück und trifft in New York in 200 Teilen ein. Als Manager waren Sie dafür verantwortlich, das Kurierunternehmen auszuwählen. Sind Sie betroffen? Natürlich sind Sie das.

Meine Gesamtmission? Firmen und deren Belegschaft mit ihrem gesunden Menschenverstand, ihrer Empathie und ihrer Menschlichkeit wieder zu vereinen. Die fünf Schritte auf diesem Weg lauten wie folgt:

1. EINGESPERRT

„Eingesperrt" klingt nach einem Schwarz-Weiß-Film aus den 1950er-Jahren, einem Gefängnis-Thriller mit einer stiernackigen Wärterin und einer zu Unrecht wegen Ladendiebstahls verurteilten

Frau (ich möchte nicht ausschließen, dass es tatsächlich so einen Film gibt). Eingesperrt trifft als Beschreibung zugleich auf neun von zehn Unternehmen zu, ob sie es nun wissen oder nicht. Und wahrscheinlich trägt eingesperrt zu sein auch dazu bei, dass laut einer von der Small Business Administration 2018 veröffentlichten Statistik ungefähr ein Fünftel aller neugegründeten Unternehmen bereits im ersten Jahr bankrottgehen, die Hälfte aller Start-ups innerhalb von fünf Jahren aufgibt und nur ein Drittel nach zehn Jahren noch dabei ist.[33]

> Meine erste Aufgabe vor Ort besteht dementsprechend auch nicht darin, einen Wandel herbeizuführen, sondern überhaupt erst einmal die Notwendigkeit für einen Wandel zu aktivieren.

Mindestens die Hälfte aller Unternehmen auf diesem Planeten steckt in der Krise – weiß es aber nicht.

Bevor wir uns weiter damit befassen, möchte ich Ihnen von der Hühner-Studie erzählen, von der ich gelesen habe.

Wissenschaftler nahmen Hühner und steckten sie sechs Monate lang in vier Käfige. Als sie schließlich die Türen öffneten, erwarteten die Wissenschaftler, dass die Vögel sofort losstürzen und das Weite suchen würden. Stattdessen sahen sie voller Überraschung, wie die Hühner ein paar vorsichtige Schritte machten und sich dann wieder in ihre Käfige zurückzogen. Soviel zum Thema „Hennen rennen".

Im zweiten Teil der Studie ging das Forschungsteam der Frage nach, wie man die Hühner aus ihren Käfigen locken und dazu bringen konnte, dass sie auch draußen blieben. Am besten, so die Überlegung, würde man die Vögel mit Maiskörnern locken und belohnen.

Zunächst platzierten sie die vier Hühnerkäfige in einem kleinen, eingezäunten Gebiet. Zwei Käfige kamen auf die eine Seite des Raums, die anderen beiden auf die andere Seite, mit knapp einem Meter Platz dazwischen. Aber wo packte man nun die Maiskörner hin? In die Mitte des Raums, gleich weit von sämtlichen Käfigen entfernt? In den Käfigen? Keine dieser Strategien funktionierte. Die

Hühner beäugten den Mais in der Mitte des Raums, blieben aber, wo sie waren. Sie pickten die Körner in ihren Käfigen weg, aber das war es dann auch schon. Schließlich streuten die Wissenschaftler die Maiskörner ein paar Zentimeter vor jeden Käfig. Schon bald verließen alle Hühner ihre Käfige, um sich am Mais gütlich zu tun. Das war der ganze Trick.

Mir für meinen Teil zeigt das „Hühnerkäfig-Syndrom", dass kleine, bescheidene Veränderungen *funktionieren*. CEOs sprechen gerne vom „big picture", vom „großen Ganzen" (zum Beispiel darüber, wo ihre Organisation heute in zehn Jahren stehen wird). Aber ganz im Ernst: Wer kann damit etwas anfangen? Der durchschnittliche Mitarbeiter macht seinen Job seit weniger als fünf Jahren und ist damit im Allgemeinen trotzdem länger dabei als CEO *und* CFO! Wie wäre es denn, wenn sich die CEOs stattdessen darauf konzentrierten, wo das Unternehmen in einem oder in zwei Jahren steht? Damit könnten die Menschen viel eher etwas anfangen. Das Hühnerkäfig-Syndrom zeigt, dass man Veränderungen hin zum gesunden Menschenverstand am besten mithilfe kleiner, greifbarer und sofort „gewinnbarer" Schritte durchführt. Ist ein vorgeschlagener Wandel zu groß, zu kühn, zu ehrgeizig, dann überwiegt die Angst vor dem Unbekannten. Die meisten Unternehmen (was nichts anderes heißt als deren Belegschaft) werden sich dagegen wehren und den Schritt ablehnen.

Eine meiner ersten Aufgabe vor Ort besteht dementsprechend auch nicht darin, einen Wandel herbeizuführen, sondern den Versuch zu unternehmen, überhaupt erst einmal die Notwendigkeit für einen Wandel zu aktivieren. Wo im Unternehmen fehlt es ganz besonders an gesundem Menschenverstand? Um eine Diagnose stellen zu können, wie stark der Widerstand des Unternehmens gegen Veränderungen sein wird, setze ich mich mit so vielen Mitarbeitern wie möglich hin und befrage sie.

Bei diesen Interviews zeige ich meinen Gesprächspartnern normalerweise Fotos, die als eine Art inoffizieller Rorschachtest fungieren. Eine Aufnahme zeigt einen Mann innerhalb einer engen Mauerfläche, der eingezwängt und klaustrophobisch wirkt. Ein anderes Bild zeigt Mutter und Vater, die mit den Armen fuchtelnd auf ein Kind einschreien. „Welches dieser Bilder beschreibt am besten, wie es sich anfühlt, hier zu arbeiten?", frage ich. „Welches Fotos entspricht Ihrer Meinung nach am besten diesem Unternehmen?" Ist nach allgemeiner Einschätzung das Foto mit den Eltern am treffendsten für ein Problem innerhalb des Unternehmens, sprechen die Mitarbeiter und ich anschließend darüber, in welcher Hinsicht die Führungsarbeit Mängel aufweist und wie man sie verbessern könnte. Fotos erleichtern nicht nur das Gespräch, häufig zeigen – und wecken – sie auch Emotionen, die die Mitarbeiter ansonsten vielleicht nur schwer auszudrücken vermocht hätten.

Zu den typischen Anschlussfragen, die ich stelle, gehören: „Welchen Eindruck hatten Sie in den ersten Wochen/Monaten von diesem Unternehmen?" Und „Was hofften Sie zu erreichen oder beizutragen, als man Sie hier eingestellt hat?" Ich frage auch, wie es um das Vermächtnis des Wandels in diesem Unternehmen bestellt ist. „Das spezielle Projekt, an dem Sie hier gearbeitet haben, ist es ein Erfolg geworden?" „Warum (nicht)?" Häufig stelle ich fest, dass die Person beziehungsweise das Team, das einen Wandel oder eine Initiative ins Leben gerufen hat, einen ausgesprochen unorthodoxen Pfad gewählt hat. Man setzte sich über Regeln hinweg, ging Risiken ein und unterlief auch in anderer Hinsicht konventionelle Denkmuster. Ich speichere diese Beispiele ab, wohlwissend, wie nützlich sie als Beispiel sein können, wenn es darum geht, das Verhalten des Unternehmens zu beschleunigen.

Nach zwei, drei Wochen ist das *wahre* Organigramm der Organisation schrittweise klarer geworden. Außerdem verfüge ich über einen bildhaften Schnappschuss vom Umgang des Unternehmens mit Veränderungen.

Themen, die mit dem gesunden Menschenverstand zu tun haben, springen einen zumeist unmittelbar an, doch manchmal sind Unternehmen nicht bereit, auch nur über kleine, vernünftige oder offensichtliche Veränderungen nachzudenken. Das stellte ich fest, als ich es mit der Führungsriege eines der weltgrößten Hersteller von Plastikflaschen zu tun hatte.

Wir saßen in einem Workshop und sprachen darüber, wie wichtig es ist, seine Kunden zu kennen. Eine der Managerinnen hob ihre Hand. Sie verstehe die Kunden des Unternehmens *extrem* gut, erklärte sie. Das führte zu einem Gespräch über den globalen Plastikverbrauch, über Sorgen wegen des Klimawandels und darüber, welche Faktoren am stärksten für Schäden an der Umwelt verantwortlich sind. Etwas überraschend sah die Managerin die Schuld einzig bei den Verbrauchern. „Wenn die Menschen weniger Plastik in ihrem Leben wollen, sollen sie doch einfach aufhören, Plastikflaschen zu verwenden", sagte sie. Schockiert bat ich sie, mir das näher zu erläutern. „Hören Sie", sagte sie. „Niemand *zwingt* jemand, eine Plastikflasche zu verwenden. Wir alle können Entscheidungen in unserem Leben treffen." Ich erinnerte sie daran, dass in vielen Regionen des Planeten Wasservorräte begrenzt seien und die Menschen in Teilen von Afrika und Asien keine Alternative zu Plastikflaschen hätten. „Und was ist mit diesen Käsestücken, die allesamt einzeln in Plastik verpackt sind?", sagte ich. „Ist das ebenfalls die Schuld der Verbraucher?" „Ja", sagte die Managerin. „Wenn sie nicht wollen, müssen sie den Käse doch nicht kaufen."

Egal, was ich sagte oder welche Argumente ich anführte, es änderte nichts an ihrer Haltung. Sie beharrte steif und fest darauf, dass ausschließlich die Verbraucher Schuld seien an den Plastikbergen, die rund um den Globus Mülhalden und Meere verstopfen. Ich war anderer Meinung. Sah sie denn nicht, dass ihr Unternehmen Plastik produzierte – genau genommen einen nicht einmal so kleinen Anteil der Gesamtmenge?! Auch meine Meinung machte für sie keinen Unterschied. Keiner von uns sah die Dinge so wie sein Gegenüber.

Legt ein Manager eine derart unnachgiebige und dogmatische Haltung an den Tag, kollidiert das natürlich mit dem gesunden Menschenverstand – vor allem dann, wenn es darum geht, sich in die Sorgen der Verbraucher bezüglich der Umwelt einzufühlen.

Noch einmal zurück zum Konzept des „Eingesperrtseins". Meine Mission besteht darin, Unternehmen zu zwingen, sich nicht von innen nach außen zu betrachten, sondern von außen nach innen. Einige simple Übungen tragen dazu bei, diesen Prozess zu erleichtern.

Die erste Übung wurde von der Industriedesignerin und Autorin Ayse Birsel inspiriert. Ich versammle alle in einem Raum, verteile Stifte und Papier und bitte alle, ein Porträt von der Person neben sich anzufertigen. Das klingt leicht oder simplifizierend, sagen Sie? Dann haben Sie es möglicherweise noch nie versucht. Um das Porträt einer anderen Person zu zeichnen, müssen Sie ihr direkt ins Gesicht blicken und die Person, die *Sie* zeichnet, muss Ihnen ganz genauso ins Gesicht schauen. Dieses gegenseitige Anstarren sorgt für ein sofortiges Band der Empathie, insbesondere in einer Welt, in der wir von unseren Telefonen gefesselt sind und nur selten direkten Augenkontakt mit anderen Personen eingehen. Die Zeichnungen, die dabei entstehen, sind normalerweise katastrophal – arbeiten hier denn nur Meeresungeheuer? –, aber das ist gar nicht der Punkt. Ziel ist es, bei den Mitarbeitern das Gefühl der Empathie zu steigern.

Für die zweite Übung statte ich die Mitarbeiter mit Sofortbildkameras aus und bitte sie, wann immer sie einen Mangel an gesundem Menschenverstand beobachten oder erleben, diesen zu fotografieren. Vielleicht sind das Reisespesen, die erst nach zwei Monaten erstattet werden, oder ein Screenshot aus dem Callcenter von einer Kundin, die ihre Kreditkarte kündigen wollte, dazu aber zunächst einmal sechs unterschiedliche Formulare ausfüllen muss. Die Mitarbeiter posten diese Fotos dann zusammen mit einer kurzen Beschreibung auf einem schwarzen Brett, in diesem Fall also: „Eine Kundin musste ein halbes Dutzend Formulare ausfüllen und drei Wochen warten, bevor wir ihre Kreditkarte aus dem Verkehr zogen." Nach zwei Wochen hängen vielleicht ein Dutzend Fotos am schwarzen Brett, vielleicht auch noch mehr. Ich unterteile sie in Kategorien. Eine heißt „Fehlender gesunder Menschenverstand in der Kreditorenbuchhaltung", eine andere vielleicht „Fehlender gesunder Menschenverstand bei der Unterstützung von Kunden in Krisensituationen". Eine dritte könnte mit „Genehmigungen von Dienstreisen" betitelt sein. Schon bald kann man erkennen, wo im Unternehmen in den täglichen Abläufen der gesunde Menschenverstand abhandengekommen ist. Erinnern Sie sich noch an die Geschichte von der Fernbedienung, die ich zu Beginn erzählt habe? Dann werden Sie auch noch wissen, dass sich *interne* Probleme eines Unternehmens normalerweise auch *extern* niederschlagen.

Mithilfe der Fotos vom schwarzen Brett erstellen das Management und ich dann die Fantasie von einem idealen Unternehmen. Bevor wir das tun, müssen wir aber zunächst einmal selbstverständlich die auf dem schwarzen Brett angesprochenen Probleme aus der Welt schaffen, sage ich den Führungskräften.

Wie bereits gesagt: Geschäftsführung und Belegschaft müssen begreifen, welches *Leid* ihre Kunden und Mitarbeiter durchmachen – sei es der Marketingmanager, der sein Kreditkartenlimit ausgereizt hat, weil seine Firma ihm die Reisekosten noch nicht erstattet hat, oder der Hotelgast, der vor Jetlag kaum noch geradeaus gucken kann, aber trotzdem gezwungen ist, an der Rezeption Small Talk zu betreiben.

> Der durchschnittliche Mitarbeiter macht seinen Job seit weniger als fünf Jahren und ist damit im Allgemeinen trotzdem länger dabei als CEO *und* CFO! Wie wäre es denn, wenn sich die CEOs stattdessen darauf konzentrierten, wo das Unternehmen in einem oder in zwei Jahren steht?

Wie würde das ideale Unternehmen mit derartigen Problemen umgehen? Wie lässt sich die Mission in einem einzigen Wort zusammenfassen, das die Aufgabe der Firma klar definiert? Bei Volvo ist das „Sicherheit", bei Google „Suche". Bei Disney ist es „Magie" und bei der Dorchester Collection war das Wort „ikonisch". Bei Maersk war es „One-Touch", was sich auf den revolutionären neuen Umgang des Unternehmens mit seinen Kunden bezog. Bei Swiss International Air Lines war es „Swissness" und bei Cath Kidston „sorglos".

Und wie lautet das Wort für *Ihr* Unternehmen? „Reaktionsschnell"? „Cool"? „Menschlich"? Überlegen Sie sich ein Wort – und *besetzen* Sie es. Ist Ihr Wort „menschlich", dann sollten Sie auch danach streben, in all Ihren Begegnungen und bei all Ihren Berührungspunkten Menschlichkeit an die allererste Stelle zu stellen und Menschlichkeit in sämtlichen Entscheidungen und Initiativen Ihres Unternehmens in den Vordergrund zu rücken. Indem Sie ein einzelnes Wort wählen (idealerweise eines mit Bedeutung), zwingen Sie sich, die Messlatte höher zu legen und Ihr Arbeitsumfeld und die Interaktion mit Ihren Kunden zu verbessern. Gleichzeitig geben Sie sich den allumfassenden Auftrag, für ein Arbeitsumfeld zu sorgen, in dem die Belegschaft nicht ständig die Erlaubnis für irgendetwas einholen muss. Im besten Fall wird „menschlich" zu einer sich selbsterfüllenden Prophezeiung.

Kurzum: Brechen Sie aus Ihrem Eingesperrtsein aus. Seien Sie menschlich.

2. MUT

Sie haben gewiss schon einmal in einer Schule, einem Unternehmen oder einem Gebäude der Stadt eines dieser auffälligen Fluchtwegschilder gesehen? Sie dienen natürlich dazu, im Fall eines Brandes sicher aus dem Raum zu führen. Doch die Sache ist die: Wer schon einmal in einem *echten* Feuer steckte, der wird wissen, dass dieses Schild in den meisten Fällen wahrscheinlich keine große Hilfe ist. Ein Zimmer, in dem es brennt, füllt sich rasch mit Rauch. Die Menschen kriechen in Panik auf dem Boden herum auf der Suche nach dem nächstgelegenen Ausgang. Aber wo *ist* der Ausgang? Der Raum ist so stark mit Rauch gefüllt, dass niemand etwas sehen kann. Warum also sind die Notausgangschilder über den Türen angebracht, wenn es unwahrscheinlich ist, dass Menschen, die in einem Raum gefangen sind, das Schild während eines Brandes sehen? Wäre es nicht sinnvoller, die Schilder dichter am Boden anzubringen, auf Augenhöhe der Menschen, die sich verzweifelt bemühen, dem Brand zu entkommen? In Skandinavien und Japan halten das immer mehr Unternehmen so.

Anders? Ja. Aber diese Unternehmen haben den Mut aufgebracht, traditionelle Sicherheitskonzepte zu hinterfragen, und sich stattdessen für eine Vorgehensweise entschieden, die dem gesunden Menschenverstand entspricht.

Der zweite Schritt – „Mut" – beginnt, wenn Unternehmen und Mitarbeiter kleine Veränderungen einleiten, die unmittelbar zu positiven Ergebnissen führen. Anders formuliert: Nun werden die Hühner endlich aus ihren Käfigen gelockt. Das geschieht während einer Phase, die ich als „90-Tage-Intervention" bezeichne.

Haben Sie es gemerkt? Ich habe nicht von „5-Jahre-Intervention" oder auch nur „1-Jahr-Intervention" gesprochen, nein, ich rede von 90 Tagen, was dem Zeitplan für Aktienunternehmen entspricht, die alle 90 Tage Quartalsergebnisse vorlegen müssen. Erklären Sie einem Unternehmen, wie es sich ändern sollte, und die meisten werden Ihnen geduldig zuhören und dann zustimmen, dass Wandel erforderlich „und gut" ist. Das Problem dabei: Nach einigen Monaten ist die Begeisterung spürbar abgeklungen. Den Firmen wird klar, dass sie sich eigentlich gar nicht verändern möchten, und sie kehren sofort zu ihrer Standardmentalität zurück.

Anstatt langatmig darzulegen, welche Veränderungen mir vorschweben, schlage ich vor, einfach loszulegen und *zu machen*. Lassen Sie es mich anders erklären: Stellen Sie sich vor, Sie werden gleich zum ersten Mal Rad fahren, und jemand besteht darauf, dass Sie vorher das 82-seitige Fahrradhandbuch studieren. Aller Wahrscheinlichkeit nach wird Ihnen das überhaupt nichts bringen. Sie müssen auf das Rad steigen, wackeln, in die Pedale treten, noch etwas mehr wackeln, kippen, stürzen, wieder auf das Rad steigen, ein paar Meter schaffen und dann erneut umkippen. Erst dann sollten Sie sich die Zeit nehmen und das Fahrradhandbuch lesen.

Teil dieser Strategie ist es, rasch, akkurat und effizient Dinge zu erledigen – innerhalb einer Frist von 90 Tagen. Läuft die Uhr, verleiht das den Abläufen ein Gefühl der Dringlichkeit, das im Normalfall die Firmenpolitik aushebelt. Je geschäftiger und konzentrierter Mitarbeiter auf ein Ziel zuarbeiten, desto mehr tritt meiner Erfahrung nach Firmenpolitik in den Hintergrund. Wenn man nur 90 Tage Zeit hat, eine Reihe kleinerer Veränderungen umzusetzen, wem bleibt dann Zeit für Machtspielchen oder hinterhältige Attacken auf Kollegen?

„Mut" konzentriert sich auf kleine, leichte Erfolge oder „Belegpunkte", wie ich sie nenne – firmenweite Beispiele für gesunden Menschenverstand, die sich rasch umsetzen lassen und dazu führen, dass das Leben für alle einfacher und besser wird. Vielleicht ist es eine neue Regel, wonach man niemand mehr in CC und BCC setzen darf, oder die Vorgabe, dass Sie Kollegen, die weniger als zehn Meter vom eigenen Schreibtisch entfernt sitzen, nicht anrufen dürfen und ihnen auch keine E-Mails oder Kurznachrichten schicken dürfen. Stehen Sie auf, gehen Sie zu dem Kollegen, *reden* Sie mit ihm.

Warum sind kleine Schritte so wichtig? Denken Sie noch einmal an die Hühner. Als die Forscher die Maiskörner in der Mitte des Raums platzierten, waren die Hühner wie festgefroren. Und auch als die Maiskörner innerhalb des Käfigs lagen, reagierten die Vögel kaum. Als die Forscher die Körner jedoch einige Zentimeter vor die Käfigtür legten, wagten sich die Hühner aus ihrem Käfig – und blieben draußen. Die Hühner gaben sich untereinander die „Erlaubnis", sich zu verändern, ja, sie „ermutigten" sich gegenseitig. Bedenken Sie die Alternative: Ich übergebe dem Management eine lange Liste mit geplanten Veränderungen. Eine oder zwei davon funktionieren nicht so wie geplant und schon stürzen sich die üblichen Neinsager im Unternehmen darauf und nutzen dies als Beweis dafür, dass selbst vermeintlich unbedeutende Veränderungen zum Scheitern verurteilt sind. Diese kleinen Schritte verwandeln sich in *negative* Belegpunkte. Bei Workshops bitte ich die Teilnehmer, sich im Brainstorming Lösungen für einfache Probleme einfallen zu lassen. In neun von zehn Fällen hebt dann jemand die Hand und schlägt eine App vor. Meine Reaktion darauf ist stets dieselbe: Lässt sich das Problem nicht ohne die Hilfe einer App lösen, kann es in den meisten Fällen überhaupt nicht gelöst werden. Lösen Sie es zunächst von Hand und denken Sie erst dann darüber nach, es auf eine App zu übertragen. Im Allgemeinen jedoch lassen sich 99 Prozent aller Probleme ohne eine App aus der Welt schaffen.

Aus operativer Sicht wird keine dieser Veränderungen und keiner dieser Belegpunkte tiefgreifende Auswirkungen auf ein Unternehmen haben. Aber diese Punkte bewegen etwas in einem Bereich, den die Belegschaft bislang für ein unumstößliches Firmengesetz gehalten hatte, und das hat starken Einfluss auf die Firmenkultur. Und wenn kleine Veränderungen schon unmittelbare und positive Auswirkungen haben können, stellen Sie sich vor, was viel größere Änderungen zu bewirken vermögen.

Und das Beste daran: Häufig kommt der Anstoß zu derartigen Veränderungen von Mitarbeitern, von denen man das am allerwenigsten erwartet hätte. Wenn ich in meinen vorläufigen Interviews feststelle, dass ein in der Hierarchie eher unten stehender Mitarbeiter (nennen wir ihn Jim) eine großartige Idee hat, stelle ich sie sofort dem CEO vor. Natürlich sagt der CEO meistens: „Es überrascht mich, dass wir das noch nicht längst getan haben." Dann erteile ich Jim die Erlaubnis, seine Idee in der gesamten Organisation umzusetzen. Das macht ihm (und seinen Kollegen) deutlich, dass seine Ideen (und die aller anderen) genauso wichtig sind wie die aller anderen. Im Laufe der Jahre habe ich dafür die Bezeichnung „Fahrstuhl-Ansatz" entwickelt, weil ich die Ansicht vertrete, dass ein Unternehmen imstande sein sollte, etwas von ganz unten nach ganz oben zu heben und dabei die

„eingefrorene Mitte", wie ich sie nenne, zu überspringen und einen sofortigen und umfassenden Wandel einzuleiten. In vielen Organisationen ist das mittlere Management überarbeitet, es muss mit knappen Ressourcen zurechtkommen, es mangelt ihm an Befugnissen oder Anreizen für einen Wandel und im Grunde lähmt es die gesamte Organisation.

Als nächstes bitte ich die Mitarbeiter, sich vorzustellen, wie wohl jemand aus dem Unternehmen reagieren würde, wenn er allein schon die Vorstellung von Veränderung albern oder sinnlos fände. Auf welche Weise würde diese Person dagegenhalten? Ich habe die Feststellung gemacht, dass man rasch erkennt, wie albern viele Einwände klingen, wenn man einen Neinsager darstellen soll, der sich vehement gegen jedwede Veränderungen sperrt. Auf diese Weise lässt sich der Organisation vom Start weg eine positive Denkweise antrainieren.

Eine gute oder innovative Idee ist wie ein perfektes Rechteck. Durchläuft dieses Rechteck eine Organisation, werden die vier spitzen Ecken – die stellvertretend für das stehen, was die Idee so neu, frisch oder bemerkenswert macht – in vielen Fällen geschliffen, bis davon nichts mehr zurückbleibt. Zum Schluss sieht das Rechteck eher wie ein Kreis aus, der alle und damit niemand zufriedenstellt. Worum handelt es sich bei den kleinen Veränderungen, deren Umsetzung das Unternehmen zugestimmt hat? Sind es intakte Rechtecke oder wurden sie dermaßen stark abgeschliffen, dass sie nun abgerundete Ecken aufweisen? Welche Kompromisse wurden eingegangen?

Die Mitarbeiter, die den Wandel anführen, müssen das ursprüngliche Konzept verstärken, und zwar manchmal wieder und wieder. Sie müssen es *genau so*, wie es ursprünglich war, aufschreiben und festhalten, an welchen Stellen Kompromisse vereinbart wurden. Dann müssen sie zurückgehen und die vier Ecken der Uridee wieder schärfen.

Jetzt fragen Sie sich vielleicht, warum man sich die Mühe machen sollte, diese Dinge schriftlich festzuhalten. Nun, wenn sich das Immunsystem eines Unternehmens wieder zu Wort meldet, findet gelegentlich ein Sinneswandel statt, es kommt zu nachträglicher Kritik, das unsichtbare Gewicht der Bürokratie erdrückt die Menschen und ehe man sichs versieht, haben zahllose Kompromisse kühne Rechtecke in extrem breiige Kreise verwandelt. Schreibt man eine Idee nieder, fällt es später viel leichter, sie sich noch einmal vorzunehmen. Sie können vergleichen, wie Ihr Konzept ganz am Anfang einmal ausgesehen hat und wie es sich seitdem entwickelt (oder zurückentwickelt?) hat.

Ein Beispiel, das einige Jahre zurückliegt: Damals bat man mich, eine Strategie zu entwickeln, wie man Kindern mit Krebs vor und während ihrer funktionellen Magnetresonanztomographie (fMRT) die Angst nehmen könnte. Es gab mehrere ähnliche Herausforderungen in den Vereinigten Staaten, also steckte sich mein Team das Ziel, dafür zu sorgen, dass sich die Kinder in diesen kalten, furchteinflößenden Maschinen wohler fühlen.

Wir beschlossen, eine Umgebung zu erschaffen, wie sie die meisten Kinder lieben: den Strand. Wir kreierten eine Atmosphäre, die so beruhigend war, dass sie den Kindern die Angst und die Anspannung nahm. Die Grundidee war ganz einfach: Wir würden den Untersuchungsraum, in dem die fMRT stattfand, bildlich gesprochen in einen Strand verwandeln. Wenn das Konzept ein Rechteck mit vier spitzen Ecken war, dann sah es so aus: Eine Ecke war eine enorme Sandburg. Eine weitere Ecke spielte Geräusche von Wellen und Meeresvögeln ab. Eine dritte Ecke war eine Bank mit mehreren Pflanzen, wie man sie sich am Strand vorstellen konnte, darüber ein Bild vom Meer. Und für die vierte Ecke mussten die Techniker aus ihren sterilen Laborkitteln in ein eher tropisches Outfit schlüpfen.

Alle liebten die Idee – „*In-te-res-sant!* Aber wissen Sie, Martin … statt einer echten Sandburg tut es doch auch ein Scanner, den wir sandbraun anstreichen, oder? Sollen wir wirklich Meeresgeräusche abspielen, das lenkt doch das Personal und die Patienten bloß ab und nervt sie, oder? Wäre es nicht leichter, mit Kopfhörern zu arbeiten? Und wir bleiben doch besser bei den üblichen weißen Uniformen und pappen ihnen lustige Namensschilder dran, ‚Doktor Eiscreme' oder so. Na, wie finden Sie das, Martin? *Moment*, wissen Sie, was noch besser wäre: Wir beauftragen jemand damit, eine Reihe von Cartoons über Strände und Eiscreme zu zeichnen und geben den Kindern das, wenn sie in den Raum kommen. Das finden die garantiert toll ..."

Noch einmal: Schreiben Sie Ihre Idee *exakt* so auf, wie sie war – und verteidigen Sie sie mit Klauen und Zähnen.

3. FEIERN

Mittlerweile haben sich die ersten ein, zwei Hühner vorsichtig aus ihrem Käfig gewagt. Sie haben die Maiskörner entdeckt und machen sich darüber her. Die anderen Vögel verfolgen das neidisch. Werden sie im Käfig bleiben oder schließen sie sich dieser kleinen Völlerei an? Um die anderen Hühner zum Mitmachen zu bewegen, gibt es nur eine einzige Möglichkeit: Man muss ihnen positive Vorbilder liefern. Die ersten beiden Hühner, die den Käfig verlassen haben, haben keinen Schaden genommen, so viel steht schon einmal fest. Sie scheinen sich im Rampenlicht sogar ganz wohlzufühlen. Zeigt das nicht, dass es wirklich in Ordnung ist, den Käfig zu verlassen?

Dazu passt, dass nach meiner Erfahrung die meisten Mitarbeiter zu Beginn einer 90-Tage-Intervention energiegeladen sind, optimistisch und begierig, einen Wandel in die Wege zu leiten. Doch nach 90 Tagen (typischerweise meist um Tag 75 bis 80 herum) erlahmt der Optimismus, weil entweder das Immunsystem des Unternehmens nicht auf Veränderungen eingestellt ist oder weil die Mitarbeiter mit Zweifeln bombardiert werden.

Ich habe eine Theorie, woran das liegt. Überlegen Sie, wie langsam oder rasch die Zeit abhängig davon verstreicht, wo man sich aufhält und was man tut. Nehmen wir an, Sie sind im Flugzeug und warten darauf, aussteigen zu können, da meldet sich der Kapitän über Bordfunk und sagt, dass es technische Probleme gibt („Wir melden uns, sobald wir Näheres wissen."). Schlagartig werden aus fünf Minuten gefühlte fünf Stunden. In Phasen des Wandels verändert sich unsere Wahrnehmung der Zeit auf unerklärliche Weise. Ohne konstante, fortwährende Kommunikation und Beweise für Veränderungen wächst bei der Belegschaft das Gefühl, es gehe überhaupt nicht voran. Hat die Belegschaft nach 90 Tagen das Gefühl, sie arbeite härter als die Geschäftsführung an einem Wandel hin zu mehr gesundem Menschenverstand, wird sie vermutlich den Glauben an das Projekt, an das Management *und* an das Unternehmen verlieren.

Deshalb muss der Wandel auf der allerhöchsten Ebene zu sehen sein, entweder indem der CEO auf den Fluren auftaucht oder indem sich ranghohe Führungskräfte die Zeit nehmen, persönlich auf E-Mails der Mitarbeiter oder Beschwerden der Kunden zu antworten. Derartige Gesten zeigen dem Unternehmen, dass *tatsächlich* ein Wandel stattfindet.

Was den Kundendienst anbelangt, ist Inditex ein gutes Beispiel. Das Mutterunternehmen von Zara, einem weltweit führenden Modehändler, weiß dank seines hochmodernen Datenzentrums immer tages- und teilweise sogar stundengenau, wie die Verkaufszahlen aussehen. Trotzdem rufen Inditex-Mitarbeiter jeden Nachmittag jeden einzelnen ihrer Einzelhändler persönlich an. Was ich damit sagen möchte: Selbst wenn Sie Probleme im Kundendienst ausgemacht haben, belassen Sie es nicht dabei. *Besuchen* Sie Ihre Kunden. Machen Sie ein Video, schießen Sie ein Foto, teilen Sie, was Sie in wöchentlichen Meetings gelernt haben.

Wichtiger für Ihre Mitarbeiter ist es, dass Sie Ihre Siege *feiern*. Nur selten zelebrieren Organisationen wirklich besondere Gelegenheiten und wenn doch, dann geht es zumeist um langweilige wirtschaftliche Kennzahlen, um gestiegene Aktienkurse oder eine oberflächliche E-Mail im Posteingang („Hey, Barbara aus der Buchhaltung wird nächste Woche 50. Wer gibt etwas für eine Torte und eine Hot-Stone-Massage dazu?"). Diese Art von Feier dient in erster Linie dazu, die Personalabteilung glücklich zu machen oder den Mitarbeitern einen Knochen hinzuwerfen, und häufig endet damit auch schon das, was das Unternehmen unter „Würdigen der Firmenkultur" versteht. Der gesunde Menschenverstand aber sagt, dass das schlicht nicht ausreicht – insbesondere dann nicht, wenn gute, positive Veränderungen erzielt und zu Belegpunkten wurden, die Hoffnung machen.

Feiern ist ganz einfach. Es geht darum, dass Firmen ihre kleinen, greifbaren Erfolge bejubeln sollen. Zu feiern ist *wichtig*. Und es macht tatsächlich einen Unterschied.

Kleine Siege zu beachten und zu feiern stärkt bei den Mitarbeitern den Glauben, tatsächlich für das richtige Team am Start zu sein. Egal, wie klein und unbedeutend eine Veränderung wirken mag, sie hat doch für andere Mitglieder des Stammes zumindest symbolischen Wert. Wenn ein Unternehmen Beiträge anerkennt und feiert, dann zeigt es, dass die Geschäftsführung ihren Mitarbeitern nicht nur zuhört, sondern sie auch wertschätzt.

Über den „Feiern"-Schritt können die Firmen auch Helden küren – Mitarbeiter, die während der 90-Tage-Intervention gegen das Immunsystem des Unternehmens ankämpften und sich trotz starken Widerstandes durchsetzen konnten.

4. KÄFIG KONTROLLIEREN – UND EROBERN

Vor allem im Westen folgen Filme traditionell einer altbewährten Formel: Sie sind unterteilt in drei Akte, von denen der zweite der längste ist. In Akt 1 lernen wir die Charaktere kennen und bekommen schnappschussartig Einblick in ihr Leben. Zum Ende des ersten Aktes hin geschieht etwas: Ein Mann sagt seiner Ehefrau, er habe sich in jemand anderes verliebt. Eine Frau zieht zurück in ihre kleine ruhige Heimatstadt, um sich um ein kränkelndes Elternteil zu kümmern. Der Pate wird erschossen. In Akt 2 wird dieser Handlungsstrang weitergeführt, es kommen Nebencharaktere, Konflikte, Rückschläge und Engpässe hinzu. Augenblicke vor dem Ende des zweiten Aktes kommt der „Jetzt ist alles verloren"-Moment: Die Hauptdarstellerin findet heraus, dass ihr Verlobter in seinen Trauzeugen verliebt ist. Die Hochzeit ist geplatzt. Sie verliert ihren Job. Sie überwirft sich mit ihrer besten Freundin. Wie gesagt, alles ist verloren. Aber im dritten Akt werden all diese Konflikte auf dem Weg zu einem Happy End aufgelöst.

Vielleicht war es Ihnen nicht bewusst, aber auch bei allen kulturellen Transformationen finden wir diese Struktur. Sieht man sich Lehrbücher aus den Business Schools der 1970er- und 1980er-Jahre an, läuft ein Wandel im Unternehmen quälend langsam ab. Auf der x-Achse einer Grafik beginnt die Zickzacklinie am linken Rand hoch oben, wo sie den Erfolg (und die Selbstzufriedenheit) eines Unternehmens signalisiert, bevor sie abstürzt und schließlich wieder einen Höhepunkt erreicht, der sich nicht von dem Ausgangspunkt unterscheidet.

Derartige Grafiken ergeben heutzutage zumeist keinen Sinn. Wandel in Unternehmen beginnt am tiefsten Punkt der Achse (und steht für schlechte Moral) und erfolgt oftmals rasch. Die Linien in der Grafik steigen und steigen weiter. Und gerade, wenn man meint, ab sofort geht es nur noch aufwärts (etwa nach Erreichen von drei Viertel des Höchstwerts), geht die Linie in die Waagerechte über und fällt sogar wieder leicht ab. Da erleben wir auf ein Unternehmen übertragen den „Alles ist verloren"-Moment aus dem Kino.

Immer, wenn der Umwandlungsprozess zu drei Vierteln abgeschlossen ist, gerät eine Firma ins Trudeln. Das geschieht, wenn dem Unternehmen klar wird, dass Veränderung keine abstrakte Idee oder Theorie ist. Nein, Veränderung ist *real*. Auch den Mitarbeitern wird – teilweise zum ersten Mal – bewusst, dass *auch sie selbst* sich ändern müssen. Bei diesem Schritt („Käfig kontrollieren – und erobern") sperren Sie im Grunde sämtliche Hühnerkäfige ab, um zu verhindern, dass die Mitarbeiter (oder die Hühner) sich wieder in den Käfig flüchten und dort verstecken. Bevor Sie das tun, sind Sie manchmal gezwungen, ein, zwei Fehlschläge über sich ergehen zu lassen. Lassen Sie mich erklären, was ich damit meine.

Bei einem Workshop mit einem unserer Kunden aus der Modebranche fanden sich meine Kollegen und ich von erstaunlichen 180 unterschiedlichen Mustern umgeben, und das in einer Branche, in der eher zehn bis 20 Muster die Norm sind. Signatur-Design zierte Handtaschen, Schuhe, Hosen, Tapeten und zig weitere Dinge. Worin bestand der Sinn in derart vielen Mustern, von denen viele auch noch bis zu zwei Dutzend unterschiedliche Farben enthielten? Das war kostspielig und unproduktiv. Meine Kollegen und ich überzeugten die Geschäftsführung, die Zahl der Muster deutlich zu beschneiden, von 180 auf 25. Als wir den Workshop verließen, hatten wir das Gefühl, wir hätten ordentlich Fortschritte erzielt.

> Ich bitte die Mitarbeiter, eine kleine Sache zu verändern, die dazu führt, dass ihr Leben, ihre Umgebung und ihr täglicher Gang zur Arbeit leichter oder zumindest erträglicher wird.

Doch Zeit ging ins Land und eines der Designteams änderte sich nicht im Geringsten. Trotz allem, was wir während des Workshops besprochen hatten, arbeitete das Unternehmen weiterhin mit 111 unterschiedlichen Mustern. „Was ist denn mit all den Dingen, über die wir beim Workshop gesprochen haben?", wollte ich wissen, woraufhin mir das Management beschied, dass eine Abteilung unser Urteil nicht akzeptiert habe. Eine ranghohe Führungskraft riet mir sogar zur Vorsicht, sollte ich mich in traditionelle Abläufe einmischen, woraufhin ich erwiderte: „Wenn Sie das nicht augenblicklich unterbinden, erteilen Sie dem gesamten Unternehmen das Mandat, sich *nicht* zu ändern. Sie vermitteln dem Rest des Unternehmens das Signal, dass Wandel nicht von Bedeutung ist." Es stimmt: Kurzfristig würden unsere Vorschläge dem Unternehmen möglicherweise Geld kosten und „Abläufe durcheinanderbringen", aber langfristig stand außer Frage, dass es zum Vorteil des Unternehmens sein würde. Die

Führungskraft verstand das, tätigte einen Anruf und das Problem war aus der Welt. Das meine ich mit „erobern".

Aber hier ist der Knackpunkt: Für alle auftretenden Probleme sollten Sie sich eine konkrete Lösung zurechtlegen – und diese Lösung an alle im Unternehmen kommunizieren. Tun Sie das nicht, werden die Leute anfangen zu reden. Sie werden überall herumerzählen, dass sich die Dinge nicht geändert hätten und ein Wandel unmöglich durchzudrücken sei. Langsam aber sicher werden sich die Hühner ihren Weg zurück in die Käfige suchen, wo sie dann für den Rest ihres Lebens bleiben, sanft seufzend und vor sich hin gackernd.

5. BEITRAGSKULTUR

Im Schritt „Beitragskultur" ernennen Sie Change Agents für gesunden Menschenverstand – und lassen sie dann auf die Organisation los. Aber Ihre Wahl sollte wohlüberlegt sein.

Einen Change Agent für gesunden Menschenverstand stellt man sich am besten als eine Art Personal Trainer vor, der Ihr Work-out im Fitnessstudio leitet. Seine Aufgabe besteht darin, Sie über Ihre Grenzen der Bequemlichkeit hinaus zu fordern und Sie zu ermutigen oder sogar anzustacheln, wenn Sie sich faul fühlen, an sich selbst zweifeln oder nicht genügend Fortschritt erzielen. Personal Trainer sorgen dafür, dass Sie nicht das Handtuch werfen, weil Ihnen die Arme wehtun, Ihr Gesicht rot angelaufen ist und Sie am liebsten kapitulieren und nach Hause gehen wollen.

Ich hatte vorhin bereits darüber geschrieben, dass es häufig Mitarbeiter aus den unteren Hierarchieebenen sind, die für Unternehmensprobleme Lösungsansätze mit einem hohen Maß an gesundem Menschenverstand entwickeln. Unser ausgedachter Mitarbeiter Jim wurde vom Unternehmen gewürdigt, möglicherweise zum ersten Mal, und er stand einen Augenblick lang im Rampenlicht. Seit damals ist Jim ein wahrer Gläubiger geworden. Andere Mitarbeiter haben gesehen, wie es Jim ergangen ist, und nun hätten sie auch gerne derartige Aufmerksamkeit. Das sind die Mitarbeiter, die am ehesten als Change Agents für gesunden Menschenverstand berufen werden.

Normalerweise nehme ich sie beiseite und bitte sie, eine kleine Sache zu verändern, die dazu führt, dass ihr Leben, ihre Umgebung und ihr täglicher Gang zur Arbeit leichter oder zumindest erträglicher wird. Vielleicht ist das eine Änderung am Meetingkalender des Unternehmens, vielleicht ist es aber auch nur eine Umbenennung des Konferenzraums 2871LSPG9 in den „Avengers-Raum" oder den „Jay-Z-und-Beyoncé-Raum".

Warum bitte ich sie um so etwas? Nun, zum einen muss ihnen klar werden, wie schwierig Veränderungen sind. Sind Sie Rechtshänder? Haben Sie je versucht, sich die Zähne mit der linken Hand zu putzen? Es ist eine merkwürdige, geradezu bizarre Erfahrung. Wandel kann schwierig sein.

Wie auch immer: Haben diese Mitarbeiter ihre einzelne Veränderung für den Monat vorgenommen, bitte ich sie, der Gruppe die Ergebnisse zu präsentieren. Dann bitte ich sie, fünf Personen aus dem Unternehmen auszuwählen, die sie entweder gut kennen oder mögen und respektieren. Das sind Menschen, die sich dazu bringen lassen, Dinge zu tun. Die Hauptaufgabe der Change Agents besteht darin, ständig die Notwendigkeit von Veränderungen zu aktivieren – die unvermeidbar dann gegeben ist, wenn Mitarbeiter auf Dinge stoßen, die dem gesunden Menschenverstand zuwiderlaufen.

Zu den Eigenschaften, die die weltweit am meisten bewunderten Führungspersönlichkeiten auszeichnen, gehört in vielen Fällen, dass sie Geschichten erzählen können. Diese Tatsache vergessen die meisten Unternehmen. Aber wenn Ihre Mission darin besteht, Ihre Belegschaft zu etwas zu inspirieren, dann ist das allerletzte, was Sie tun sollten, die Menschen mit einem Trommelfeuer aus Zahlen oder Statistiken einzudecken, die zeigen, wie großartig oder wie schlecht das Geschäft läuft. Egal, wie nützlich sie sein mögen: Fakten und Statistiken sprechen den rationalen Teil unseres Gehirns an, Punktum. Die Entwicklung des Aktienkurses beeindruckt uns möglicherweise, berührt uns aber emotional nicht. *Niemand* trifft eine Entscheidung mit dem rationalen Teil seines Gehirns. Gut erzählte Geschichten dagegen sind *emotional*. Wenn Sie versuchen, einen Wandel herbeizuführen, dann lassen Sie sich eine positive und erinnerungswürdige Geschichte einfallen, mit deren Hilfe Sie Ihren Mitarbeitern vermitteln, um was es Ihnen geht.

Ich will Ihnen ein Beispiel nennen: In den frühen 1960er-Jahren besuchte US-Präsident John F. Kennedy das NASA-Hauptquartier in Houston, Texas. Kennedy fragte einen Mitarbeiter, warum er dort sei. Der Mann erwiderte nicht etwa, dass es seine Aufgabe sei, Bauteil 4798 zu kontrollieren und zu inspizieren, sondern er sagte einfach: „Mister President, ich bin hier, um einen Mann auf den Mond zu bringen."

Metaphern sind auf einzigartige Weise dafür geeignet, allen innerhalb einer Organisation das Gefühl zu vermitteln, Teil einer großen gemeinsamen Mission zu sein. Niemand stellt sich hin und hinterfragt Metaphern. Wenn ich Ihnen erzähle, dass Legos Produktion sich auf 124 Millionen kleine Kunststoffbausteine pro Jahr beläuft, sind Sie bereits weggedöst, bevor ich „pro Jahr" gesagt habe. Aber wenn ich Ihnen sage, dass eine Jahresproduktion an Legosteinen übereinandergelegt bis zum Mond und zurück reicht, dann werden die Worte – und die Idee – lebendig. Vielleicht können Sie sich dieses Bild nicht vorstellen, aber Sie können sich dahinter stellen. Metaphern sind eine Abkürzung hin zu Emotionen, mit ihrer Hilfe können Dinge, die sich nicht greifen lassen, in etwas Greifbares verwandeln. Überrascht es da, dass Lego laut seiner neuen Firmenphilosophie „die Baumeister und Baumeisterinnen von morgen inspirieren und entwickeln" möchte?

Deshalb bilde ich Mitarbeiter im Erzählen von Geschichten aus und ermutige sie. Dazu zählen auch „Elevator Pitches", bei denen sie maximal eine Minute Zeit haben, eine Geschichte oder einen Prozess zusammenzufassen. Am Ende können sie fesselnde Geschichten erzählen, die beim Thema gesunder Menschenverstand den Nagel auf den Kopf treffen, Geschichten, für die alle im Unternehmen Empathie aufbringen können. *Empathie*, nicht Sympathie!

Die Menschen beginnen, wieder zu lächeln. Sie beginnen, wirklich und wahrlich an das zu glauben, was sie tun. Und damit ist es an der Zeit, den finalen Schritt anzugehen: Ihre eigene Organisation bekommt ein Ministerium für gesunden Menschenverstand.

SO ENTSTEHT DAS MINISTERIUM FÜR GESUNDEN MENSCHENVERSTAND

SIE HABEN ES GESCHAFFT. Sie haben Ihre Chefin und deren Chef übersprungen – ein geradezu unvorstellbarer Akt der Rebellion – und sind jetzt auf dem Weg zu einem Meeting mit dem CEO. Auf Wiedersehen, Bürokratie. Mach es gut, Fließband, das eine Idee nach der nächsten ausspuckt, der es an gesundem Menschenverstand fehlt.

Jetzt werden *Sie* den Laden einmal so richtig aufmischen.

Sie steigen in den Fahrstuhl, der den leitenden Angestellten vorbehalten ist, und einige Augenblicke später öffnen sich die Türen zu einer ruhigen, mit üppigen Teppichen belegten Fläche. Das ist ja der reinste Himmel hier oben. Wahrscheinlich biegt gleich noch ein Posaunenengel um die Ecke und kündigt Ihr Kommen an. Ihre Schuhe machen nicht das geringste Geräusch, während Sie an einer Batterie persönlicher Assistenten vorbeieilen, bis Sie schließlich zur obersten persönlichen Assistentin gelangen. Sie begrüßt Sie herzlich, bietet Ihnen ein Wasser an und fordert Sie auf, sich hinzusetzen. Der CEO sei in einem Meeting, werde aber in Kürze für Sie da sein, erklärt sie Ihnen.

Sie trinken einen Schluck und sehen sich um. Auf dieser Etage haben Sorgen nichts zu suchen, denken Sie sich. Alles funktioniert, fließt, greift ineinander, funkelt, koordiniert, ergibt Sinn. Die Kunstwerke zeugen von Geschmack, die Konferenzräume sind leer, klinisch sauber, mit großen Fenstern ausgestattet und offenbar unbefleckt von menschlichem Leben. Und sollte es ein Laptopbildschirm *wagen*, auch nur leicht zu flackern – das soll er sich einmal trauen –, steht eine eigene IT-Abteilung auf Abruf bereit wie die Leibgarde der Queen.

Es gibt nur ein Problem, mit dem Sie rechnen müssen: Wie überzeugen Sie einen CEO, der hier oben im Himmel schwebt und nahezu niemals in Kontakt mit der Vorhölle gerät, in der Sie und Ihre Kollegen Ihre Tage verbringen, dass es seinem Unternehmen an gesundem Menschenverstand fehlt? Ein paar Minuten später führt man Sie in das Büro des CEO.

Sie legen dar, welche Probleme bezüglich des gesunden Menschenverstands Ihnen in letzter Zeit aufgefallen sind. Der CEO hört Ihnen aufmerksam zu und nickt kurz. „Wissen Sie, das ist doch genau die richtige Aufgabe für Rob."

Oh nein, bitte nicht. Jeder andere, aber nicht Rob. Rob, mittelalt, untersetzt, Golf-Fanatiker, schwerer Fall von ADHS, ist die wandelnde, schnaufende Verkörperung des fehlenden gesunden Menschenverstands in diesem Unternehmen. Rob soll die Aufgabe übernehmen? Ihre *Katze* würde das besser hinbekommen, ach was, selbst der *Schwanz* Ihrer Katze!

Sie verlassen das Büro mit hängendem Kopf. Der CEO hätte genauso gut „Schicken Sie mir ein Deck" oder „Ergibt Sinn, integrieren wir das doch in den bestehenden Workstream" sagen können. Tief im Inneren wissen Sie, dass nichts geschehen wird. Und sofern nicht Sie höchstpersönlich im Unternehmen ein Ministerium für gesunden Menschenverstand erschaffen, stehen die Chancen gut, dass wieder und wieder und wieder nichts geschehen wird.

Im letzten Schritt des Veränderungsprozesses wird ein „Leitungsorgan" erschaffen, das systematisch alle Fälle fehlenden gesunden Menschenverstands in Ihrem Unternehmen abarbeitet und einfache, intuitive Lösungen entwickelt, die die Verwirrung und das Unpraktische im Leben von Belegschaft und Kundschaft ausmerzen. Dieses Leitungsorgan ist auch als Ministerium für gesunden Menschenverstand bekannt.

Ich kann mir vorstellen, was Sie jetzt denken: „Erwartet der ernsthaft, dass ich einen echten Minister für gesunden Menschenverstand ernenne? Ach, kommen Sie, ein Ministerium für gesunden Menschenverstand, so etwas wird es niemals geben, jedenfalls nicht da, wo ich arbeite."

> Ein Ministerium für gesunden Menschenverstand sorgt dafür, dass die tagtäglichen, vom gesunden Menschenverstand diktierten Lösungen, zu denen sich das Unternehmen bereits verpflichtet hat, nicht nur mit Bindfäden, altem Kaugummi und Klebeband zusammengehalten werden. Es sorgt dafür, dass echter Wandel von Dauer sein wird, ohne das Geschäft oder die Belegschaft zu beeinträchtigen.

Wenn ich Führungsteams erkläre, am besten lasse sich der gesunde Menschenverstand in ihrem Unternehmen erhalten, indem sie ein Ministerium für gesunden Menschenverstand ins Leben rufen, dann zucken ihre Lippen. Sie nicken. Sie warten auf die Pointe, darauf, dass ich rufe: „Ha! Reingelegt!" Sie vermuten, dass ich rein metaphorisch spreche. Ich könne doch nicht wirklich annehmen, dass *auch nur ein einziges* seriöses Unternehmen tatsächlich Mittel für eine Position bereitstellt, deren einzige Aufgabe darin besteht, interne Fehlstellungen, Kommunikationsfehler, Ineffizienzen und all die anderen unschönen Dinge aufzudecken und zu entwirren.

Doch, genau das nehme ich an.

Inzwischen sollte klar sein, dass es den Menschen, die in einem Unternehmen arbeiten, häufig gar nicht mehr auffällt, wie weit ihnen der gesunde Menschenverstand am Arbeitsplatz abhandengekommen ist. Der gesunde Menschenverstand ist häufig so eine Art blinder Fleck, etwas, das die Menschen verlegen, während sie ihren tagtäglichen Aufgaben nachgehen. Häufig sind die Mitarbeiter dermaßen stark nach innen fokussiert, dass sie gar nicht merken, wie wenig praktischen Sinn ihr Tun für jemand außerhalb der Organisation ergibt.

Ein Ministerium für gesunden Menschenverstand sorgt dafür, dass die tagtäglichen, vom gesunden Menschenverstand diktierten Lösungen, zu denen sich das Unternehmen bereits verpflichtet hat, nicht nur mit Bindfäden, altem Kaugummi und Klebeband zusammengehalten werden. Es sorgt dafür, dass echter Wandel von Dauer sein wird, ohne das Geschäft oder die Belegschaft zu beeinträchtigen.

Angenommen, Ihre Organisation hat gerade den fünfteiligen Prozess absolviert, den ich im vorigen Kapitel beschrieben habe. Alle laufen nun herum und sprechen über das Hühnerkäfig-Syndrom oder wie man es vermeidet, die Ecken abzuschleifen. Hier und da sind die Dinge fraglos besser geworden. Aber das Leben und das Geschäft sind schnelllebig. Branchen und Unternehmen verändern sich. Neue Technologien entwickeln sich. Mitarbeiter kommen und gehen. Das institutionelle Gedächtnis weist Lücken auf und wenn ein Unternehmen nicht wachsam ist, halten Amnesie und Trägheit Einzug. Zu leicht kommt es zu Fehltritten. Bevor man sichs versieht und obwohl alle ihr Bestes geben, driftet das Unternehmen wieder fort vom gesunden Menschenverstand. Die elektronischen Postfächer füllen sich mit Hunderten Mails, niemand erhält zeitnah grünes Licht für seine Dienstreise und Manager sagen wieder „Schicken Sie mir Ihr Deck", ohne dabei zusammenzuzucken.

Ich schlage vor, das Ministerium für gesunden Menschenverstand als eine Art Prophylaxe zu betrachten, als erstes Abwehrbollwerk, das verhindern soll, dass ein Unternehmen wieder in alte, bürokratische Gewohnheiten, Praktiken, Routinen und Perspektiven verfällt. Zugleich ist es eine Methode, Probleme oder Ineffizienzen anzugehen, während sie geschehen. Einen Minister für gesunden Menschenverstand zu berufen, vermittelt zudem ein unmissverständliches Signal: Dieses Unternehmen schätzt seine Mitarbeiter und nimmt das Thema gesunder Menschenverstand ernst genug, um auf sein Fehlen zu achten (und zwar Vollzeit!) und seine Anwendung einzufordern. Gleichzeitig wollen wir aber auch realistisch sein: Welches Unternehmen ist so sehr auf Zack, dass es eine Abteilung gründet, die alles aus dem Weg räumen soll, was den gesunden Menschenverstand behindert? Und wie soll das überhaupt funktionieren?

Zur Beantwortung dieser Frage möchte ich Ihnen Chester vorstellen (nicht sein echter Name), der seit bald 20 Jahren bei einem riesigen globalen Investmentunternehmen ist, für das ich gearbeitet habe. Chester hat es auf sich genommen, das allererste Ministerium für gesunden Menschenverstand in seinem Unternehmen zu gründen. Wir lernten uns bei einem Workshop in San Francisco kennen.

Ich hatte seinen Arbeitgeber ermutigt, ein Ministerium ins Leben zu rufen und die Reaktion auf meinen Vorschlag fiel meiner Erinnerung nach ausgesprochen positiv aus. Dann ging ein Monat ins Land und die Idee lag ungenutzt herum. Alle schienen darauf zu warten, dass jemand anderes das Thema anschnitt. Einige Wochen darauf kontaktierte mich Chester. Er erzählte mir, die Dinge hätten sich für ihn zugespitzt, als ein ranghoher Manager ihn 24 Stunden lang „beschattete", weil er verstehen wollte, wie der Alltag im mittleren Management aussah. Sowohl für die Führungskraft wie auch für Chester sei die Erfahrung sehr erleuchtend gewesen.

Der Manager, der Chester einen Tag lang begleitete, hieß Perry. Chester kannte Perry seit Jahren und erachtete ihn als Freund. Als Perry also Chester ermutigte, ganz offen zu sprechen und alle Kritikpunkte am Unternehmen auf den Tisch zu packen, versprach Chester aus diesem Grund völlige Ehrlichkeit. „Weißt du", sagte er zu Perry. „Wenn du *ernsthaft* sehen möchtest, wie es ist, ich zu sein und für dieses Unternehmen zu arbeiten, warum gebe *ich* dann nicht vor, wie wir den Tag verbringen?" Anstatt sich also im Büro zu treffen, sagte er Perry, sie würden am nächsten Tag früh nach Denver fliegen. Chester hatte bereits einen Flug gebucht, der San Francisco um 06:05 Uhr verlassen würde. In Einklang mit der Firmenpolitik handelte es sich um den billigsten verfügbaren Flug, der verfügbar war. Er leitete seine Reisedaten an Perrys Büro weiter.

Eine Stunde später rief Perrys Büro an und ließ Chester wissen, dass die von ihm ausgesuchte Fluggesellschaft „für Perry nicht funktioniert" – offenbar hatte Perry Vielfliegermeilen bei einem anderen Unternehmen. Das Büro schlug vor, einen Flug zu nehmen, der zu einer vernünftigeren Uhrzeit ging, beispielsweise um 10 Uhr. „Dabei handelt es sich übrigens um ein Dienstvergehen", schrieb Chester zurück. Es war egal, wohin die Mitarbeiter flogen oder wen sie dort zu treffen beabsichtigten, die Bestimmungen zwangen sie, den günstigsten zur Verfügung stehenden Flug zu wählen, unabhängig davon, wann die Maschine ging oder wie viele Zwischenstopps sie einlegen würde. Widerwillig reservierte Perrys Assistentin ihrem Boss einen Platz auf dem Flug um 06:05 Uhr.

Am nächsten Morgen trafen sich die beiden Männer am Flughafen. Als Chester sich auf den Weg zum Schalter für die Economy-Klasse machte, blickte Perry etwas schuldig drein. „Ich muss gestehen, dass ich Business fliege." Chester erinnerte Perry daran, dass gemäß den Firmenbestimmungen sämtliche Mitarbeiter, auch die Geschäftsführung, Economy zu fliegen hätten. Sollte Chester aus irgendeinem Grund Disziplinarvergehen zählen (was er nicht tat), wäre das bereits die zweite Bestimmung, gegen die Perry verstoßen hatte. Und dabei war es noch nicht einmal 6 Uhr morgens.

Kurz darauf waren sie in der Luft. Chester hatte Perry gesagt, er solle in der Businessklasse sitzen bleiben, bis Chester ihn holen kam. Am Bord des Flugzeugs gab es kein WLAN, aber als Chester vorn im Flugzeug zu Perry stieß, fiel ihm auf, dass dieser gerade sein Handy eingeschaltet hatte. „Weißt du, ich sage es ja nur ungern", erklärte Chester Perry, „aber du und ich dürfen unser Telefon nicht verwenden, bis wir im Büro sind und das sichere Firmen-WLAN nutzen können."

„Aber ich muss doch an meine E-Mails", sagte Perry.

„Glaubst du, ich nicht?", sagte Chester. „Aber die Sache ist die: Rechtlich ist es keinem von uns erlaubt, online zu gehen, bis wir im Büro sind. So lauten die Firmenbestimmungen." Manchmal müsse er nach der Landung bis zu 90 Minuten warten, bevor er sein Handy benutzen könne, dabei würden sich die Kunden und die Mitglieder seines Teams darauf verlassen, dass er verfügbar sei und rasch reagieren könne.

Als sie mit einem Taxi zum Büro in der Innenstadt von Denver fuhren, wurde Perry immer stiller. „Zahlst du?", fragte Perry Chester, als sie dort eintrafen. „Ich kann nicht", sagte Chester. Selbst wenn er bereit wäre, das Taxi zu bezahlen, verbiete es ihm die Firmenpolitik. Als Angestellter, der nicht zum Senior Management gehört, dürfe er kein Taxi bezahlen, wenn unter den weiteren Passagieren auch ein leitender Angestellter sei. „Die einzige Ausnahme: Mein Leben ist auf irgendeine Weise in Gefahr, was hier natürlich nicht der Fall ist." Als Perry bemerkte, dass er kein Bargeld dabeihatte, sondern nur Kredit- und Geldkarten, kam ihm eine Idee: Warum schickte er Chester nicht einfach eine E-Mail, in der er ihm genehmigte, das Taxi zu bezahlen?

„Das klappt nicht", sagte Chester. „Weißt du noch, wir dürfen erst im Büro wieder online gehen und E-Mails verschicken." Außerdem sei es gegen die Bestimmungen, wenn ein leitender Angestellter versuchte, die Firmenpolitik zu umgehen und einen rangniedrigeren Angestellten anzuweisen, seine Transportkosten zu bezahlen. „Perry", sagte Chester sanft. „wir beide sind noch nicht einmal im Gebäude und du hast bereits gegen wie viele … sechs? sieben? … betriebliche Vorgaben verstoßen."

Im weiteren Verlauf des Tages erzählte ein Mitarbeiter nach dem anderen Perry Geschichten darüber, wie die Bestimmungen und Regeln des Unternehmens es nahezu unmöglich machten, vernünftig zu arbeiten. Perry wirkte immer erschütterter. „Ich habe das Gefühl, ich kenne dieses Unternehmen überhaupt nicht", sagte er abends zu Chester, als sie in der Hotelbar saßen. „Ich hatte keine Ahnung – nicht die geringste –, wie schwierig es ist, für diese Firma zu arbeiten."

Chester erzählte mir, dass er in derselben Nacht eine Vision von sich selbst im Alter von 24 Jahren hatte. Diese jüngere Ausgabe von Chester trug denselben Anzug, den er anhatte, als das Unternehmen ihn von der Business School weg unter Vertrag nahm. „Ich blickte voller Abscheu auf diese Person", sagte mir Chester. Ihm wurde klar, wie selbstgefällig er geworden war, was das Fehlen von gesundem Menschenverstand bei seinem Arbeitgeber anbelangte. Anstatt die Regeln anzuprangern und sich lautstark dafür einzusetzen, dass sie geändert werden, hatte er sich einfach Mittel und Wege gesucht, um diese Einschränkungen herum arbeiten zu können. „Das 24-jährige Ich hätte Himmel und Hölle in Bewegung gesetzt und das tat das 41-jährige Ich dann auch", sagte Chester.

Regeln und Bestimmungen sind wichtig, das wusste Chester. Es war auch nicht so, als würde er sie nicht respektieren, aber auf irgendeine Weise waren diese Regeln und Bestimmungen bis zur Unkenntlichkeit mutiert und verfälscht worden. Nicht nur das, sie waren auch mehr als lächerlich. Sie waren für niemand mehr im besten Interesse – „nicht des Unternehmens, nicht der Regierung, nicht einmal der Wirtschaft". Indem sie die Organisation schützten, machten diese Regeln und Bestimmungen die Belegschaft dermaßen kurzsichtig, dass die Menschen vergessen hatten, wie man klar denkt.

Zwei Monate später hatte Chester eine neue Abteilung ins Leben gerufen, die sich damit befasste, den gesunden Menschenverstand wiederherzustellen.

Wandel in einer Organisation herbeizuführen, ist eine vertrackte Aufgabe – und je komplexer die Branche, desto schwerer kann es einem Unternehmen fallen, sich Veränderungen vorzustellen und sie umzusetzen. Zu dieser Kategorie gehört – wenig überraschend – auch das internationale Bankenwesen.

Für Banken ist öffentliches Vertrauen von allergrößter Bedeutung. Wir vertrauen Banken unsere Löhne an, unsere Investitionen, unsere Rücklagen für das Alter und die Finanzierung unseres Alltags. Hinter den Kulissen sind die Banken verpflichtet, komplexe Auflagen in Sachen Compliance und rechtliche Verpflichtungen zu verfolgen. Insofern überrascht es auch nicht, dass sich Finanzdienstleister mehr noch als Unternehmen aus anderen Branchen häufig in Systemen und Prozessen verlieren, worunter immer wieder auch Kundschaft und Belegschaft zu leiden haben. Und das ist auch der Grund, warum die Londoner Standard Chartered Bank – die erste Organisation, die sich für die Idee begeisterte, ein internes Ministerium für gesunden Menschenverstand zu erschaffen, und dies auch tatsächlich tat – genauso wie die Ministeriumsgründerin Gail Ursell für die Branche eine derart große Vorbildfunktion darstellt.

Als Gail das allererste Ministerium für gesunden Menschenverstand ins Leben rief, legte sie das Hauptaugenmerk sofort auf die internen Vorschriften und Bestimmungen, die für Verwirrung und Verärgerung sorgten, anstatt echten Nutzen zu haben. Das Ministerium für gesunden Menschenverstand war kein interner Spaß. Es ging darum, *echte* Probleme zu lösen und einen Weg durch das Labyrinth an Regeln und Vorgaben zu bahnen, das offenbar verfasst worden war, ohne dabei auch nur im Geringsten an die Menschen zu denken. Schon bald strömten Anregungen und Vorschläge herein. Beim ersten Problem, das Gails Ministerium anpackte, ging es um einen Code, den alle Mitarbeiter in ihre Reiseanträge eingeben mussten. Ohne einen ersichtlichen Grund änderte sich alle paar Wochen und ohne Vorwarnung dieser Code. „Vier Jahre lang hatte jemand versucht, dieses Problem in den Griff zu bekommen", erinnert sich Gail. „Wir haben es innerhalb von sechs Wochen geschafft."

Gleichzeitig wusste sie, dass sie möglicherweise einige Leute im Unternehmen nervös machte. Sie wusste, das Ministerium besaß das Potenzial, hier und da anzuecken. Einige Leute würden ihr möglicherweise ein illoyales Verhalten vorwerfen, dass sie nicht im besten Interesse der Bank agiere oder dass sie Schutzmaßnahmen unterlaufe, die die Bank *absichern*. Aber wie sah die Alternative aus?

Sechs Monate nach seiner Gründung hatte das Ministerium für gesunden Menschenverstand der Standard Chartered Bank ein Dutzend oder mehr firmeninterne Probleme gelöst, die mit dem gesunden Menschenverstand zu tun hatten, Probleme im Kundendienst genauso wie in der Buchhaltung. Wie man es auch betrachtete, das Ministerium war ein enormer Erfolg und die Webseite wurde jeden Tag Tausende Mal aufgerufen. Das Ministerium lieferte nicht nur Lösungen, es bestätigte auch, was die Mitarbeiter dachten und fühlten. „Oh, genau das Problem hatte ich auch!", lautete ein Refrain. „Ich weiß genau, wer bei dieser Sache helfen kann." Zum ersten Mal seit Langem fühlten sich die Mitarbeiter nicht nur als Teammitglieder, sondern auch als Mitmenschen anerkannt. Sie lernten, dass es völlig okay war, den Sinn einer Regel oder einer Vorgabe zu hinterfragen, die sie seit Jahren getreulich befolgt hatten. Das Ministerium verbreitete die Botschaft, dass es nicht zwei unterschiedliche Regelsätze gab (einen Satz für das Zivilleben und einen Satz für das Leben in Unternehmen) und die Mitarbeiter jedes Recht hatten, auch am Arbeitsplatz gesunden Menschenverstand, Empathie und Menschlichkeit zu erwarten.

Für Gail war das Ministerium mehr als nur eine informelle Werkstatt. Sie hoffte, das Ministerium werde die Unternehmenskultur verändern und die Botschaft verbreiten, dass das Unternehmen bereit sei, allen zuzuhören, die vortreten und um Hilfe bitten. Genau das taten während der nächsten paar Monate mehr und mehr Menschen. Und mehr und mehr Unternehmen begannen, mit der Idee eines eigenen Ministeriums zu experimentieren. Mit folgenden Ergebnissen:

Ein Unternehmen ließ die berufliche Vorgeschichte sämtlicher Bewerber durchleuchten, selbst wenn keinerlei Aussicht bestand, dass eine Person in die engere Auswahl kommen könnte. Kann man selbstverständlich machen, aber natürlich kostete dieses Vorgehen Zeit und Ressourcen. Gleichzeitig bedeutete es, dass die Personen, denen man *tatsächlich* einen Vertrag anbieten wollten, im Screening-Rückstau feststeckten, was ihre Einstellung verlangsamte und diejenigen Manager aufbrachte, die einfach nur Positionen besetzen wollten. Das Ministerium für gesunden Menschenverstand strich diese Vorgabe.

In einem Unternehmen aus New York hatten die Mitarbeiter 24 Stunden Zeit, ihre Reiseanträge ihrer Abteilungsleitung zur Genehmigung vorzulegen. Häufig antworteten die Manager nicht innerhalb dieser Zeitspanne. Nach 24 Stunden startete das Onlinezustimmungssystem neu. Der Antrag wurde gelöscht und musste neu ausgefüllt und eingereicht werden.

Das Ministerium entwickelte eine neue Vorschrift: Manager konnten ihr Veto gegen einen Reiseplan einlegen, aber geschah das nicht binnen 24 Stunden, galt der Antrag automatisch als genehmigt.

In einer Niederlassung im Süden der Vereinigten Staaten standen allen Mitarbeitern kostenlos Kaffee und Snacks zur Verfügung. Aber um Geld zu sparen, unterließ es das Unternehmen, Seife oder Schwämme zum Säubern der schmutzigen Kaffeebecher zur Verfügung zu stellen. Daraufhin wurden wohl einige Mitarbeiter krank. Die meisten verließen zweimal täglich das Gebäude und deckten sich bei einem Café in der Nähe ein. Zweimal Kaffee holen täglich, multipliziert mit Hunderten Mitarbeitern – das ist nicht wirklich ein Lehrbuchbeispiel für eine Steigerung der Produktivität. Das Ministerium informierte die Belegschaft, dass das Unternehmen künftig Seife und Servietten bereitstellen werde, die a) für weniger Keime und Krankheitsfälle sorgen und b) die Produktivität insgesamt steigern würden. Seife und Servietten kamen, die Mitarbeiter begannen, ihren Kaffee bei der Arbeit zu trinken, und die Fälle von Krankheit gingen zurück.

Wie geht man vor, um im eigenen Unternehmen ein Ministerium zu gründen? Mein Ansatz besteht aus drei einfachen Schritten: „Empfehlen" (Sie erarbeiten überzeugende Gründe, warum die Unternehmensleitung ein Ministerium empfehlen sollte.), „Einschalten" (Sie regen die Unternehmenskultur an, indem Sie durch eine Reihe Beweispunkte nachweisen, dass das Ministerium funktioniert – und es auch künftig funktionieren wird.) und „Externalisieren" (Sie versetzen sich in die Lage anderer – Kunden, Lieferanten, Mitarbeiter anderer Abteilungen – und sehen die Dinge durch deren Brille. Auf diese Weise lassen Sie gesunden Menschenverstand und Empathie erneut aufleben.).

> Höchste Priorität sollte haben, durch Einsparungen zu gesundem Menschenverstand zurückzufinden.

Machen Sie langsam. Alles, was ich tue, geschieht während einer 90-Tage-Intervention, bei der ich kurze, sinnvolle Initiativen erarbeite, um eine Dynamik zu erzeugen und aufrechtzuerhalten, während gleichzeitig späte Zweifel (und Firmenpolitik) aus dem Prozess eliminiert werden.

EMPFEHLEN

Damit ein Ministerium zum Erfolg wird, müssen Sie es offiziell machen. Der Minister für gesunden Menschenverstand sollte eine bezahlte Vollzeitstelle haben und sein Amt mit Rückendeckung der Führungsebene ausüben. Es darf nicht als Spaßjob oder als ein Posten für einen Frühstücksdirektor angesehen werden. Wenn Mitarbeiter einen Auftrag erhalten, kann es immer wieder vorkommen, dass sie ihn nicht annehmen. Unternehmen Sie *alles* in Ihrer Macht Stehende, damit dies hier nicht geschieht.

Als Allererstes müssen Sie sich mit der kurzfristigen Denkweise des CEO befassen. Vergessen Sie nicht: Er muss seine Rolle vor einem Aufsichtsrat rechtfertigen, bei einem börsennotierten Unternehmen auch vor den Aktionären. Wie kommen Sie am besten in den Kopf des CEO? Richtig, indem Sie die Einsparmöglichkeiten hervorheben. Es ist wohl noch nie jemand gefeuert worden, weil er Geld eingespart hat. Empfehlen, einschalten, externalisieren? Die besten Initiativen des Ministeriums decken alles drei ab. Gesunder Menschenverstand hilft, die Kosten zu senken, verbessert die Kultur und verstärkt die Kundenerfahrung beziehungsweise entwickelt sie weiter.

Am besten beginnt man also mit dem, was sich finanziell am stärksten auswirkt und dadurch eine Ampel nach der anderen auf Grün stellt. Im Idealfall steht am Ende eine größere Version des Ministeriums. Deshalb sollte es höchste Priorität haben, *durch Einsparungen zu gesundem Menschenverstand zurückzufinden*.

Ein Beispiel: Eine kleine Gruppe Toyota-Mitarbeiter wurde gebeten, clevere Ideen zu entwickeln, wie man Geld sparen könne. Ein Mitglied stellte daraufhin eine Frage, die von einem hohen Maß an gesundem Menschenverstand zeugt: „Warum verschwenden wir eigentlich Strom für Millionen US-Dollar in unseren Werken? Die Roboter arbeiten rund um die Uhr, aber es brennt auch dann Licht, wenn keine Menschen präsent sind." Benötigen Roboter Licht? Nein, würden die Roboter sagen, wenn sie denn sprechen könnten. Bei Toyota hatte niemand vorher darüber nachgedacht. Die Stromkosten wurden gesenkt, der gesunde Menschenverstand triumphierte.

Ein ähnliches Problem trat bei einer sehr bekannten Hotelkette auf. Ich bin mir sicher, dass Sie das kennen: Sie gehen im Hotel ins Bad. Da steht ein Schild, auf dem Sie gebeten werden, die Umwelt zu retten, indem Sie Ihr Duschhandtuch mehrfach verwenden. Wollen Sie es aber in die Wäsche geben, legen Sie das Handtuch doch bitte in die Wanne oder in eine Ecke des Raums. Überraschenderweise entscheiden sich keine 15 Prozent aller Hotelgäste dafür, bei der „Rettung der Umwelt mitzuhelfen". Bei einem Brainstorming kam eine Mitarbeiterin vom Housekeeping auf eine geniale Idee. Anstatt an das Umweltgewissen der Kunden zu appellieren, formulierte sie die Botschaft um: „Sieben von zehn Hotelgästen verwenden ihre Handtücher mehrfach, um auf diese Weise etwas für die Umwelt zu tun. Sie auch?" Dieses simple Umformulieren hatte weitreichende Folgen. Wenige Monate später musste das Housekeeping die Botschaft von „sieben von zehn Hotelgästen" auf „neun von zehn Hotelgästen" abändern. Der Planet spürte den Unterschied, genauso das Hotel.

Gesunder Menschenverstand *und* Einsparungen? Gibt es etwas Schöneres? Man muss allerdings dazusagen, dass so etwas nur in etwa 50 Prozent der Fälle vorkommt. Achten Sie darauf, dass Sie, wenn Sie ein Projekt anschieben, die erzeugten Einsparungen fiftyfifty teilen. Die Hälfte kommt der entsprechenden Abteilung zugute, die andere Hälfte behält das Ministerium für seine Arbeit und die laufende Expansion.

Was dieses Vorgehen so clever macht, ist, dass es die Kritiker und chronischen Neinsager ausschaltet. Jede Organisation hat davon ein paar. Okay, *ziemlich viele*. Um diese Leute an Bord zu holen, setzen Sie das magische Zuckerbrot ein – Sie bezahlen nicht nur für das gesamte Projekt, Sie teilen auch noch 50 Prozent aller dadurch erzielten Einkünfte mit ihnen. Wann immer eine dieser schnellen 90-Tage-Initiativen gelingt, berechnen Sie den finanziellen Wert und nutzen diese Mittel, um anderen Abteilungen den Nutzen vorrechnen zu können. Kennen Sie jemand, der Nein zu einem Scheck gesagt oder sich gegen eine Initiative gesperrt hat, bei der es darum ging, Geld zu *verdienen*?

Sind CEOs und leitende Angestellte überzeugt davon, dass Kosteneinsparungen *und* gesunder Menschenverstand häufig Hand in Hand gehen und dass dieses Ministeriums-Ding tatsächlich funktioniert, ist die Zeit gekommen, den Fokus des Ministeriums zu erweitern. Konzentrieren Sie sich fortan auf Themen rund um den gesunden Menschenverstand, die nicht zwingend Gewinne generieren, egal, ob es um Mitarbeiter, Kunden oder beide geht. Um diese Probleme lösen zu können, werden Sie gelegentlich sogar Geld in die Hand nehmen müssen. Aber mithilfe der Mittel, die Sie durch die Initiativen zur Kostensenkung freigesetzt haben, können Sie die neuen Aufgaben als selbstfinanzierte Projekte betreiben.

EINSCHALTEN

So, die leitenden Angestellten haben Sie inzwischen auf Ihrer Seite. Jetzt ist es an der Zeit, die Reichweite des Ministeriums auf die gesamte Unternehmenskultur auszudehnen. Warum jetzt auch noch die Unternehmenskultur? Weil Kosteneinsparungen nur bedingt die Moral der Belegschaft verbessern können. Wenn die Vorschläge, die aus der Belegschaft kommen, allesamt abgelehnt werden oder irgendwo versickern, dann bekommen die Menschen rasch das Gefühl, dass Wandel – oder auch nur der Widerstand gegen den Status quo – zwecklos ist. Das Wichtigste, was man einer Organisation vermitteln kann, ist *Hoffnung*. Hoffnung zeigt sich in den Belegpunkten. Hoffnung überwindet Zweifel. Hoffnung ist wie Sauerstoff. Je mehr Verbesserungen und je mehr Hoffnung, desto mehr frischer Wind und Sauerstoff auf den Fluren und Gängen.

Ein Beispiel: Ich habe einmal für ein globales Investmentunternehmen gearbeitet, in dem ein Mitarbeiter gegen die internen Computerregeln aufbegehrte. Die Bestimmung besagte, je ranghöher eine Person war, desto schneller würde die IT ihren Computer wieder in Ordnung bringen. Sie können sich gewiss vorstellen, wie es sich auf die Moral auswirkte, gesagt zu bekommen, dass die neue Maus in zwei Wochen kommen werde. Der Mitarbeiter hatte nun folgende Idee: Man bestückte einen Automaten mit Teilen, die dem Verschleiß zum Opfer fielen oder schlichtweg kaputtgegangen waren – Kabel, Mäuse, Adapter. In Anlehnung an die Genius Bar von Apple eröffnete er seine eigene hausinterne Kantine. Und es ging schlicht nach dem „Wer zuerst kommt, mahlt zuerst"-Prinzip.

Ein anderes Beispiel für Mitarbeiter, die die Dinge selbst in die Hand nehmen, lieferte Swiss International Air Lines. Dort war das Kabinenpersonal nicht befugt, an Bord eingereichte Beschwerden zu bearbeiten. Stattdessen musste man einen Bericht ausfüllen, der dann zur weiteren Bearbeitung an ein externes Beschwerdezentrum ging. Die Kosten pro Beschwerde betrugen 89 US-Dollar – und hinzu kam natürlich die wachsende Wut des Fluggastes, der Monate auf eine Antwort oder auf eine Lösung für das Problem wartete. Das Ministerium nahm eine einfache Änderung an den Richtlinien vor und erteilte dem Kabinenpersonal die Befugnis, sich unmittelbar nach dem Auftreten um die Beschwerden von Fluggästen zu kümmern. Die meisten Fälle (ein verschüttetes Getränk und dergleichen) ließen sich problemlos für deutlich weniger als 89 US-Dollar lösen. Auf diese Weise sparte das Unternehmen sehr viel Geld und die Zufriedenheit von Fluggästen *und* Personal nahm zu.

EXTERNALISIEREN

Die Unternehmenskultur ist nun mit Hoffnung – und Sauerstoff – erfüllt, das Personal beginnt, die Welt auch aus anderen Blickwinkeln als dem eigenen zu betrachten (und auf diese Weise Empathie zurück ins Unternehmen zu bringen). Jetzt ist es an der Zeit, dass Sie den finalen Schritt gehen und sich auf die Menschen konzentrieren, die Ihr Gehalt bezahlen: die Kunden.

Vor einigen Jahren gingen bei Microsoft Monat für Monat Hunderttausende Anrufe von Kunden ein, die sich Office-Produkte zugelegt hatten. Viele glaubten, mit dem Kauf teurer Software hätten sie auch ein Anrecht auf einen lebenslangen Support erstanden. Das sah Microsoft anders. Das Unternehmen machte es schwer bis geradezu unmöglich, die Telefonnummer für den Kundendienst ausfindig zu machen. Dann stellte eine kleine Gruppe bei Microsoft das Problem auf den Kopf und entwickelte eine einfache, aber brillante Lösung: Alle Anrufe wurden erfasst und den Mitarbeitern fiel auf, dass sich einige Muster wiederholten. Es mochte sich um Hunderttausende Anrufe handeln, aber 80 Prozent oder mehr davon hatten mit weniger als 100 Themen zu tun. Das Team machte sich an die Arbeit, schrieb jedes Problem nieder und eine Lösung dazu.

Wenn heute ein Office-Nutzer den Microsoft-Support in Anspruch nimmt, ruft er beim Unternehmen an, erläutert das Problem und erhält innerhalb von Sekunden ein Dokument, das 99 Prozent aller Probleme behandelt und löst. Dieser Dienst ist gratis. Wenn es sich um ein komplexeres Thema handelt, kann der Anrufer auch mit Fachleuten sprechen, dann allerdings für einen Festpreis. Auf einen Schlag löste Microsoft auf diese Weise viele Probleme seiner Kunden und begann, Geld zu verdienen – und gleichzeitig wichtige Erkenntnisse für das nächste Office-Update zu erhalten. Eine Lösung ganz im Sinne des gesunden Menschenverstands.

ABER WAS IST MIT DEM REPORTING?

Idealerweise berichten Sie und das Ministerium direkt dem CEO. Wenn das nicht geht, sollte es der COO oder jemand in vergleichbarer Führungsposition sein. Warum? Weil das Ministerium funktionsübergreifend agieren muss. Je unabhängiger Ihre Berichterstattung ist, desto größer sind Ihre Erfolgsaussichten.

Noch ein Vorschlag, wenn Sie Ihre Vorgesetzten von der Idee eines Ministeriums überzeugen müssen: Tauchen Sie ab. Suchen Sie sich nach Möglichkeit eine Handvoll Fälle, die sich auch mit begrenztem Auftrag lösen lassen. Erinnern Sie sich an das Beispiel aus Kapitel 6, wo Konferenzräume einem Teilnehmer zehn Minuten Zeit gaben zu bestätigen, dass das Meeting tatsächlich stattfand, oder der Raum ansonsten anderweitig zugeteilt wurde? Das ist ein reales Beispiel. Einer Mitarbeiterin reichte es irgendwann. Sie fragte sich: Wie viele Leute tauchen *nicht* auf, nachdem sie einen Konferenzraum gebucht hatten? Laut System waren es 65 Prozent, aber in einer eigenen Analyse kam sie zu dem Schluss, dass der tatsächliche Wert eher bei fünf

Prozent lag. Warum brauchte man überhaupt eine Funktion zur Bestätigung eines Meetings? Diese Funktion wurde gestrichen. Die Mitarbeiterin machte sich daran, ein kleines tägliches Ärgernis nach dem nächsten aus der Welt zu schaffen. Schon bald wandten sich jeden Tag Kollegen, die sich mit ähnlichen Problemen herumplagten, ratsuchend an sie.

Ihr Portfolio an „gelösten Fällen" war genau das, was sie benötigte, um überzeugend für ein Ministerium argumentieren zu können. Und tatsächlich gab ihr Chef ihr grünes Licht dafür, fortan in einem offizielleren Rahmen zu agieren. Als ihre Abteilung auf das „Silo-Problem" stieß – gewisse Dinge, die keinen Sinn ergaben, ließen sich nicht ohne die Beteiligung anderer Abteilungen lösen –, machte ihr Chef das Ministerium funktionsübergreifend und sie berichtete von da an direkt dem CEO.

Aber was, wenn man auf Widerstand stößt? Was, wenn CEO oder CFO fragen: „Warum können wir uns nicht um diese Dinge kümmern, wenn sie auftreten? Brauchen wir dafür wirklich eine ganze Abteilung?" Die Antwort darauf ist einfach: Geben Sie dem Ministerium ein Ablaufdatum. Wenn innerhalb von sechs Monaten nicht x Probleme aufgedeckt oder gelöst wurden, dann zieht man den Stecker. Managen Sie Erwartungen und man wird Sie an den Zielen messen, die Sie in Aussicht stellen. Sie werden vermutlich rasch feststellen, dass die Zahl der Probleme, die mit fehlendem gesundem Menschenverstand zu tun haben, alle Schätzungen weit übersteigen. Auf Ihrem Weg werden Sie bei allen Menschen in Ihrem Umfeld den gesunden Menschenverstand neu beleben, Geld sparen, für zufriedenere Kunden sorgen und – genauso wichtig – für zufriedenere Mitarbeiter. Und selbstverständlich lassen sich all diese Dinge problemlos messen, bewerten und feiern.

Hier noch einige weitere häufig gestellte Fragen und Antworten:

Muss ich es „Ministerium für gesunden Menschenverstand" nennen?
Nein, nennen Sie es, wie Sie möchten. Aber wählen Sie einen Namen, der heraussticht, der für Aufmerksamkeit sorgt, den man sich merken kann und der provokant ist.

Was mache ich, wenn das Ministerium nur schleppend anläuft?
Sie können nicht davon ausgehen, dass ein Ministerium über Nacht zu einem gewaltigen Erfolg wird. Haben Sie mein 5-Schritte-Programm bereits durchlaufen, empfehle ich, sich rückwärts vorzuarbeiten. Nutzen Sie als Belegpunkte die Probleme, die Ihr Unternehmen bereits ausgemacht und behandelt hat. Anstatt am Schreibtisch zu sitzen und zu warten, dass Ihnen andere diese oder jene sinnentleerte Firmenregel bringen, haben Sie auf diese Weise bereits einige Erfolgsgeschichten in der Pipeline.

Wie sollte ich mit der IT umgehen?
Für eine Ministeriumswebseite benötigen Sie kein Weltklasse-IT-Team. Denken Sie auch über einen Briefkasten an einem belebten Standort nach – vor Ihrem Büro, in der Kantine, bei der Kaffeeküche. Fordern Sie die Leute auf, ihre Probleme auf eine Postkarte zu schreiben. Hängen Sie ein Poster, auf dem einige Beispiele für fehlenden gesunden Menschenverstand angeführt sind, als Anregung neben dem Briefkasten auf.

Sollte ich das Ministerium vermarkten?
Haben Sie die Rückendeckung für ein funktionsübergreifendes Ministerium erhalten, blasen Sie die Neuigkeit nicht sofort in die Welt hinaus. Arbeiten Sie im Verdeckten, bis Sie einige Erfolge vorweisen können. Wer zu stark auf die Pauke haut, ruft nur Zweifler auf den Plan und auch Mitarbeiter, die der Ansicht sind, das Ministerium mische sich in Dinge ein, in die es besser nicht seine Nase steckt.

Diese Leute werden noch früh genug andere Möglichkeit des Widerstands finden. „Da geht doch überhaupt nichts voran." „Reinste Verschwendung von Zeit und Geld." „Kostspielige Ablenkung." Und so weiter.

Das können Sie umgehen, indem Sie abtauchen. Haben Sie erst einmal ein paar Fälle gelöst, setzen Sie sie taktisch klug ein. Im Idealfall sollten sie dazu dienen, den wahren Zweck des Ministeriums zu unterstreichen. Es fällt leichter, andere mit echten Fällen zu überzeugen. Sie können auch die Organisation langsam und regelmäßig mit Fällen füttern. Nimmt das Ministerium Fahrt auf, können Sie darüber nachdenken, gemeinsame Sache mit der Kommunikationsabteilung zu machen. Nutzen Sie deren Netzwerk dafür, positive Geschichten zu veröffentlichen, die innerhalb der Organisation das Gefühl der Hoffnung verstärken.

Mit der Zeit werden Sie sehr viel lernen – beispielsweise, was gesunder Menschenverstand ist und was er in Ihrem Unternehmen bedeutet. Und hier kommen die Gebote ins Spiel.

Gebote? Was für Gebote?!
Schön, dass Sie fragen. Schreiben Sie sich zehn bis zwölf Richtlinien auf, die Ihnen als Grundprinzipien des Ministeriums dienen. Dazu können Dinge gehören wie: „Der gesunde Menschenverstand soll sich durchsetzen – vor der Bürokratie, vor Silo-Denken, vor allem." Und: „Bei den Prioritäten steht gesunder Menschenverstand ganz oben, gefolgt von Effizienz und Kosteneinsparungen." Und: „Probleme mit dem gesunden Menschenverstand gibt es überall – und sie sollten auch von allen in der Organisation angegangen und gelöst werden, unabhängig von ihrem Status oder ihrer Funktion."

Wer sollte das Ministerium leiten?
Die Idealbesetzung ist leidenschaftlich und energiegeladen, verfügt über gute soziale Fähigkeiten und ein umfassendes Wissen, was Ihre Branche angeht. Denken Sie zurück an die 90-Tage-Intervention. Wer

zeigte damals die größte Begeisterung, was organisatorischen Wandel anging, und verfügt über die Furchtlosigkeit und die Hartnäckigkeit, die es braucht, um das Ministerium wahr werden zu lassen? Die Idealbesetzung sollte jemand sein, der beliebt ist, respektiert wird, über gute Verbindungen verfügt und sich darauf konzentriert, dass alle im Unternehmen *besser arbeiten*.

Wie fange ich an?
Langsam und einfach. Fordern Sie Mitarbeiter auf, über die lächerlichste oder am wenigsten durchdachte Bestimmung oder Prozedur am Arbeitsplatz abzustimmen – über die Dinge, die alle verrückt machen.

Damit ergeben sich natürlich die Startpunkte für das Ministerium und sie versetzen den Minister in die Lage, spürbare Veränderungen herbeizuführen. Wurden hier Erfolge eingefahren, wächst bei den Kollegen auch die Bereitschaft, über andere Flaschenhälse und Hindernisse zu sprechen.

Selbstverständlich sollte das Ministerium Zeit mit Mitarbeitern verbringen, die direkten Kundenkontakt haben, und mit Teams aus so vielen Abteilungen wie möglich. Fragen Sie nicht: „Was hindert Sie daran, das zu erbringen, was Sie erbringen wollen?", fragen Sie: „Was sind die größten Hürden oder Einschränkungen, die verhindern, dass Sie den Kunden das liefern, was diese wollen?"

Was sollte ich als Erstes tun?
Das Ministerium muss sich um die bereits bestehenden bürokratischen Probleme kümmern, insofern sollte das Unternehmen darüber nachdenken, die Suche nach neuen Problemen zunächst für drei Monate auszusetzen. Jede Bestimmung im Unternehmen, jedes Prozedere und alle sonstigen Faktoren, die hinter all dem Nonsens innerhalb der Organisation stecken, sollten gründlich auf den Prüfstand gestellt werden. Handelt es sich um eine Anordnung, die sich auf eine andere Anordnung bezieht, sollten *beide* untersucht und in

Ordnung gebracht werden. Fragen Sie sich: Was erreicht diese Regulierung? Was nimmt sie weg? Nimmt sie mehr weg, als sie erreicht, werfen Sie sie über Bord.

Wie ist die Verbindung zu den Kunden?
Arbeiten Sie in einer kundenorientierten Position, ist es wichtig, jedes Problem, das Sie aus der Welt schaffen wollen, mit Ihren *Kunden* in Verbindung zu bringen – und zu überlegen, wie sich eine geplante Veränderung *auf sie* auswirkt. Interne Verbesserungen sollten stets zu einer positiven, verbesserten Kundenerfahrung führen.

Sie empfehlen, im Unternehmensrahmen mit Bildern zu arbeiten. Warum?
Ich habe die Erfahrung gemacht, dass Cartoons und Bilder im Allgemeinen eine nützliche und auf niemand bedrohlich wirkende Methode sind, ein Unternehmen darauf hinzuweisen, wo es ihm an gesundem Menschenverstand mangelt – egal, ob die Bilder zeigen, wie schwierig es ist, jemand aus dem Kundendienst zu erreichen, oder die unterschiedlichen Schritte, die Mitarbeiter ergreifen müssen, bis ihre Spesen bezahlt werden. Humor und Zwanglosigkeiten bremsen häufig auch die Firmenpolitik aus und verringern die Wahrscheinlichkeit, dass Mitarbeiter auf stur schalten.

Gibt es eine narrensichere Methode, Lösungen zu finden?
In Kapitel 8 hatten wir bereits darüber gesprochen: Zu meiner Philosophie in Sachen Kreativität gehört es, zwei gewöhnliche Dinge auf völlig neue Weise zu kombinieren. Häufig lässt sich die Antwort, die Sie suchen, finden, indem Sie Ihr Problem aus einem ganz anderen Blickwinkel betrachten. Wie würde Amazon diese Hürde überwinden? Was würde Google tun? Sie könnten auch auf die Idee der „Schwarmintelligenz" setzen und die kollektive gedankliche Kraft der gesamten Belegschaft anzapfen. Schreiben Sie das Problem auf und rufen Sie öffentlich dazu auf, Lösungsvorschläge einzureichen.

Wie kann ein Ministerium sein Wachstum beibehalten?
Nimmt das Ministerium erst einmal Fahrt auf, werden Sie etwas Erstaunliches feststellen: Es werden sich Freiwillige bei Ihnen melden. Mitarbeiter nehmen Dinge selbst in die Hand und beginnen, Probleme eigenständig zu lösen. Manche Mitarbeiter ziehen es vor, anonym zu bleiben, andere haben kein Problem damit, wenn ihre Namen genannt werden.

Lassen sich Erfolge benchmarken?
Der höchste Rang bei den amerikanischen Pfadfindern ist der Rang des Eagle Scouts. Um Eagle Scout zu werden, müssen Sie zunächst einmal 21 Verdienstabzeichen zusammenbekommen, die belegen, dass Sie versiert in Themen wie Zeltaufbau, Erste Hilfe, persönliche Fitness oder Notfallbereitschaft sind.

Zeigt ein Pfadfinder seinen Mitmenschen, was er erreicht hat, ist das auch für diese eine Inspiration.

Sie haben ein Problem, das mit dem gesunden Menschenverstand zu tun hatte, gelöst, geglättet oder sonst wie repariert? Feiern Sie in jedem Fall Ihren Erfolg, denn es gilt: Ehre, wem Ehre gebührt. Denken Sie darüber nach, für gut erledigte Aufgaben Belohnungen zu verteilen – ein Abzeichen, eine Schleife oder ein anderes Totem des Erfolgs, virtueller oder realer Natur. Wann immer es geht, sollten Sie die vorgenommene Veränderung auf positive Weise mit einer bestehenden Leistungskennzahl verknüpfen. Wenn eine dumme Regel oder Vorschrift verändert oder abgeschafft werden soll, könnten Sie in Meetings die Mitarbeiter, die sie einst eingereicht hatten, bitten, die Entstehungsgeschichte zu erläutern und zu sagen, woran sie gemerkt hätten, dass diese Regel nicht existieren dürfte.

Sollte ich eine Datenbank aufbauen?
Zu den klügsten Dingen, die ein Minister für gesunden Menschenverstand tun kann, gehört es, sich zu überlegen, welche drei, vier Leute innerhalb des Unternehmens gut darin sind, Dinge ins Lot zu

bringen oder Krisen zu lösen. Haben Sie diese Liste erstellt, bitten Sie jeden auf dieser Liste, Ihnen die Namen von fünf Personen zu nennen, an die *sie* sich wenden würden, wenn sie etwas erledigt haben möchten. Häufig werden dieselben Namen wieder und wieder auftauchen. Fazit? Diese Leute sind Macher und können von extrem großen Nutzen sein, sollte das Ministerium auf Widerstände stoßen.

Wie sorge ich dafür, dass das Ministerium nicht vom Kurs abkommt?
Selbst ein Ministerium für gesunden Menschenverstand kann den gesunden Menschenverstand aus den Augen verlieren, indem es Abkürzungen nimmt, sich in zu viele Kompromisse verrennt oder indem es faul wird und seinen eigenen Auftrag nicht mehr ernst genug nimmt.

Wie definieren Sie als Ministerium gesunden Menschenverstand? Schreiben Sie es auf eine Gedenktafel oder halten Sie es irgendwo anders schriftlich fest. Ein-, zweimal im Jahr nehmen Sie sich dann erneut vor, was Sie geschrieben haben. Machen Sie es sich zur Aufgabe, zu erhalten, wofür das Ministerium steht. Und sorgen Sie dafür, dass auch Ihre Kollegen die Definition kennen.

Was, wenn das Ministerium mit Problemen überflutet wird?
Das Ministerium soll seine Aufgaben erledigen und hat darüber hinaus den Auftrag, die gesamte Belegschaft zu ermutigen, Probleme in Eigeninitiative anzupacken. Natürlich können sich die Menschen jederzeit an das Ministerium wenden, aber sie sollten auch das Gefühl haben, von sich aus hinterfragen zu können, warum man bestimmte Abläufe oder Bestimmungen einzuhalten hat. Tatsächlich gilt: Wenn die Belegschaft das Ministerium nicht annimmt, wird es schwierig werden, die bürokratischen Hürden und den Verwaltungsapparat zu säubern.

Das Ziel sollte eine 30:70-Aufteilung sein, 30 Prozent aller Probleme mit dem gesunden Menschenverstand sollten in der Zuständigkeit des Ministeriums liegen, die anderen 70 Prozent sollte die Belegschaft übernehmen. Gesunder Menschenverstand sollte ein Auftrag für das gesamte Unternehmen sein. Es geht nicht, dass innerhalb der Organisation einzig ein Ministerium für gesunden Menschenverstand daran arbeitet, Probleme, die keinen Sinn ergeben, aus der Welt zu schaffen.

Was ist zu tun, wenn sich Mitarbeiter gegen das Ministerium sperren?
Unternehmen (und Firmenpolitik) sind nun einmal, was sie sind, insofern wird es immer Personen geben, die sich von dem Ministerium angegriffen fühlen und für die allein schon die *Existenz* des Ministeriums einen persönlichen Affront darstellt. Vielleicht handelt es sich um eine Person, deren Bestimmung das Ministerium gerade abgeräumt hat. Solche Leute wird es immer geben. Ihre Waffen gegen diese Menschen ist Kommunikation – ein steter Strom an Erfolgsgeschichten, große wie kleine. Diese strahlen ins Unternehmen nicht nur die klare Botschaft aus, dass sich gesunder Menschenverstand letztlich durchsetzen wird, die frohe Kunde wird zudem Mitarbeiter dazu inspirieren, Dinge selbst in die Hand zu nehmen. Wer kann schon ein Projekt abwürgen, das alle begeistert, während es Geld spart und Kunden wie Belegschaft gleichermaßen glücklicher macht?

Wie kann das Ministerium dafür sorgen, dass tatsächlich alle Themen bearbeitet werden?
Es ist doch so: Wenn Sie in einem großen Unternehmen arbeiten, wird auch ein Ministerium für gesunden Menschenverstand keine hundertprozentige Garantie dafür darstellen, dass alles nach Plan läuft oder absolut Sinn ergibt. Gelingt es dem Ministerium auch nur, bloß ein Viertel aller Probleme in Ihrer Organisation zu beseitigen, dann ist das schon ein Erfolg.

Das Ministerium bringt der Belegschaft bei, sorgfältiger darauf zu achten, was sie so Tag für Tag tun, und nicht einfach alles nur streng nach Handbuch abzuarbeiten. Sieht ein Mitarbeiter etwas, das für ihn keinen Sinn ergibt, dann sollte er etwas sagen, ansonsten wird er selbst zum Teil des Problems.

Sollte das Ministerium auf seine eigene Abschaffung hinarbeiten?
Das Ministerium für gesunden Menschenverstand hat einen weiteren Auftrag, allerdings einen versteckten, einen impliziten. Tatsächlich sollte es danach streben, sich irgendwann aufzulösen oder zumindest bedeutungslos zu werden. Anders formuliert: Erfüllt es keinen Zweck mehr, sollte es sich voller Freude selbst zerstören. Warum sollte man ein Ministerium benötigen, wenn doch der gesunde Menschenverstand ein so fest verankerter Bestandteil der Organisation ist?

> Das Ministerium für gesunden Menschenverstand sollte danach streben, sich irgendwann aufzulösen oder zumindest bedeutungslos zu werden.

Bis es so weit ist: Machen Sie sich an die Arbeit. Das Ziel ist es, dass alle in Ihrem Unternehmen ihren eigenen gesunden Menschenverstand wiederentdecken und danach handeln. Dass sie die Welt aus dem Blickwinkel anderer betrachten. Dass sie sich in die Lage anderer versetzen, seien es andere Mitarbeiter oder Kunden. Ist der gesunde Menschenverstand wiederhergestellt, kehrt auch die Empathie zurück. Wenn das geschieht, kann sich das Ministerium in den Alltagsbetrieb eingliedern und dorthin zurückgehen, wo es hingehört. Platzieren Sie die Fokussierung auf die Kunden im Kundendienst. Platzieren Sie die Belegschaftsprobleme in der Personalabteilung. Verteilen Sie die Menschen aus dem Ministerium über mehrere Abteilungen hinweg – aber schreiben Sie vorher die Gebote auf, geben Sie sie den jeweiligen Personen und lassen Sie sie versprechen, diese Gebote zu befolgen.

In allererster Linie soll das Ministerium alle daran erinnern, dass Fragen dazu da sind, gestellt zu werden, dass Regeln und Bestimmungen analysiert werden sollten und man Abläufe einer Überprüfung unterziehen sollte – und das gilt bis hin zu Plastikverpackungen für Kopfhörer! Wenn Dinge ausschließlich dem Unternehmen, seinen Kunden und seiner Belegschaft dienen, dann sollten sie bleiben. Wenn nicht, sollten sie verschwinden.

Warum sollte sich das, was wir im Unternehmen tun, von dem unterscheiden, was wir in unserem Leben tun? Wie kann *das* gesunder Menschenverstand sein? Kann es nicht.

Mögen Sie und ich stets den Unterschied erkennen.

EINES NOCH ...

WENN SIE EIN BUCH über fehlenden gesunden Menschenverstand schreiben, fallen Ihnen nicht nur immer mehr Beispiele aus der Unternehmenswelt auf, Sie bemerken auch, was Ihnen in *Ihrem* Alltag an Verrücktheiten unterläuft. Ein Beispiel: Sie stehen vor dem Fahrstuhl und drücken alle zwei Sekunden den „Aufwärts"-Knopf, als ob der Fahrstuhl sich irgendwann sagt: „Oh, da hat es aber jemand eilig, ich gebe mal besser Gas." Sie stehen an einer Kreuzung und drücken wieder und wieder den Knopf für die Fußgängerampel. Dabei wissen Sie, dass die meisten dieser Knöpfe deaktiviert sind und Ihnen und den anderen Fußgängern bloß ein Gefühl der Kontrolle vermitteln sollen. Die Fernbedienung für den Fernseher funktioniert nicht, also drücken wir den Knopf für die Lautstärke oder den Senderwechsel einfach härter, anstatt uns klarzumachen, dass wir die Batterien wechseln müssen. Sie haben Hunger, öffnen den Kühlschrank, werfen einen prüfenden Blick auf den Inhalt, schließen vorsichtig die Tür wieder. Eine Minute später öffnen Sie den Kühlschrank erneut, werfen einen prüfenden Blick auf den Inhalt ... und so weiter.

Was ich damit sagen will: Oft genug mangelt es Ihnen und mir ganz genauso an gesundem Menschenverstand wie den Unternehmen. Okay, vielleicht ist es bei uns *nicht ganz* so schlimm. Ich bin mir ziemlich sicher, dass ich gerade erst angefangen habe, an der Oberfläche zu kratzen. Und da kommen Sie ins Spiel.

Jetzt haben Sie Gelegenheit, sich einmal alles von der Seele zu reden, anonym oder nicht, denn wir alle verdienen es, einmal nach Herzenslust zu lachen, zu weinen oder zu wüten. Ich möchte Sie bitten, mir Ihre besten Beispiele für Unlogik in Unternehmen, für technisches Kuddelmuddel, für verquere Abläufe – und was es sonst noch an gesundem Menschenverstand mangeln lässt – zukommen zu lassen. Schicken Sie mir Ihre Beispiele über meine Webseite (www.martinlindstrom.com/commonsense) oder über:

Twitter: @MartinLindstrom
Facebook: Facebook.com/MartinLindstrom
LinkedIn: LinkedIn.com/in/LindstromCompany
Instagram: Instagram.com/LindstromCompany

Über diese Adressen erhalten Sie auch meine täglichen Updates.

Im Idealfall rufen wir gemeinsam eine Bewegung für gesunden Menschenverstand ins Leben, eine, bei der Meetings pünktlich beginnen und enden, bei der PowerPoints nur noch eine verblassende Erinnerung sind, bei der Regeln und Bestimmungen mit leichter Hand erlassen werden und tatsächlich Sinn ergeben, bei der Empathie dominiert ... und das Öffnen eines neuen Kopfhörers nicht die Fähigkeiten eines Navy Seals erfordert.

Wir sind Menschen. Sollten wir nicht endlich damit beginnen, uns auch wie Menschen zu *benehmen*?

DANKSAGUNG

IN EINER KALTEN WINTERNACHT vor zwei Jahren (oder waren es doch drei?) reservierte ich einen Tisch für vier Personen zum Abendessen im Le Veau d'Or, einem gemütlichen, auf bezaubernde Weise förmlichen französischen Restaurant in Manhattans Upper East Side. Auf der Speisekarte dort stehen Dinge wie Porree, Schnecken, Muscheln und Sellerie-Remoulade. Meine Begleitung für den Abend waren mein Literaturagent Jim Levine, *Verleger extraordinaire* Mark Fortier und Peter Smith, ein Autor, mit dem ich seit über einem Jahrzehnt gearbeitet habe und der meiner bescheidenen Meinung nach der beste ist, den es gibt. Ich hatte den Tag damit verbracht, eine lange Liste von Buchideen vorzubereiten, und stellte sie nun eine nach der anderen der Gruppe vor.

„Nein." „Funktioniert nicht." „Das begeistert mich nicht ..."

Während ich tiefer und tiefer in meinem Sessel versank, stellte Jim endlich die Frage, die sich alle Autoren stellen sollten, bevor sie ein Projekt angehen: „Welches Thema entspricht deiner Passion am ehesten?" Das war mein Startschuss. Ich berappelte mich und redete wie ein Sturzbach über die unvorstellbare Zahl an Dämlichkeiten und Ineffizienzen, mit denen ich es in einem Unternehmen nach dem anderen zu tun hatte, in einem Land nach dem anderen. „Und dann", erzählte ich, „kam da diese fantastische Frau in einem Workshop mit dem Begriff ‚Ministerium für gesunden Menschenverstand' daher als Bezeichnung für all die Albernheiten in *ihrer* Organisation und ..."

„Da hast du deinen Buchtitel", sagte Jim. Zehn Minuten später, die Schnecken sehnten sich bereits nach der Wärme ihrer Häuser zurück, stand das Grundgerüst dieses Buchs. Einfach so.

Deshalb möchte ich an allererster Stelle diesen drei Musketieren – Jim, Mark und Peter – für ihre Hilfe bei nahezu allem danken, vom Skizzieren des Buchs, vom Verkaufen der Idee bis hin zur Hilfe beim Schreiben und Veröffentlichen. Die drei waren im Grunde die Geburtshelfer dieser Seiten. (Das einzige, woran sie nicht mitgewirkt haben, war, mich zur Welt zu bringen. Aber wenn sie zu der Zeit in Dänemark gewesen wären, hätten sie sich um die Geburtszange geprügelt, da bin ich mir sicher.) Wenn es so etwas wie ein A-Team gibt, dann sind es diese drei. Peter, ich danke dir, dass du meine Denkweise, meinen Humor und meine Beobachtungen verstehst und alle drei auf eine höhere Ebene transportierst. Ich kann dich um diese Fähigkeit nur beneiden. Jim, danke, dass du in all den Jahren stets an mich geglaubt hast – du bist einzigartig. Dir, Mark, danke ich dafür, dass du die Kunde verbreitet und Schritt gehalten hast mit der Flut an Wünschen und Forderungen, mit denen ich *dein eigenes* A-Team bombardiere.

Apropos A-Team: Enormer Dank gebührt meinem liebsten Lektor, Rick Wolff von Houghton Mifflin Harcourt. Seine ruhige Hand hat geholfen, mich aus dem Wald zu führen, damit ich die Bäume besser erkennen konnte. Rick – kultig, durchdacht und mit einem kühlen Kopf ausgestattet – ist meiner Meinung nach einer dieser Lektoren, wie man sie in Filmen sieht, die Art, bei der man denkt: „Meine Güte, wie großartig wäre das, so jemand eines Tages kennenzulernen und mit ihm arbeiten zu dürfen." Ich hatte das enorme Glück, dass genau das Realität wurde. Vielen Dank, Rick, dass du an dieses Buch und an mich geglaubt hast.

Zu Rick gehört das fantastische Team bei Houghton Mifflin Harcourt. Besonderer Dank gebührt Laura Brady, Senior Director im Lektorat. Sie hat weitaus mehr als nur ihre Pflicht getan und Wunder gewirkt, was das Redigieren und die Herstellung des Buchs angeht.

Dasselbe gilt für die HMH-Publizistin Marissa Page. Danke an Olivia Bartz, Redaktionsassistentin, für ihre unermüdlichen Anstrengungen, dieses Manuskript zu überarbeiten und daraus ein fertiges Buch entstehen zu lassen. Und Rachael DeShano für ihr wunderbares Redigieren. Ich möchte auch dem gesamten Vertriebsteam von HMH, angeführt von Ed Spade und Colleen Murphy, danken für die gewaltige Energie und Begeisterung, mit der es sich in ganz, ganz großem Stil hinter dieses Buch geklemmt hat.

Der Kerntruppe bei Lindstrom Company kann ich nicht genug dafür danken, Inhalte gesammelt, Seiten geprüft und hart an der Veröffentlichung des Buchs gearbeitet zu haben. Meine Dankbarkeit gebührt Rose Cameron, Cameron Smee, Signe Jonasson, Scott Osman und Constantina Gogaki. Eure Hilfe und Unterstützung waren unermesslich.

Gesunder Menschenverstand ist ein Genie, das in Alltagskleidung daherkommt. Das bringt mich praktisch direkt zu Gail Ursell, Leiterin der Governance-Abteilung bei der Standard Chartered Bank. Gail, ich bin Ihnen auf ewig dankbar dafür, dass Sie den Begriff „Ministerium für gesunden Menschenverstand" geprägt haben, dafür, dass Sie den Mut hatten, das Vorhaben im Unternehmen durchzudrücken, ohne dabei die Hoffnung zu verlieren, und, das wollen wir nicht vergessen, für Ihren unglaublichen Sinn für Humor. Ein besonderer Dank geht an Bill Winters, den CEO der Standard Chartered Bank, für unsere vielen inspirierenden Gespräche, für die Hingabe, mit der Sie die Bank umgewandelt haben und eine Umgebung erschufen, die es Menschen wie Gail – und Zehntausenden Mitarbeiterinnen und Mitarbeitern rund um den Globus – erlaubt, den gesunden Menschenverstand wieder zu entdecken. Es gibt bei der Standard Chartered Bank von der globalen Führungsebene bis hin zu den vielen Länderchefs zu viele Personen, als dass ich allen einzeln danken könnte, aber seien Sie gewiss: Ich bin Ihnen dankbar und ich schätze alle dort, deren Wege sich mit den meinen gekreuzt haben, in hohem Maß.

Dieses Buch würde auch nicht existieren ohne unsere wunderbaren Kunden, aus denen in vielen Fällen enge Freunde geworden sind. Danke, dass Sie mich auf dieser Reise in unterschiedliche Aspekte der Unternehmenswelt begleitet haben, dass Sie auch die nicht so schönen Facetten Ihrer Organisationen geteilt haben und dass Sie darauf vertraut haben, dass meine unorthodoxe Vorgehensweise am Ende etwas Nützliches hervorbringen würde. Unter dem Strich macht der Glaube nur die Hälfte der Anstrengung aus. Ohne Glauben – und Hoffnung – gäbe es keine Kultur und eine starke (und vom gesunden Menschenverstand geleitete) Unternehmenskultur macht den Unterschied zwischen einem erfolgreichen Unternehmen und einem gescheiterten aus. Ich möchte an dieser Stelle einige Kunden hervorheben, die für einzigartige Beiträge zu diesem Buch verantwortlich sind.

Vielen Dank, Louisa Loran, die mich bei Maersk einführte und die ganze Zeit über an mich geglaubt hat. Louisa verfügt über die außergewöhnliche Fähigkeit, komplexe Dinge auf eine klare, einfache Weise betrachten und Dinge sowohl durch die Vorder- als auch durch die Hintertür vorantreiben zu können. Auf diese Weise lernt die gesamte Organisation, die Bedeutung von Unternehmenskultur wertzuschätzen und daran zu glauben. Besonderer Dank geht auch an Catherina Kakko, Global Head of Customer Mindset bei Maersk. Sie erhielt den Staffelstab von Louisa und stürmte damit, so schnell sie konnte, in die Arme und Sneakersohlen von 88.000 Maersk-Mitarbeitern. Cat, wie sie alle nennen, und ihr Boss Sonny Dahl, Vice President und Global Head of Customer Experience & Service, sind zweifelsohne zwei der zentralen Gründe dafür, dass Maersk heute damit prahlen kann, seine Punktzahl bei der Kundenzufriedenheit um 200 Prozent verbessert zu haben.

Ein weiteres ganz besonderes Dankeschön geht an Mette Refshauge, Maersks Vice President of Communications, die eine neue Ebene der Kommunikation eröffnete, eine Ebene, auf der „Menschensprache" das Sagen hat, Kreativität an erster Stelle und im Mittelpunkt steht und Kommunikation sich nicht auf Newsletter und Unternehmensbroschüren erstreckt, sondern auch Twitter, Instagram, Facebook, Town-Hall-Meetings und GPS-fähige Staffelstäbe beinhaltet, die um den Globus reisen.

Ebenfalls bedanken möchte ich mich bei Vincent Clark, Maersks Chief Commercial Officer und Senior Vice President, bei CEO Søren Skou und einer Handvoll weiterer großartiger Menschen, die an den Prozess glaubten, darunter Omar Shamsie (eine bemerkenswerte Person, die gesunden Menschenverstand verkörpert und ausstrahlt), Mike Xue Gang Fang, Franck Dedenis und Ulf Hahnemann. Sie alle gehörten zu den ersten, die aus dem Hühnerkäfig sprangen und sich auf meine Arbeit einließen. Ich habe persönlich mit über 5.000 Menschen bei Maersk gesprochen und möchte mich im Voraus bei allen entschuldigen, die *nicht* auf dieser Liste stehen! Sie tragen sehr dazu bei, dass meine Arbeit bei Maersk real wird. Vielen Dank!

Ein weiteres besonders großes Dankeschön gebührt der Dorchester Collection – Ana Brant, Guest Experience and Innovation, die viel früher als alle anderen die Bedeutung kleiner Daten erkannte und begriff, wie diese Erkenntnisse die Gasterfahrung zu verändern imstande sind. Ana, Sie waren mir und der Dorchester Collection eine beeindruckende Quelle der Inspiration. Helen Smith, Chief Customer Experience Officer, steuerte zu diesem Buch nicht nur wertvolle Erkenntnisse bei, sondern war auch entscheidend daran beteiligt, das Unternehmen gesunden Menschenverstand zu lehren. Dafür werde ich ihr ewig dankbar sein. Ich will auch nicht das Lebensblut der Organisation übersehen, die General Manager. Insbesondere danke ich Edward Mady, dem Regionaldirektor für die USA. Ich habe es schon früher gesagt und ich möchte es hier noch einmal unterstreichen: Sie sind meiner Meinung nach der weltweite beste General Manager im Hotelgeschäft. Ich bedanke mich auch bei Luca Virgilio, dem General Manager beim Hotel Eden in Rom. Mehr als jede andere Person, die ich kenne, hat er das Konzept von kleinen Daten im Hotelgeschäft verinnerlicht und lebt es vor. Danke, Zoe

Jenkins, General Manager bei Coworth Park UK, und Franka Holtman von Le Meurice in Paris. Sie sind eine bemerkenswerte Gruppe beeindruckender General Manager.

Meine Freunde bei Lowes, insbesondere Heather George, Brian George und Tim Lowe – ganz zu schweigen von Brandon Green, Vice President of Host Experience bei Lowes Foods (und der Mann, der das Lagerfeuerkonzept erfand), Kelly Davis, Director of Brand Insights und Strategy bei Lowes Foods, mein Lieblingsarchitekt Gary Watson (was war noch mal dein Handicap, Gary, 2 oder 20?). Sie alle verdienen einen Shout-out. Dass ich in diesem Buch hier und da auf euch verwiesen habe, hat einen ganz einfachen Grund: Ihr nehmt in meinem Herzen einen ganz besonderen Platz ein.

Danke an Melinda Paraie, CEO von Cath Kidston, und den Rest der Cath-Kidston-Truppe, dass Sie bei meinem verrückten Denken mitgezogen haben, und danke an die Leute bei Baring Capital, dass sie an mein Vorgehen bei der Transformation einer Organisation geglaubt haben.

Während ich dieses Buch geschrieben habe, führte ich mit zahllosen großartigen Leuten ausführliche Gespräche. Insbesondere bedanken möchte ich mich bei Mickey Connolly, Chairman bei Conversant, weil er mich, als es am dringlichsten war, so fantastisch unterstützt hat; meine großartigen Freunde Tiffany Foster und Frank Foster, Managing Director bei Frontier Venture Capital; Lars Sandahl, CEO bei Dansk Industri; und Tim Church, bei UBS Managing Director und Head of Real Estate für Australien und Asien. Sie alle haben kostbare Zeit dafür aufgewendet, etwas Solides beizutragen oder hilfreiche Kritik zu äußern. Susanne Ruoff, ehemalige CEO der Schweizer Post; Annette Mann, Vice President of Product Management bei Swiss International Air Lines; Anders Fogh Rasmussen, CEO und Gründer von Rasmussen Global; Andre Lacroix, CEO von Intertek; Karin Sommer, Head of Marketing bei der Salling Group; Shelly Saxton; Nicole Fleiner von Brierley; Jim Motroni von Conversant; Eric Zaltas; Adrian Weiersmuller von Google und Gary Tickle

– sie alle nahmen sich die Zeit für Gespräche, sahen das endgültige Manuskript durch und teilten Geschichten, Ideen und Kommentare mit mir. Ein besonderer Dank an meinen ehemaligen (und nicht mehr frierenden) Mitarbeiter Oliver Britz, der in der Frühphase für dieses Buch vor rund drei Jahren an Bord war.

Darüber hinaus hat eine Gruppe fantastischer Menschen von Marshall Goldsmiths MG100 wesentlich dazu beigetragen, dass dieses Buch das Licht der Welt erblickt hat. Zunächst einmal danke ich natürlich Marshall Goldsmith, den ich 2018 kennenlernte, als er mich einlud, dem MG100-Club beizutreten. Marshall, du hast buchstäblich entwickelt und neu definiert, was Coaching bedeutet. Es erfüllt mich mit enormem Stolz, dass du bereit warst, das Vorwort für dieses Buch zu verfassen. Ein weiteres großes Dankeschön geht an den Autor und *Coach extraordinaire* Mark Thompson für seine fortlaufende Inspiration und Großzügigkeit; Laine Joelson Cohen von CITI und die Autorin Dorie Clark für ihren großartigen buchbezogenen Input. Es gibt so viele fantastische Menschen bei MG100, dass ich nur sagen kann: „Leute, ich liebe euch!"

Und schließlich noch: Vielen Dank Ihnen, meine Leserinnen und Leser. Ich hoffe, Sie können aus diesen Seiten etwas für sich mitnehmen. Christopher Paolini merkte einmal an: „Sie können sich nicht mit sämtlichen Narren der Welt herumärgern. Es ist einfacher, sie einfach machen zu lassen und sie dann, wenn sie unaufmerksam sind, hinters Licht zu führen."

Mögen wir sie auch in Zukunft hinters Licht führen können!

ÜBER DEN AUTOR

Martin Lindstrom ist der Gründer und Chairman der Lindstrom Company, dem weltweit führenden Spezialisten für Unternehmens- und Kulturtransformation. Das Unternehmen ist auf fünf Kontinenten in insgesamt über 30 Ländern aktiv. Lindstroms Bücher stehen auf den Bestsellerlisten der *New York Times* und wurden in 60 Sprachen übersetzt. Er zählt zu den „100 einflussreichsten Personen der Welt" (*Time*) und rangierte 2020 unter den „Top 20 Vordenkern der Wirtschaft" (*Thinkers50*). Sie können Lindstrom und seinem Team auf LindstromCompany.com folgen.

QUELLEN

EINFÜHRUNG

[1] Benjamin Zhang, „These Are the 10 Airlines You Want to Fly in Europe", *Business Insider*, 13. August 2018, https://www.businessinsider.com/best-airlines-in-europe-for-2018-ranked-according-to-skytrax-2018-8.

KAPITEL 1

[2] „What Can I Bring?", Transportation Security Administration, https://www.tsa.gov/travel/security-screening/whatcanibring/all.

KAPITEL 2

[3] Emma Ward, „Perceptive and Personal Quotes by Harriet Beecher Stowe", *Literary Ladies Guide*, 23. September 2017, https://www.literaryladiesguide.com/authorquotes/quotes-harriet-beecher-stowe/.

[4] Rana Foroohar, „We're Working Harder Than Ever, So Why is Productivity Plummeting?", *Time*, 14. August 2016, https://time.com/4464743/productivity-decline/.

[5] Sam Wong, „The Feeling You Get When Nails Scratch a Blackboard Has a Name", *New Scientist*, 28. Februar 2017, https://www.newscientist.com/article/2123018-the-feeling-you-get-when-nails-scratch-a-blackboard-has-a-name/.

[6] Pamela Paul, „From Students, Less Kindness for Strangers?", *New York Times*, 25. Juni 2010, https://www.nytimes.com/2011/09/30/opinion/brooks-the-limits-of-empathy.html.

[7] Niraj Chokshi, „Your Kids Think You're Addicted to Your Phone", *New York Times*, 29. Mai 2019, https://www.nytimes.com/2019/05/29/technology/cell-phone-usage.html.

[8] Shalini Misra, Lulu Cheng, Jamie Genevie und Miao Yuan, „The iPhone Effect: The Quality of In-Person Social Interactions in the Presence of Mobile Devices", *Environment and Behavior 48*, Nr. 2 (1. Juli 2014): 275–298, https://journals.sagepub.com/doi/10.1177/0013916514539755.

[9] ebd.

[10] Kevin Roose, „A Machine May Not Take Your Job, but One Could Become Your Boss", *New York Times*, 23. Juni 2019, https://www.nytimes.com/2019/06/23/technology/artificial-intelligence-ai-workplace.html.

KAPITEL 4

[11] John Childress, „The Official and the ‚Unofficial' Organization Chart", John R. Childress' Disruptive Business Insights (Blog), 26. März 2017, https://blog.johnrchildress.com/2017/03/26/the-official-and-the-unofficial-organization-chart/.

[12] ebd.

[13] Timestaff, „Swimming Naked When the Tide Goes Out", *Money*, 2. April 2009, http://money.com/money/2792510/swimming-naked-when-the-tide-goes-out/.

[14] Maya Kosoff, „41 of Google's Toughest Interview Questions", *Inc.*, 26. Januar 2016, https://www.inc.com/business-insider/google-hardest-interview-questions.html.

[15] CD Lynn, „Hearth and Campfire Influences on Arterial Blood Pressure: Defraying the Costs of the Social Brain Through Fireside Relaxation", *Evolutionary Psychology 12*, Nr. 5 (11. November 2014): 983–1003, U. S. National Library of Medicine, National Institutes of Health, https://www.ncbi.nlm.nih.gov/pubmed/25387270.

[16] Jon Staff, „Returning to the Campfire", Thrive Global, 19. Juni 2017, https://medium.com/thrive-global/the-science-behind-why-we-love-campfires-can-teach-us-a-valuable-lesson-about-modern-life-8e8d567ae5b.

KAPITEL 5

[17] Tyler Wardis, „Busy Isn't Respectable Anymore", TylerwardIs.com (Blog), https://www.tylerwardis.com/busy-isnt-respectable-anymore/.

[18] Forbes Quotes, „Thoughts on the Business of Life", *Forbes*, https://www.forbes.com/quotes/8129/.

[19] Richard Milne, „Maersk CEO Søren Skou on Surviving a Cyber Attack", *Financial Times*, 13. August 2017, https://www.ft.com/content/785711bc-7c1b-11e7-9108-edda0bcbc928.

KAPITEL 6

[20] Catherine Clifford, „Elon Musk's 6 Productivity Rules, including Walk Out of Meetings that Waste Your Time", *CNBC*, 18. April 2018, https://www.cnbc.com/2018/04/18/elon-musks-productivity-rules-according-to-tesla-email.html.

KAPITEL 7

[21] Nikelle Snader, „5 of the Worst Company Policies of All Time", *USA Today*, 10. Mai 2015, Cheat Sheet, https://www.usatoday.com/story/money/business/2015/05/10/cheat-sheet-worst-company-policies/70898858/.

[22] Sapna Maheshwari, „Exclusive: The Hairstyles Abercrombie has Deemed ‚Unacceptable'," *Buzzfeed News*, 3. September 2013, https://www.buzzfeednews.com/article/sapna/exclusive-abercrombie-hairstyle-rules-add-to-strict-look-pol#.budZErZmD3.

[23] Bob Larkin, „30 Craziest Corporate Policies Employees Must Follow", Best Life, 21. März 2018, https://bestlifeonline.com/craziest-corporate-policies-employees-must-adhere-to/.

[24] Mark Johanson, „Why Do Some Companies Ban Certain Words?", *BBC*, 31. August 2017, https://www.bbc.com/worklife/article/20170830-why-do-some-companies-ban-certain-words.

[25] Sam Biddle, „How to Be a Genius: This Is Apple's Employee Training Manual", Gizmodo, 28. August 2012, https://gizmodo.com/how-to-be-a-genius-this-is-apples-secret-employee-trai-5938323.

[26] *VOA News*, „Debate Continues on ‚Banned Words' at CDC", *VOA News*, 21. Dezember 2017, https://www.voanews.com/usa/debate-continues-banned-words-cdc.

[27] „Norwegian Alarm System Monitors Length of Office Lavatory Visits", *The Telegraph*, 31. Januar 2012, https://www.telegraph.co.uk/news/newstopics/howaboutthat/9051774/Norwegian-alarm-system-monitors-length-of-office-lavatory-visits.html.

KAPITEL 8

[28] Chris Opfer, „10 Completely Archaic Laws Still on the Books", 29. Oktober 2012, *HowStuffWorks.com*, https://people.howstuffworks.com/10-archaic-laws-htm.

[29] Amy Edmondson, „Building a Psychologically Safe Workplace", TedxHGSE, TedX Talks, hochgeladen am 4. Mai 2014, YouTube-Video, 11:26, https://www.youtube.com/watch?v=LhoLuui9gX8.

[30] Gary P. Pisano, „The Truth About Innovative Cultures", *Harvard Business Review*, Januar/Februar 2019, https://hbr.org/2019/01/the-hard-truth-about-innovative-cultures.

[31] Charles Duhigg, „What Google Learned From Its Quest to Build the Perfect Team", *New York Times*, 25. Februar 2016, https://www.nytimes.com/2016/02/28/magazine/what-google-learned-from-its-quest-to-build-the-perfect-team.html.

[32] ebd.

KAPITEL 9

[33] Patricia Schaefer, „Why Small Businesses Fail: Top 7 Reasons for Startup Failure", Business Know-How, 22. April 2019, https://www.businessknowhow.com/startup/business-failure.htm.

320 Seiten,
gebunden mit SU,
24,99 [D] / 25,75 [A]
ISBN: 978-3-86470-351-5

Martin Lindstrom:
Small Data

Die führenden Marken der Welt buchen ihn, um herauszufinden, wie ihre Kunden ticken. Martin Lindstrom verbringt 300 Tage im Jahr auf Reisen und beobachtet Menschen in ihrem Zuhause. Auf diese Weise erfährt er ihre geheimsten Bedürfnisse – und revolutioniert anschließend Produkte und Marken. Lindstrom zeigt dem Leser, wie Small Data die Welt verändern.

304 Seiten
broschiert
19,90 € (D) / 20,50 € (A)
ISBN: 978-3-86470-745-2

Dr. Frederik Hümmeke:
Handling Shit

SHIT steht für Stress, Heuchler, Idioten und Temperamente – die wichtigsten Verursacher von belastenden Situationen im Berufs- und Privatleben. Der Unternehmer und Coach Dr. Frederik Hümmeke vermittelt leicht erlernbare Strategien, um SHIT-Situationen zu verstehen, zu entschärfen ... und sogar zum eigenen Vorteil zu nutzen. Sein innovativer Ansatz vereint aktuellste Erkenntnisse der Neurowissenschaft, der Verhaltensphilosophie und der Kulturphilosophie in sich.